技術大全シリーズ

切削加工大全

|森脇俊道|──|編著|

日刊工業新聞社

はじめに

　切削加工は太古の昔から存在する加工技術の1つであるが、関連する工作機械と工具の技術進歩に伴って目覚ましい発展を遂げ、現在では機械産業を中心にものづくりの基幹技術としてなくてはならない地位を占めている。特に工作機械に関しては、18世紀後半における産業革命以来ハードウェアの技術進歩が目覚ましく、さらに1952年にアメリカMITで開発された数値制御（NC）技術が工作機械の革新をもたらし、近年のICT技術を取り込んで無人加工を含む高度な生産システムを実現するに至っている。またその一方で、工具に関しては1900年に高速度鋼が開発されて以来、20世紀には多くの新たな材料開発が進み、工具技術も格段の進歩を遂げてきた。

　特に最近ではCAD/CAMなどのプログラミング技術が進歩したことから、切削加工に関する基礎知識が無くても、比較的容易にNCプログラムを作成することができ、ほぼ自動的に加工を行うことが可能となってきている。しかしながら、加工精度、生産性、コストなどの観点から、より高度の切削加工を実現しようとすれば、工作機械や工具技術に加えて工作物の特性やこれらを組み合わせた切削加工プロセスに関する基礎的な知識に基づいて加工現象を理解しておくことが肝要である。また加工現場において発生する様々な問題に有効に対処するためには、単にこれまでの知識やノウハウに頼るだけではなく、問題の根幹に存在する現象を正しく把握しておく必要がある。

　最近では切削加工において比較的単純な部品加工から、極めて加工が困難ないわゆる難削材の加工、複雑な曲面を有する自由曲面加工、工作物や工具の限界に挑戦する超精密加工など、極めて高度な加工技術が求められるようになってきており、そのためには最先端の切削加工技術を駆使した加工法を理解しておくことが必要である。

　こうした観点から、本書は切削加工に関する基礎から高度の応用に至るまでの加工技術を幅広く取り上げ、基本的な考え方から最先端の技術までを網羅している。本書が切削加工を学ぼうとする初心者から切削加工を熟知したベテランの技術者まで、幅広い読者の参考になれば幸いである。

　本書は取り扱う範囲が極めて広いため、複数の共著者が専門性を生かして

分担執筆した。全体としては森脇が担当したが、各章の担当は以下のとおりである。第5章は奥田が、第9章は鈴木が、第10章は奥田（一部森脇）が、第11章は中本（一部森脇）が、第12章は奥田が、第13章は中本（一部森脇）が、さらに第14章は奥田（一部森脇）が担当した。筆頭著者として本書の執筆に貢献して頂いた共著者にこの場を借りて御礼申し上げる。

　なお末筆ながら本書を執筆するにあたり、日刊工業新聞社の矢島俊克氏をはじめ、貴重な資料をご提供頂いた各位に深甚の謝意を表するものである。

　2018年10月

森脇俊道

目　次

はじめに ……………………………………………………………… 1

第 1 章　切削加工の動向

1.1　ものづくりにおける切削加工の位置づけと特徴 …………… 8
1.2　切削加工の代表的な応用例 …………………………………… 13
1.3　切削加工技術の最近の動向 …………………………………… 19

第 2 章　切削加工の定義と加工法

2.1　切削加工の定義 ………………………………………………… 24
2.2　各種切削加工法とその特徴 …………………………………… 25

第 3 章　切削加工の基礎

3.1　切りくず生成の基礎理論 ……………………………………… 34
3.2　傾斜切削と 3 次元切削 ………………………………………… 45
3.3　仕上げ面粗さ …………………………………………………… 56
3.4　切りくず形態 …………………………………………………… 59
3.5　切削性能に影響を及ぼす要因 ………………………………… 61

第 4 章　切削加工用工具

4.1　切削工具用材料 ………………………………………………… 64
4.2　切削工具の形状 ………………………………………………… 73
4.3　ツーリング ……………………………………………………… 85
4.4　工具の損耗と寿命 ……………………………………………… 89

第 5 章　切削加工用材料と被削性

5.1　被削性 …………………………………………………………… 96
5.2　切削力と比切削抵抗 …………………………………………… 97

5.3 工具寿命と被削性指数 ………………………………………………… 99
5.4 仕上げ面粗さ …………………………………………………………… 100
5.5 切りくず処理性 ………………………………………………………… 101
5.6 切削加工用材料 ………………………………………………………… 104

第6章 切削油とその供給法

6.1 切削油とその効果 ……………………………………………………… 120
6.2 切削油の供給方法とその効果 ………………………………………… 126
6.3 切削油と環境対応 ……………………………………………………… 135

第7章 切削加工用工作機械

7.1 工作機械の定義と分類 ………………………………………………… 140
7.2 工作機械の基本構成要素 ……………………………………………… 146
7.3 工作機械の基本性能 …………………………………………………… 156
7.4 工作機械の自動化と制御 ……………………………………………… 158
7.5 最近の工作機械 ………………………………………………………… 163

第8章 切削加工条件

8.1 切削条件設定の基本的な考え方 ……………………………………… 174
8.2 荒加工における切削条件の決定 ……………………………………… 176
8.3 仕上げ加工における切削条件の決定 ………………………………… 185
8.4 切削加工の経済性と切削条件 ………………………………………… 187

第9章 加工計測

9.1 加工精度と加工面特性 ………………………………………………… 194
9.2 寸法形状の測定法と測定器 …………………………………………… 202
9.3 表面形状の測定法と測定器 …………………………………………… 207
9.4 表面粗さの測定法と表面粗さ測定器 ………………………………… 213
9.5 その他の測定項目と測定器 …………………………………………… 217

第 10 章　超精密切削

- 10.1　超精密加工と微細加工 ……………………………………… 228
- 10.2　超精密切削現象 ………………………………………………… 232
- 10.3　超精密切削用工具 ……………………………………………… 247
- 10.4　超精密工作機械 ………………………………………………… 252
- 10.5　難削材の超精密切削加工 ……………………………………… 260

第 11 章　多軸制御加工法

- 11.1　多軸制御加工の背景 …………………………………………… 270
- 11.2　多軸制御加工法 ………………………………………………… 272
- 11.3　多軸制御加工の事例紹介 ……………………………………… 281

第 12 章　難削材の加工

- 12.1　難削材とは ……………………………………………………… 286
- 12.2　難削性の定義、評価基準 ……………………………………… 287
- 12.3　難削材の加工対策 ……………………………………………… 290
- 12.4　複合切削による難削材の加工 ………………………………… 292
- 12.5　代表的な難削材の加工特性 …………………………………… 300

第 13 章　切削加工の高度化、知能化

- 13.1　CAD/CAM 統合 ………………………………………………… 310
- 13.2　切削加工の知能化 ……………………………………………… 321

第 14 章　切削加工におけるトラブルシューティング

- 14.1　びびり振動とその対策 ………………………………………… 328
- 14.2　熱変形とその対策 ……………………………………………… 333
- 14.3　切りくず処理とその対策 ……………………………………… 337
- 14.4　バリ生成とその対策 …………………………………………… 349

索引 ……………………………………………………………………… 362

第1章

切削加工の動向

　切削加工は素材（鋳造品、鍛造品を含む）に機械的な除去加工を施して所期の寸法・形状精度、仕上げ面粗さや表面特性を有する部品（製品）を高精度、高能率で、しかも低コストで加工することができる加工プロセスとして広く利用されているが、従来から利用されている各種加工プロセスと比較して、切削加工の特徴はどのようなものであるか理解しておく必要がある。

　また切削加工が、自動車、航空機、工作機械、金型などの製造に広く利用されている現状を理解し、さらに切削加工技術が現在および将来に向かって、高速・高精度切削、精密・超精密切削、複雑形状・自由曲面加工、難削材の高能率切削、加工の知能化、加工プロセスの複合化へと進化している状況を理解する。

1.1 ものづくりにおける切削加工の位置づけと特徴

　身の回りにある工業製品は、通常多くの部品を組み合わせて作られている。例えば自動車の部品点数は 2〜3 万点と言われており、航空機になると部品点数は 300 万点に及ぶとも言われている。こうした部品の多くは、各種金属材料やプラスチックなどの非金属材料を含む固体材料から作られている。これらの部品は通常、素材に対して何らかの加工を施して作られる。すなわち加工とは必要なエネルギーと情報を入力として、素材を部品（製品）に変換するプロセスである。ただし、ここで加工された部品（製品）は必要とされる機能を発揮することができるように、その寸法・形状精度、仕上げ面粗さ（表面粗さ）や表面特性、さらには強度や硬度などの機械的特性を有する必要があり、したがって加工プロセスとは素材にこのような特性を与えるプロセスであるとも言える（図 1.1）。代表的な加工プロセス（加工法）としては以下のものが挙げられる

(1) 鋳造
(2) 塑性加工
(3) 射出成形

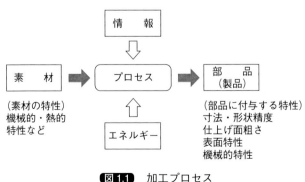

図 1.1　加工プロセス

(4) 接合加工
(5) 切削加工
(6) 研削加工・砥粒加工
(7) 特殊加工
(8) 表面処理

　これらの加工プロセスの概要とその特徴をまとめて**表 1.1** に示す。またこれらの加工プロセスを加工現象、利用するエネルギー、加工前後の重量変化、加工精度に基づいて分類すると**表 1.2〜表 1.5** のようになる。この他、最近では積層造形あるいは付加製造（AM, Additive Manufacturing）と呼ばれる新たな加工法も登場している。これは、3D プリンティングとも呼ばれ、薄い材料の層を順番に積層して任意の 3 次元形状を創成する方法である。

　ここで代表的な加工プロセスを中心に、一般的な機械部品の加工工程をまとめると、**図 1.2** のようになる。多くの鍛造品や鋳造品はそのまま部品となることは少なく、鍛造や鋳造によって基本的な形状が作られた後、切削加工によって最終的な部品に仕上げられる。切削加工は、ほとんどあらゆる素材から必要な形状と特性を有する部品を作ることが可能であるが、一部については切削加工後焼き入れなどの熱処理が施されて、研削加工や砥粒加工によって仕上げられる。このように部品加工において、切削加工は最も一般的な加工法であり、生産性（速度）、精度、加工コストなどの点で優れているため、広く機械加工の代表として利用されている。

　一般にものづくりにおいて加工プロセスを選択するに当たっては、コストや生産性、精度など多くの要因を考慮する必要がある。こうした加工プロセスの選定において考慮すべき要因と、それらに対する切削加工の位置づけをまとめて**表 1.6** に示す。切削加工はほとんどあらゆる種類の部品加工に対応することができ、コスト、生産性などの点で他の加工プロセスに比べ広く利用されている。

　切削加工とその特徴については後の章で詳しく述べるが、基本的に切削加工とは、工作機械を用いて、切削工具と工作物の間に相対的な運動を与え、剛体工具で工作物の不要な部分を削り取る加工法である。切削加工は有史以来人間が道具を使うようになってから利用されてきた加工法であるが、切削加工が現在最も代表的な加工プロセスとして利用されるようになった背景は、

表1.1 代表的な加工プロセスの概要とその特徴

加工プロセス	加工方法と特徴
鋳造	金属材料を加熱して溶融状態にした後、あらかじめ製作した鋳型に流し込み、冷却後に製品として取り出す。 複雑な形状をした部品の加工に向いている。寸法は小さなものから大きいものまで広範囲である。 鋳造される金属も鋳造法も多様で、精密鋳造された部品はそのまま仕上げ加工無しで使われることもある。
塑性加工	1次成形法；板、棒、線材、形鋼などの素材を製造する。 2次成形法；主として塊状の素材を鍛造、転造して成形する方法、板金をプレス加工によってせん断、深絞り、曲げ加工する方法などがある。プレス加工ではほぼ完成品に近いものが得られる
射出成形	プラスチックの成形加工として用いられる代表的な加工法で、良好な仕上げ面が得られ、完成品を作ることができる。
接合加工	溶接、ろう付け、接着などの材料学的結合を行う方法と、リベットやボルトなどを用いて機械的接合を行う方法がある。溶接には各種熱源を利用した融接法、固相接合法など多くの種類がある。
切削加工	工作機械を用いて工具と工作物に相対的な運動を与え、剛体工具で工作物の不要部分を削り取る方法で、多様な加工法がある。
研削加工／砥粒加工	研削加工；高速で回転する砥石によって、工作物を削り取る方法である。比較的能率よく良好な仕上げ面を得ることができる。 砥粒加工；遊離した砥粒による加工法である。鏡面などの極めて良好な仕上げ面を得ることができるが、加工能率は低い。 いずれも、硬脆材料、焼き入れした高硬度材などの加工に用いられる。
特殊加工	一般的に伝統的な力学的加工法以外の加工法を総称して特殊加工と呼ぶことが多い。 電気エネルギー、化学エネルギー、電気化学エネルギー、光エネルギーなど多様なエネルギーを用いる方法がある。
表面処理	材料の表面状態を変化させてその母材自体の性質を向上させる加工法である。 母材表面に機能性の幕を堆積させる方法（めっきなど）と、母材自体が変化して改質層を形成する方法（窒化など）がある。その他最近では、PVD（物理蒸着）、CVD（化学蒸着）など硬質膜を蒸着する方法もある。

表1.2 加工現象に基づく加工プロセスの分類

分類基準	具体例
塑性変形	塑性加工など
破壊	切削加工、研削加工、砥粒加工など
溶融	鋳造、溶接、射出成形、各種特殊加工など
物理的・化学的反応	特殊加工、表面処理など

表1.3 利用エネルギーに基づく加工プロセスの分類

分類基準	具体例
機械的エネルギー	切削加工、研削加工、砥粒加工、塑性加工など
熱的エネルギー	鋳造、射出成形、溶接など
電気エネルギーなどその他エネルギー	特殊加工、表面処理など

表1.4 素材と部品の重量変化に基づく加工プロセスの分類

分類基準	具体例
変形加工（重量の変化なし）	鍛造、塑性加工、射出成形など（ただし、鋳造や射出成形では材料のロスがある）
除去加工（重量減少）	切削加工、研削加工、砥粒加工、特殊加工など
付加加工（重量増加）	接合加工、めっきなど

表1.5 加工精度に基づく加工プロセスの分類

分類基準	具体例
荒加工	（荒）切削加工、鋳造、塑性加工など
仕上げ加工	研削加工、仕上げ切削加工、精密鋳造、精密塑性加工（冷間転造など）、射出成形など
精密仕上げ加工	砥粒加工、超精密切削加工など

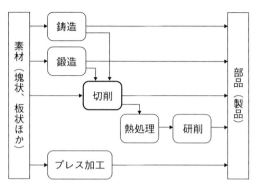

図1.2 一般的な機械部品の加工工程

表1.6 加工プロセスの選定において考慮すべき要因と切削加工の位置づけ

考慮すべき要因	切削加工の位置づけ
1. コスト（設備コスト、運転コスト、工具コスト）	中〜低
2. 生産性、能率（加工時間）	高〜中
3. 加工精度と仕上げ面の特性	良好（一部は超精密切削）
4. 生産量（多量生産、少量生産、個別生産）	個別生産から多量生産まで幅広く対応
5. 技能、ノウハウの要否	一部を除きあまり必要としない
6. 床面積、基礎・空調などインフラ整備の必要性	特殊な場合を除きあまり必要としない
7. 環境に与える影響（騒音、有害排出物など）	大きくない

18世紀末の産業革命以来止まるところを知らない工作機械技術の進歩と、主として20世紀初頭から飛躍的に向上した工具技術によるところが大きい。

特に工作機械についてみれば、加工中に発生する切削力に抗して、工具・工作物を正確に保持し高速で移動させることが可能な工作機械のハードウェア技術と、工具・工作物の複雑な運動を高精度で制御することを可能とする制御技術が大きな役割を果たしている。特に後者はNC（数値制御）あるいはCNC（コンピュータNC）と呼ばれ、コンピュータを用いた制御技術は、他の産業機械に比べて工作機械やロボットにおいて格段に優れていると言われている。詳細については後述するが、工作機械の歴史的な発展過程と関連する技術についてまとめると**図1.3**のようになる。特に最近ではICT（情報通信技術）の進歩に伴い、工作機械の高度化が進展している。

工具に関しても技術開発が進み、摩耗や欠損をすることなく、切削加工に

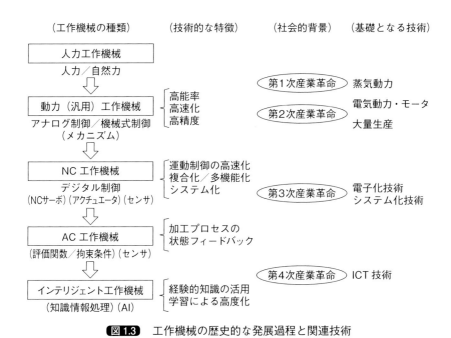

図1.3 工作機械の歴史的な発展過程と関連技術

伴って発生する高応力、高熱に抗し得る各種工具材種が実用に供せられている。また現在では、天然材料よりも高温硬度や靱性が高い工具が作られており、摩耗や欠損などに対する対策も種々施されている。切削工具についても後の章で詳しく述べる。

1.2 切削加工の代表的な応用例

前節の表1.6に示したように、切削加工は比較的汎用性が高く、低コスト・高能率で部品加工を行うことが可能であることから、機械産業を中心にものづくりの手段として広く採用されている。身の回りにある各種工業製品や機器、さらには産業用の設備・装置に至るまで、切削加工抜きで製造され

たものはほとんど無いと言える。代表的な工業製品として、自動車、航空機、工作機械、金型を例にとって以下簡単に紹介する。

▶ 1.2.1 自動車

自動車の基幹部品（例えばエンジン、駆動装置など）は多くの場合切削加工によって製作される。乗用車は代表的な多量生産であることから、例えばエンジン（図1.4）は鋳造によって製造された素材がトランスファーラインと呼ばれる自動加工ラインで、フライス加工、ドリル加工、中ぐり加工などの切削加工によって仕上げられる。また駆動装置の基幹をなす変速装置（図1.5）の歯車は基本的に切削加工によって作られ、必要に応じてシェービングや研削などの仕上げ加工が施される。ボディやドアなどの板金部品はプレス加工によって作られるが、プレス金型は後に示すように、切削加工によっ

図1.4　自動車用エンジンのカットモデル（トヨタ産業技術記念館）

図1.5　自動車の変速機（トヨタ産業技術記念館）

て製作される。またクランクシャフトやコネクティングロッドなどは型鍛造によって素材が成形された後、切削加工によって中仕上げが行われ、最終的に研削加工によって仕上げられる。なお鍛造金型も切削加工によって製作される。この他ターボチャージャに用いられるコンプレッサのアルミニウム製インペラは切削加工によって加工される（図 1.6）。

図 1.6　ターボチャージャ用コンプレッサインペラ
（IHI 技報 Vol.54 No.3（2014））

▶ 1.2.2　航空機

図 1.7 に示す代表的なジェットエンジンのディスクやブリスクは、燃焼ガスの高温に耐えるためにニッケル基合金などの耐熱合金が用いられる。また

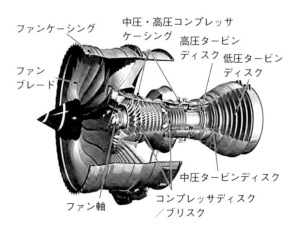

図 1.7　ジェットエンジン（Rolls-Royce XWB ターボファンエンジン）

ケーシング、ファンブレード、ファン軸なども軽量で高強度であるとともに一定の耐熱性が要求されることから、チタン合金が用いられている。これらの材料は難削材と呼ばれ、切削加工が困難な材料として知られている。ジェットエンジンでは信頼性の観点から材料内部の欠陥が許されないため、これらの部材は基本的に塊状の素材から切削加工によって削り出される。素材から切りくずとして排出される割合は90％にもなり、切削加工の大きな問題点となっている。図1.8にブリスクの例を示す。

　航空機の機体の補強材に使用されるアルミニウム合金も同様に塊状の素材から削り出される。アルミニウム合金の切削は困難ではないが、できるだけ効率良く切削するため、高速・高能率切削の対象となっている。アルミニウム合金の高速切削では加工中に発生するびびり振動と呼ばれる振動が問題となり、生産性を阻害することも多い。近年航空機の機体に多用されているCFRPなどの複合材料も、部分的な切削加工や穴あけが必要とされる。これらの材料も耐熱合金とは異なった意味での難削材である。図1.9に削り出しによって加工された航空機用アルミニウム部品およびチタン合金部品の例を

図1.8　ムク材から削り出したブリスクの例（アイコクアルファHP）

アルミニウム合金（7050）　　チタン合金TI-6A-4V
100×600×5080 mm　　　　 120×70×250 mm

図1.9　削り出しによって加工された航空機用部品の例（今井航空機器工業HP）

示す。

▶ 1.2.3　工作機械

　工作機械も工作機械によって作られる。工作機械は基本的に**図 1.10** に示すような本体構造（コラム、ベッド、ベースなど）に主軸や送りテーブルなどの基幹部品を組み付けて作られる。本体構造は多くの場合鋳造で素材が作られ、切削加工と研削加工などによって仕上げられる。本体構造は鋼板を溶接して製作することもあるが、この場合でも切削加工、研削加工などによる仕上げ加工が必要となる。

　工作機械の主軸は最も重要な部品であり、入念な加工が行われる。主軸本体は基本的に鍛造鋼で作られ、切削加工、研削加工によって仕上げられる。軸受やモータ部品を組み付ける組み立て作業は、異物の混入を避けるため、通常クリーンルーム内で行われる。

▶ 1.2.4　金　型

　金型にはプレス加工や鍛造など主として金属の塑性加工に用いられる金型、プラスチックの射出成形などに使用される成形金型など多くの種類があり、また要求される形状精度、仕上げ面粗さも異なる。金型は機械部品の大量生

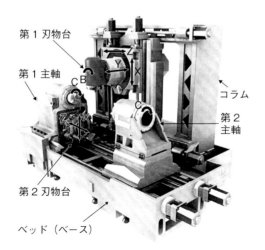

図 1.10　工作機械構造の例（DMG 森精機）

産には欠かせない道具であり、金型の加工技術がその国の生産技術の指標になるとも言われている。

多くの金型は、合金鋼を切削加工あるいは放電加工によって加工して作られる。その後研削加工による仕上げが行われ、場合によっては表面の磨き加工が追加される。金型には高圧が作用するため耐摩耗性が要求されることが多く、場合によっては超硬合金で作られることもある。超硬合金は極めて硬度が高いため、通常の切削加工には適さない。しかしながらガラスレンズのホットプレス加工用超精密金型などは、ダイヤモンド工具を用いた切削加工も行われている。代表的な金型の例を図 1.11 および図 1.12 に示す。

図 1.11　加工中の自動車用プレス金型の例（オークマ）

図 1.12　超精密レンズ金型と成形されたレンズ

1.3 切削加工技術の最近の動向

　切削加工はものづくり技術の中核的な存在であることから、常に技術の進化が図られるとともに、さらなる高度化が求められ続けている。技術としては、基本的に高速・高能率化および高精度化が求められてきているが、最近の動向としては以下の6項目が挙げられる。これらに関するキーワードをまとめて**表1.7**に示す。ここでは切削加工の高度化に欠かせない工作機械技術、工具技術および制御技術の高度化との関係も示している。

▶ 1.3.1　高速・高能率切削

　切削加工の高速化は、工作機械の高速化と高速切削に耐え得る工具の開発が互いに切磋琢磨して成し遂げられていると言える。工作機械に関しては、高速・超高速主軸とそれを支える軸受の開発、ならびに高速送りを可能としたリニアモータ駆動などの高速送り駆動技術が大きく貢献している。工具に関してはCBNなど高温硬度の高い工具材種の開発、硬度と靭性を兼ね備えた各種コーティング工具の開発が行われてきている。現在では航空機に使用されるアルミニウム合金に関しては切削速度に制限は無いとも言われている。アルミニウム合金を含む各種金属の高速・高能率切削においては、切削中に発生するびびり振動と呼ばれる振動が生産性を阻害する原因になっており、びびり振動の防止に関する研究開発とその実用化が進んでいる。

▶ 1.3.2　精密・超精密切削

　産業革命時代の切削精度がmm単位であったのに対して、最先端の超精密切削の精度はnm単位に迫っている。切削精度を左右する最も重要な要因の1つは、環境や工作機械自身の温度変化に伴う熱変形であると言われており、環境や機械の温度対策は極めて重要である。工作機械要素に関しては、超精密な静圧軸受（案内）や転がり案内などにより、運動精度が飛躍的に向

表1.7 切削加工技術の最近の動向

		高速・高能率切削	精密・超精密切削	複雑形状・自由曲面加工
背景（要求）		加工時間の短縮／生産性向上	光学部品用金型への要求	5軸加工部品の増大
技術の進歩	工作機械	超高速主軸、リニアモータ駆動	超精密主軸・案内	多軸化・複合化
	工具	CBNなどの新材種、コーティング	ダイヤモンド工具、超微粒焼結工具	特殊工具の成形技術
	制御技術	高速駆動制御、びびり振動防止	超精密制御技術（分解能0.1 nm）	超多軸同時制御技術
	その他	軽量化技術	超精密スケール、高度温度制御・防振技術	
具体事例		航空機用アルミ部材	カメラレンズ、ヘッドライト用ミラー	インペラ

		難削材の高能率切削	加工の知能化	加工プロセスの複合化
背景（要求）		難削材部品の増加	熟練技能者の減少、無人加工	同一機械上での複合加工
技術の進歩	工作機械	高剛性化		各種加工機能の統合
	工具	新工具材種・工具形状の開発		
	制御技術	CAMの高度化、びびり振動防止	CAD／CAM統合、高度情報処理技術	複合制御技術
	その他	高圧切削油、冷凍切削、振動切削	各種センサ技術、AI・IoT技術	AM技術の進化
具体事例		ジェットエンジン部品、複合材料	加工条件の自動最適化	切削・研削統合、AM統合

上したばかりでなく、超精密なスケールが開発され、CNC制御における運動の分解能は0.1 nm単位まで保証されている。工具と工作物の相対運動を仕上げ面に正確に転写する必要がある工具に関しては、アルミニウムなどの軟質金属加工用に開発された単結晶ダイヤモンド工具が広く採用されている。最近では、各種カメラに使用される非球面レンズや自動車のヘッドライトの

反射鏡（自由曲面）など各種光学系部品の金型などが超精密切削の対象となっている。

▶ 1.3.3　複雑形状・自由曲面加工

　CNC制御技術が進化し、5軸加工機に代表されるように、工作機械の運動が直線運動の組み合わせだけでなく、回転運動も含む運動を同時に精度よく制御することが可能となり、従来の旋盤やフライス盤を組み合わせたような複合加工機が開発されている。こうした工作機械を利用すると、一度工作機械に工作物を取り付けたままで様々な切削加工を行うことが可能となって結果的に精度が向上するとともに、部分的に分けて加工し組み立てていた部品を一度で加工することできるため、加工部品の機能が向上する。さらに、これまで加工が困難であったインペラやタービンブレードなど複雑な自由曲面を有する部品の加工が可能となった。

▶ 1.3.4　難削材の高能率切削

　ジェットエンジンに使用される耐熱合金（Ni基合金やチタン合金）、タービンに使用されるステンレス鋼などは切削抵抗が大きく、また切削温度が高くなることから、低速で切込み、送りを抑えて切削せざるを得ないため、切削能率が極めて低いという問題がある。この問題を解決するため、超高圧の切削液供給法、振動切削、冷凍切削など新たな技術が開発されつつある。難削材の切削では工具の損耗が大きな問題であり、新たな工具の開発も急がれている。上述したびびり振動対策も重要である。最近では難削材として、金属材料以外に航空機の機体などに使用される複合材料（CFRPなど）も注目を浴びている。

▶ 1.3.5　加工の知能化

　これまでの切削加工では熟練技能者の技能や経験的知識が重要な役割を果たしてきた。こうした熟練技能者が減少する一方、切削加工に関する学問が深化し、実際に加工を行わなくても加工プロセスを予測することが可能となりつつある。また各種センサを用いて、加工プロセスの状態を把握することも可能となりつつある。コンピュータを用いた最新の情報処理技術を駆使す

ることにより、正確な工作機械の運動や切削プロセスの状態をシミュレーションすることが可能となって、設計情報から最適な NC プログラムを創成したり、切削加工プロセスを最適化する試みが進められている。最近では上述したびびり振動や工作機械の熱変形など、切削加工の問題を自動的に回避したり、補正する技術も開発されつつある。

▶ 1.3.6　加工プロセスの複合化

　部品によっては切削加工の後に熱処理を行い、研削仕上げをするものもある。こうしたことから切削形工作機械にレーザ焼入れ装置や研削機能を具備した複合加工機も開発されている。この他レーザや電子ビームを用いた AM（Additive Manufacturing）と呼ばれる積層造形機能を組み込んだ工作機械も開発されている。AM は複雑な形状の造形機能が優れているものの、仕上げ精度が不十分で仕上げ面粗さも良好でないため、一定量の造形の後切削仕上げを行い、さらに造形を繰り返して製品を製造するというものもある。このように切削加工はその特徴を生かして、他のプロセスと複合して総合的な機能向上を図っている。

切削加工の定義と加工法

　切削加工とは工作機械を用いて硬度の高い剛体工具と工作物を保持し、その両者に相対的な運動を与え、工具と工作物が干渉する部分を切りくずとして除去し、工作物に所定の仕上げ面形状と仕上げ面特性を与える加工法である。このことから切削運動と送り運動の運動形態、および使用する工具の形状によって実現される各種加工法が決まり、それに応じて各種の特徴ある仕上げ面が生成される。

　具体的な加工法としては、各種旋盤加工、ドリル加工、フライス加工、歯車加工、ブローチ加工などがあり、ここでは工具としては、各種バイト、ドリル、各種フライス・エンドミル、ホブ、ピニオンカッタ、ブローチなどがある。工具と工作物に与えられる運動形態と各種の工具形状によって創成される面とそれらの特徴を紹介する。

2.1 切削加工の定義

　一般に切削加工とは「工作機械を用いて硬度の高い剛体工具と工作物を保持し、その両者に相対的な運動を与え、工具と工作物が干渉する部分を切りくずとして除去し、工作物に所定の仕上げ面形状と仕上げ面特性を与える加工法」であるといえる。ここで重要なことは、工具と工作物に与える運動形態と運動の精度、ならびに工具表面の形状が工作物表面に転写される正確さである。これらによって切削加工で重要な加工精度と仕上げ面特性（粗さなど）が決まる。工具が工作物表面から不要な部分を切りくずとして除去するプロセスを切削プロセスという。工具は工作物よりも高い硬度が必要で、工具保持具も含めできるだけ剛性が高いことが求められる。

　工具と工作物はあらかじめ相対的な位置関係を設定し（位置決め）、工具が切削を行う（切削運動）とともに、工具が工作物表面を掃引し（送り運動）所定の面形状を創成する。すなわち工具と工作物の相対運動は、その機能から（1）切削運動、（2）送り運動、（3）位置決め運動の3種類に分類される。これらの運動はいずれも形態的には回転運動と直線運動に分けられる。

　基本的な切削運動は、一部で直線運動を利用することもあるが、高速運動が容易な回転運動を利用していることが多い。回転運動を利用した切削加工法は、工作物（回転対称体）に回転切削運動を与える旋盤加工と、回転工具に切削運動を与えるフライス加工（ドリル加工を含む）に大きく分類される。送り運動は送り運動軸に沿った直線運動と回転運動、ならびにそれらを組み合わせた運動（同時多軸運動）があり、送り運動を制御することによって、複雑な形状を含む所期の形状を創成することができる。

2.2 各種切削加工法とその特徴

　工具と工作物に与えられる切削運動と相対送り運動の形態によって創成される代表的な面を、工具の種類ごとにまとめると**表 2.1**のようになる。表中の面内運動とは平面内での相対運動を言い、また複合運動とは直線運動と回転運動を含む相対運動をいう。以下に代表的な加工法と使用される工具の例を示す。

　図 2.1は工具と工作物に相対直線運動を与えて平面を加工する場合で、バイト（単刃工具）による形削り加工（シェーパ加工）および平削り加工（プレーナ加工）の例を示している。**図 2.2**は回転制御可能な主軸にヘールバイトを取り付けてバイトの方向を制御するとともに、回転軸に垂直な面内で工作物に切削運動を与えて溝を加工する例である（ヘール加工）。直線運動は

表 2.1 工具・工作物の基本的な運動形態と代表的な加工面形状

切削運動の形態		工具	送りの運動形態	
			直線運動（面内運動）	回転運動（複合運動）
直線切削	工具運動	単刃（バイト） 多刃（ブローチ） （ピニオンカッタ）	平面、溝 平面、成形面 平歯車	成形面 はすば歯車
工作物回転	切削運動	単刃（バイト） 多刃（ドリル）	円筒面（回転対称面）、穴、溝、ねじ面、平面（端面）、曲面（端面） 穴	回転対称曲面（端面）
工具回転	切削運動	単刃（バイト） 多刃（ドリル） （エンドミル） （フライス） （ホブ） （タップ、ダイス）	穴、平面（端面） 穴 平面、溝、曲面、成形面 平面、溝、曲面、成形面 ねじ面	穴、円筒面、自由曲面 平歯車、はすば歯車

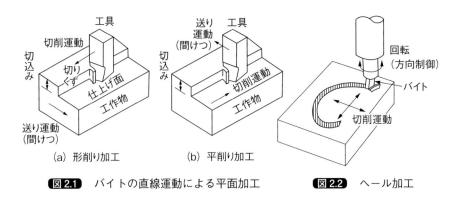

(a) 形削り加工　　(b) 平削り加工

図 2.1　バイトの直線運動による平面加工　　**図 2.2**　ヘール加工

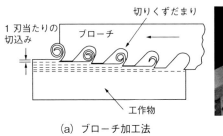

(a) ブローチ加工法　　(b) ブローチ加工の例
((一社)日本工作機械工業会、
「画像で学ぶ工作機械のしくみ」)

図 2.3　ブローチ加工

相対的に高速運動が困難であることから、単刃工具を用いた直線運動による切削は上述のような特殊な場合を除いてあまり採用されない。

　直線運動による高能率切削では、ブローチやピニオンカッタのように多刃工具や成形工具を使用する場合が多い。ブローチ加工は**図 2.3**に示すように、複雑な成形面を基本的に一度の切削運動で創成することが可能であり、高精度で能率よく加工することが可能であることから、特殊な成形溝の加工などに広く採用されている。しかしながら一般に工具は高価であるため用途は限定される。歯車を能率よく加工する方法としては、後述するホブ切りがあるが、**図 2.4**に示すピニオンカッタによる歯切り加工は、異なる直径の歯車が軸方向につながっている場合のように、歯筋方向に工具を挿入する場所に制約がある場合には有効である。

第 2 章 切削加工の定義と加工法

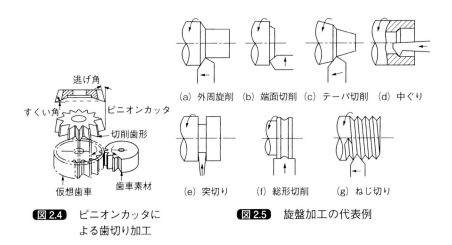

図 2.4 ピニオンカッタによる歯切り加工

図 2.5 旋盤加工の代表例

2.2.1 旋盤加工

図 2.5 に示す旋盤加工に代表される工作物回転切削運動で得られる面は、基本的に回転対称面である。使用する工具は多くがバイトで、送り方向によって外周円筒面、平面（端面）および穴（内周面）が加工される。送り運動を制御することによってテーパ面、ねじ面など多様な面を創成することができる。また工具形状をあらかじめ所定の形状に成形しておくことにより、複雑形状の回転対称面を能率よく創成することもできる（総形切削）。

工作物端面にレンズ金型やミラーに利用する球面や放物面を高精度で加工する場合、図 2.6 に示すように、切れ刃先端が円弧形状を有するいわゆる R バイトを使用し、工具に対して回転軸方向およびそれに直角な方向の 2 軸の送り運動に加えて回転運動を同時に与えて加工することもある。この場合切れ刃の同じ位置で切削を行うことができるため、工具の形状誤差の影響がなく、高精度の加工が可能となる。特に高い加工精度が要求される場合に採用される加工法である。

なお旋盤加工において、工作物の回転に同期して工具の切り込み運動を制御することにより、カムのような非対称回転面を創成することもできるが、特殊な場合に限られる。

代表的な複刃工具であるドリルは、回転しながら軸方向に送られることによって穴を加工することができる。図 2.7 は最も一般的に使用されるねじれ

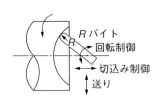 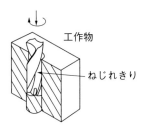

図2.6 Rバイトによる端面の超精密加工　　**図2.7** ねじれきりによる穴加工

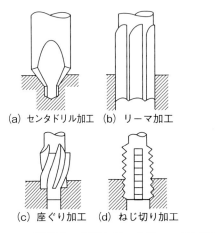 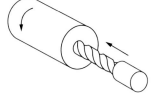

図2.8 各種穴加工の例　　**図2.9** 旋盤を用いたドリルによる穴あけ加工

きり（ツイストドリル）による穴加工の状況を示している。この他穴加工に関しては、**図2.8**に例示するように種々の加工法がある。この内センタードリル加工は、工作物をセンタで固定するための下穴などの加工に利用される。リーマ加工は荒加工された穴の表面を仕上げるためにリーマと呼ばれる多刃工具で表面を軽く切削する方法である。座ぐり加工は沈めきりを用いて加工した下穴の一部を拡大する加工である。同図(d)に示すねじ切り加工は、タップを用いて下穴の面に雌ねじを加工する方法を示している。円筒状の工作物表面に雄ねじを加工するにはダイスと呼ばれる工具が使用される。

　以上の加工法は、いずれも基本的に工具が回転し、送られることによって加工が行われる例を示しているが、逆に工作物が回転し、工具あるいは工作物に適当な軸方向送りが与えられることによっても加工が行われる。この場

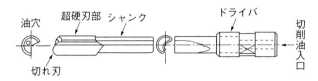

図 2.10 深穴加工用ガンドリル

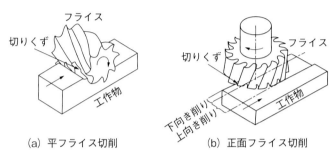

(a) 平フライス切削　　(b) 正面フライス切削

図 2.11 代表的なフライス加工

合、工作物の回転軸と工具の中心軸が同一線上に一致することが必要となる。図 2.9 は旋盤による穴あけ加工の例を示している。

　特殊な深穴を加工する方法としては、図 2.10 に示すガンドリルがある。加工中は中空のドリルを通して大量の切削油が供給され、ドリルのくぼんだV溝を通じて切りくずが切削油とともに排出されるように工夫されている。

▶ 2.2.2　フライス加工

　多刃回転工具による切削運動の場合には、各種フライス工具を用いて能率よく平面、溝、曲面、成形面などを創成することができる。図 2.11 に示すように、フライス工具は基本的に工具円筒面の切れ刃で切削を行う平フライスと、主として工具端面の切れ刃で切削を行う正面フライスの 2 種類がある。最近では成形されたフライスよりも図 2.12 に示すようなインサート形のフライス工具が多用されており、効率的な平面創成に威力を発揮している。成形フライス工具は特殊な用途に応じて用いられることが多い（図 2.13）。

　フライス工具の一種であるエンドミルは、比較的直径が小さく、工具円筒面と端面の両方の切れ刃で切削加工を行う工具で、平面、壁面、溝、ポケット形状、穴など様々な加工を行う工具である。代表的なエンドミル加工の例

図 2.12　インサート形正面フライスの例（タンガロイ）

図 2.13　成形フライスの例

とエンドミルの形状をそれぞれ図 2.14 および図 2.15 に示す。エンドミルの形状としては円筒形をしたスクェアエンドミルの他に、底面が半球状のボールエンドミル、その両者の中間でコーナー部に丸みが施してあるラジアスエンドミル、さらには円筒部分がテーパ状のテーパエンドミル、特殊な歯形形状を付与したフォームドエンドミルなど多くの種類がある。加工用途からは通常加工や仕上げ加工を目的としたものの他に、切れ刃に切欠き（ニック）が設けられたラフィングエンドミルがある。また最近では高速度鋼や超硬合金製のソリッドエンドミルの他に、図 2.16 に示すようなインサート形のエンドミルも多く使用されている。特殊なエンドミルとして直径が 1 mm 以下の微小エンドミルもある。

　エンドミルは金型や種々の部品加工において、比較的加工形状が複雑な場合に多く用いられている。特にボールエンドミルは金型など自由曲面を含む仕上げ面を滑らかに仕上げることができるため、これらの用途に広く用いられている。代表的な例として、エンドミルを用いて、同時 5 軸制御加工によってインペラを仕上げ加工している例を図 2.17 に示す。この例に示すような 5 軸加工では、工具あるいは工作物の送り運動として、工作機械の基本的な直交 3 軸に加えて回転送り運動を付加し、これまで加工が困難であった複雑形状や自由形状の面が創成されている。

　エンドミルを用いてその直径より大きな直径の穴を加工する場合には、エンドミルの自転に加えて加工すべき穴の直径に合わせた公転運動を与えながら軸方向に工具の送り運動を与えることがある。このような加工法をヘリカル加工と呼んでいる（図 2.18）。

　フライス工具は基本的に多刃工具であるため加工能率が高い。切れ刃が 1

第 2 章　切削加工の定義と加工法

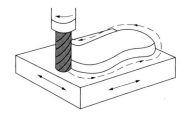

図 2.14　代表的なエンドミル加工

(a) ボール形

(b) スクェア形

図 2.16　インサート形ボールエンドミルの例

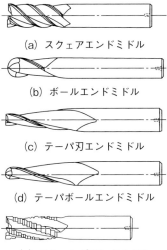

(a) スクェアエンドミル

(b) ボールエンドミル

(c) テーパ刃エンドミル

(d) テーパボールエンドミル

(e) ラフィングエンドミル

図 2.15　代表的なエンドミルの例

図 2.17　テーパボールエンドミルを用いたインペラの仕上げ加工
((一社)日本工作機械工業会、「画像で学ぶ工作機械のしくみ」)

図 2.18　ヘリカル加工による穴あけ

つだけのフライスによる切削、あるいはバイトをフライスのように回転工具として用いる切削は、フライカッティングと呼ばれ、加工能率は劣るが、フライス工具につきものの切れ刃の不揃いが無いため、滑らかな仕上げ面を創成することができる。そのため特に高精度の平面が要求される場合にはフラ

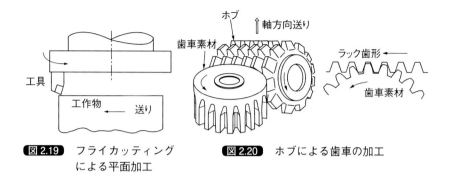

図 2.19 フライカッティング
　　　　　による平面加工

図 2.20 ホブによる歯車の加工

イカッティングが採用されることがある。**図 2.19** にフライカッティングの例を示す。

▶ 2.2.3　歯車加工

　歯車を高能率で切削加工する方法としてホブ切削法がある。ホブは**図 2.20** に示すように、円柱形工具表面の軸方向に切れ刃面がラック状になった切れ刃を複数枚等間隔に配置した工具で、工具の回転に伴ってラック面が平行移動するように設計されている。このラック面の移動に同期して円形工作物が回転運動し、ちょうどラックとピニオンがかみ合った状態を保つようにして、工作物表面に歯車形状が加工される。この切削運動と同時に工作物の軸方向に工具が送られることによって、所定の歯幅の歯車が創成される。ここで工具の回転軸と工作物の回転軸が直交していれば平歯車面が創成され、工作物の回転軸が工具の回転軸に対して傾斜していればそれに応じたはすば歯車面が創成される。ホブ加工は高能率の歯車加工法として広く利用されている。

切削加工の基礎

　切削加工を高度に利用するためには、基本となる切削プロセスを理解しておく必要がある。切削の基本現象である切りくずの生成機構を理解し、切削によって発生する切削力や熱を定量的に把握し、それらの特徴を理解しなければならない。また切削加工を定量的に把握するために必要な工具すくい角、切込み、切りくず厚さなど基本的な用語を知っておく必要がある。

　ここでは最も単純な切削プロセスについて基本事項を説明するとともに、具体的な旋盤加工、ドリル加工、フライス加工において発生する切削力と、加工に必要な切削動力の求め方を説明する。さらに、加工された仕上げ面の粗さ、切削時に発生する切りくずの形態とそれらの特徴を明らかにする。

3.1
切りくず生成の基礎理論

▶ 3.1.1 切削過程と切削力

　切削加工は、機械的なエネルギーを利用し、工具を用いて工作物の不要な部分を切りくずとして除去する加工法であるが、切削過程の本質は超高ひずみ速度での工作物の変形（塑性変形）と破壊である。具体的には1〜10の大ひずみ、$10^6 \mathrm{s}^{-1}$ に及ぶひずみ速度、さらには 1000 ℃ での変形と破壊が連続的に生じている現象であると言える。切削加工プロセスを説明する切削理論はこれまで種々提案されているが[1]、ここではその詳細については省略し、最も単純な場合を例にとって基本的な事項について説明する。

　今図 3.1 に示すように、切削方向に直交する直線状の切れ刃を有するくさび状の工具を用いて板状の工作物を切削する場合を考える。切れ刃に垂直な切削方向の断面内の現象は全て同一とみなすことができ、この面内での切削現象を考える。一般にこの切削モデルを 2 次元切削モデルと呼んでいる。

　実際に 2 次元切削を行った場合、破壊の進行とそれに伴って生成される切りくずの形態は、工作物の材質、切削条件（主として切削速度）によって異なることが知られている。代表的な切りくず形態を模式的に示すと一般的に図 3.2 のように分類される。ここで流れ形とは、切れ刃の前方で工作物が連続的にせん断変形して切りくずが連続的に生成されるもので、アルミニウムや多くの鋼など延性材料の切削において見られる。せん断形は切りくずが刃先前方で滞留し、それが一定量を超えると一気にせん断が走って切りくずが生成されるもので、代表的な例はチタン合金やニッケル基合金など難削材料の切削において見られる。むしれ形は亀裂が切れ刃先から先行してむしれるように切りくずが生成されるもので、脆性材料の切削において多く見られる。亀裂形は同様に、亀裂が切れ刃先に先行して切りくずが生成される場合に見られるが、仕上げ面に亀裂が残ることは少ない。この形の切りくずは黄銅や鋳鉄の切削においてよく見られる。一般に連続形やせん断形の切りくずは分

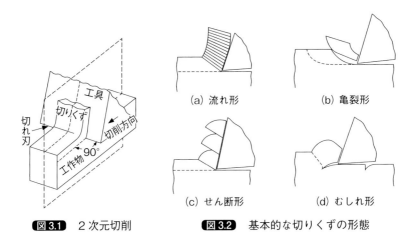

図 3.1 2次元切削

図 3.2 基本的な切りくずの形態

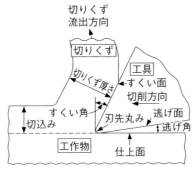

図 3.3 2次元切削の基本的なモデルと用語の定義

断されることなく連続して排出されるため、切りくず処理において問題となることが多い。他方、むしれ形やせん断形の切りくずは細かく分断されて排出されるため、切りくず処理は容易であることが多い。

　以下、最も代表的な連続形切りくず生成の場合を例にとって2次元切削過程を考える。この場合の基本的なモデルと用語の定義を図 3.3 に示す。工具すくい面と切削方向に垂直な線のなす角をすくい角と呼び、一般に図に示す方向を正方向としている。すくい角は切削によって発生する力（切削力）をはじめ切削現象に大きく影響を及ぼすため、工具形状を表すパラメータの中でも重要な角度である。容易に想像されるように、すくい角が大きいほど切

削力が小さくなるため、すくい角は多くの場合正になるように選ばれる。他方、すくい角が大きいと刃先の強度が低下する。高速で切削を行う超硬合金工具などでは、-5度程度の負のすくい角が選ばれることも多い。これはインサート形工具では、刃先の角度が90度であることが多く、この場合に適度な逃げ角を確保するためでもある。

　流れ形切りくずを生成する切削過程では、図3.4に模式的に示すように、1次塑性流れ領域におけるせん断が基本であり、次いで切りくず裏面と工具すくい面が接触する2次塑性流れ領域での摩擦と塑性変形、および切れ刃先端近傍での掘り起こしが加わる。2次塑性流れ領域における切りくずと工具すくい面の摩擦により、すくい面にはクレータ摩耗と呼ばれる熱的摩耗が生じる。また掘り起こし領域では、仕上げ面が生成されると同時に刃先に作用する高圧と摩擦力により、逃げ面摩耗と呼ばれる機械的摩耗が生じる。刃先に近いすくい面には流動化した工作物（切りくずの一部）が溶着して成長することがあり、これを構成刃先と呼んでいる。構成刃先は低炭素鋼やアルミニウム合金などを低速で切削する場合に多く見られる。構成刃先の生成に影響を及ぼす要因は、工具と工作物の材質の組み合わせ（親和性）、工具形状、切削条件などで、切削速度がある程度以上になると消滅することが多い。構成刃先が生じると仕上げ面粗さが劣化し、特に成長・脱落を繰り返す構成刃先は問題になることが多い。

　このような切削過程を正確に理解し、切削現象をシミュレートするためには、加工される工作物の変形過程を表すことができる正確な構成モデルが必要となる。具体的にはひずみ、ひずみ速度、温度、マイクロ構造に応じた変

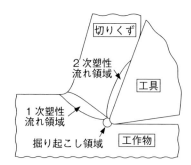

図3.4　流れ形切りくず生成過程の模式図

形・破壊をどのように力学的に定式化することができるか、さらにもう1つの重要なパラメータとして工具・工作物の間の摩擦特性をどのように定式化することができるかが重要となる。歴史的には動的な応力-ひずみ関係を準静的、あるいは動的な材料試験から求めることが試みられ、また摩擦特性についても各種の摩擦試験から特性値を求めることが行われてきているが、膨大な実験や解析にも関わらず、現在に至るまで完全な定式化が行われていないのが実情である。最新の有限要素法（FEM）を用いた解析は、ある程度定性的な理解には役立つが、切削現象を完全にシミュレートするには至っていない。

そこで、ここでは2次元切削理論の内最も単純で理解しやすいモデルとして、せん断面が単一の面であると仮定した単一せん断面モデル（いわゆるMerchantのモデル）を用いて、以下切削過程の説明を行う。このモデルは必ずしも実際の切削現象を正確に表現していないが、切削に関与する各種要因の関係を定性的に説明する上で役立つことが多く、実用的観点から比較的広く用いられている。今図3.5に示すような2次元切削を考え、切削におけるせん断塑性変形が単一の平面OC（せん断面）でのみ生じると考え、その他の塑性変形は無いものとする。すなわち図3.4に示す切れ刃先端部における掘り起こしによる切削力を無視して考える。ここですくい角αの工具を用いて切削速度v_0、切込みt_0で切削を行い、厚さt_cの切りくずが速度v_cで排出されたとする。

図より、幾何学的な関係から、せん断角ϕ_0は以下のように求められる。

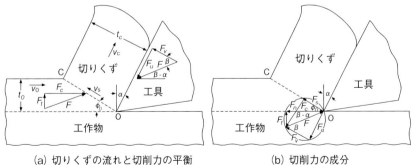

(a) 切りくずの流れと切削力の平衡　　(b) 切削力の成分

図3.5 2次元単一せん断面切削モデルにおける速度、切削力の関係

$$\tan \phi_0 = \frac{\gamma \cos \alpha}{1 - \gamma \sin \alpha} \qquad (3.1)$$

ここで、γ は t_0 と t_c の比すなわち $\gamma = t_0/t_c$ で、切削比と呼ばれている。せん断角は工作物材質、工具形状（主としてすくい角）、切削条件（主として切削速度）によって異なるが、通常の切削では 10～30 度程度の値を取り、45 度を超えることはない。すなわち切削比 γ は 1 より小さく、このことは切くず厚さが切り込みよりも大きくなることを示している。

切削速度 v_0 と切りくず流出速度 v_c の間には、以下の関係が成立する。

$$v_c = \frac{\sin \phi_0}{\cos(\phi_0 - \alpha)} v_0 = \gamma \cdot v_0 \qquad (3.2)$$

またせん断速度を v_s とすると、v_s は以下のように求められる。

$$v_s = \frac{\cos \alpha}{\cos(\phi_0 - \alpha)} v_0 = \sin \phi_0 \cdot v_0 \qquad (3.3)$$

上述したように切込みよりも切りくず厚さの方が大きいため、切りくず流出速度は切削速度よりも低い。

工具に作用する全切削力（合成切削力）と工作物に作用する全切削力はその大きさが等しく、作用方向は逆になる。合成切削力 F は図に示すように、切削速度方向成分 F_c（主分力）とそれに直交する成分 F_t（背分力）に分解され、一般にこれらの分力は実験によって測定することができる。合成切削力 F は同図(b)に示すように、見方を変えるとせん断面に作用するせん断力 F_s とそれに垂直な分力 F_n（せん断面垂直力）に分解され、さらに工具すくい面に沿った分力 F_u（すくい面摩擦力）とすくい面に垂直な分力 F_v（すくい面垂直力）に分解される。このことから以下の関係が導き出される。

$$F_s = F_c \cos \phi_0 - F_t \sin \phi_0 = F \cos(\phi_0 + \beta - \alpha) \qquad (3.4)$$

$$F_n = F_c \sin \phi_0 - F_t \cos \phi_0 = F \sin(\phi_0 + \beta - \alpha) \qquad (3.5)$$

$$F_u = F_c \sin \alpha + F_t \cos \alpha \qquad (3.6)$$

$$F_v = F_c \cos \alpha - F_t \sin \alpha \qquad (3.7)$$

せん断面長さ CO は $t_0/\sin \phi_0$ で与えられることから、図 3.5 の紙面に垂直方向の切削幅を b とすると、せん断面面積は $b \cdot t_0/\sin \phi_0$ で与えられ、したがってせん断応力 τ_s は

$$\tau_s = \frac{F_s \sin\phi_0}{b \cdot t_0} = \frac{F\cos(\phi_0 + \beta - \alpha)\sin\phi_0}{b \cdot t_0} \tag{3.8}$$

で与えられる。また合成切削力 F、主分力 F_c、背分力 F_t はそれぞれ以下のように与えられる。

$$F = \frac{\tau_s}{\cos(\phi_0 + \beta - \alpha)\sin\phi_0} b\, t_0 \tag{3.9}$$

$$F_c = \frac{\tau_s \cos(\beta - \alpha)}{\cos(\phi_0 + \beta - \alpha)\sin\phi_0} b\, t_0 \tag{3.10}$$

$$F_t = \frac{\tau_s \sin(\beta - \alpha)}{\cos(\phi_0 + \beta - \alpha)\sin\phi_0} b\, t_0 \tag{3.11}$$

工作物の材質によってせん断面におけるせん断応力が一定であると仮定すると、せん断角が大きいほどせん断面面積が小さくなることから、切削力は減少する。またせん断角が大きいと切りくず厚さは薄くなる。このことから結果として切りくずが薄いと切削力が小さくなり、切削現象としては好ましいと言える。一般的に切削速度が低い場合にはせん断角は小さく、高速になるとせん断角は大きくなる傾向がある。

ここで工具すくい面での見掛け上の摩擦係数 μ は以下の式で与えられる。

$$\mu = \tan\beta = \frac{F_u}{F_v} \tag{3.12}$$

主分力を切削断面積（$b \cdot t_0$）で除した値 κ は

$$\kappa = \frac{F_c}{b \cdot t_0} \tag{3.13}$$

で与えられ、単位切削断面積当たりの切削力、すなわち比切削抵抗と呼ばれている。なお2次元切削における切込み t_0 および切削幅 b は、外周旋削ではそれぞれ1回転当たりの送り f および切込み t に相当することに注意する必要がある。

切削力あるいは比切削抵抗に影響を及ぼす要因は、基本的に工作物材質、工具の形状と材質並びに切削条件である。一般に工作物材質に関しては、硬度（高温硬度）が高いほど切削力は大きく、工具形状に関してはすくい角が大きいほど切削力は小さい。また材質の面から見れば、工具と工作物の親和性が低く、すくい面での摩擦力が小さいほど切削力は小さくなる。切削速度

はあまり切削力に影響を及ぼさないが、多くの場合高速になると工作物材料が軟化して硬度が低下するため、切削力もそれに応じて小さくなる。ただし、チタン合金やニッケル基合金などのいわゆる難削材料では、高温軟化はあまり期待できない。なお、主分力と背分力を比較すると、通常は主分力の方が大きい。

チタン合金（Ti6Al4V）を切削速度 4.61 m/min および 47.3 m/min で切削し、切込みと切削主分力および背分力の関係を求めた例を**図 3.6**[2] に示す。主分力、背分力共に切込みとともにほぼ線形関係を保ちながら増加していることが分かる。なおこれまでの解析では、切れ刃の刃先近傍における掘り起

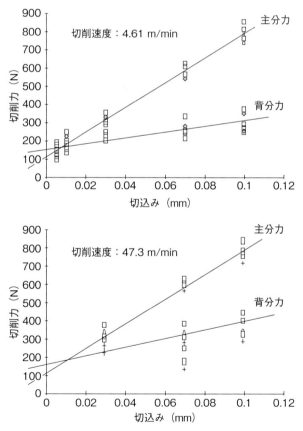

図 3.6 チタン合金を2次元切削して求めた切削力の例（Altintas[2]）

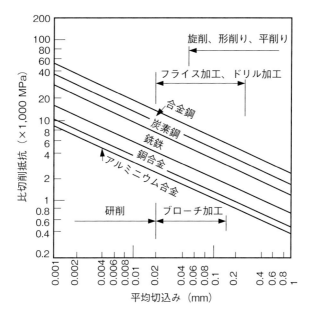

図 3.7 代表的な工作物の比切削抵抗（Boothroyd による[3]）

こし力を無視して考えたが，実際には切込みがゼロに近づいても掘り起こしによる刃先力の影響で切削力はゼロとならず，一定の値に収束していることが分かる。また特にチタン合金のような耐熱合金では，切削速度が比較的低い範囲（100 m/min 以下）においては，切削力は切削速度によってあまり変化しない。

比切削抵抗は基本的には実験によって求められるが，工作物材質によって大まかな値が知られており，切削力や切削動力の概算値を推定する場合によく用いられる。図 3.7 は Boothroyd[3] が主要な工作物材質に対する比切削抵抗を，各種加工法について切込みとの関連で分類してまとめたものである。ここで切込みが小さい場合に比切削抵抗が大きくなっているのは，上述した刃先力の効果を想定しているものと思われる。

▶ 3.1.2 切削加工におけるエネルギーと熱

図 3.5 より切削に必要なエネルギー $E(\mathrm{W})$ は主分力 F_c および切削速度 v_c から以下の式で与えられる。

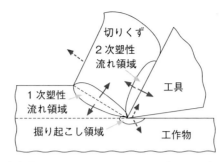

図 3.8 切削によって発生する熱とその伝搬

$$E = F_c \cdot v_0 \tag{3.14}$$

ここで F_c および v_0 の単位はそれぞれ(N)および(m/s)である。切削によって消費されたエネルギーは最終的には熱に変換される。図 3.8 に示すように、1次塑性流れ領域で発生した熱は、熱伝導によって工作物と切りくずに伝搬する。同様に、2次塑性流れ領域で発生した熱は工具と切りくずに伝えられる。また掘り起こし領域で発生した熱は、量的には少ないが、主として工作物と工具に伝えられる。切りくずに伝えられた熱の一部は熱伝達によって、外部環境に放出される。単位時間当たりに発生する発熱量は主として、せん断エネルギー Q_s とすくい面摩擦エネルギー Q_r であり、それぞれ以下のように与えられる。

$$Q_s = \frac{F_s \cdot v_s}{J} \tag{3.15}$$

$$Q_r = \frac{F_u \cdot v_c}{J} \tag{3.16}$$

ここで J は熱の仕事当量（= 0.427 kgm/cal）である。切削によって発生した熱が、切りくず、工作物、工具、および外部環境に伝わる割合は、工具や工作物の材種、切削条件によって異なるが、一例としてそれぞれ 74 %、20 %、5 % および 1 % というデータがある。いずれにせよ発生した熱の大半は切りくずによって持ち去られるが、このことは適当な切りくず処理を行わないと、切りくずの熱が工作機械に伝わって工作機械の熱変形を引き起こし、加工精度の低下につながることを意味している。高速切削では、発生した熱は単に熱伝導によって伝わるだけでなく、熱物質移動の観点からより多くの

割合の熱が切りくずに伝わることが知られている。このことは発熱による工作物の熱軟化の効果も含め、超高速切削の妥当性を示す根拠ともなっている。

2次元切削における切削場の温度分布を求めた例を**図3.9**[4]に示す。この内図(a)は少し古いデータではあるが、赤外線写真から求めた実験データであり、同図(b)は有限要素プログラム（AdvantEdge）によるシミュレーション結果である。両者は工作物材質、切削条件などが異なるものの、定性的には比較的よく似た結果となっている。すなわち、工具すくい面の刃先から若干後ろにおいて、切りくず、工具共に温度が最も高くなっている。このことは熱的摩耗であるクレータ摩耗が、切れ刃の先端から少し後ろにおいて発生し、工具すくい面にクレータのような窪みが発生することの説明にもなる。

チタン合金のように熱伝導率が低い材料を切削した場合、熱が切りくずに伝わりにくいため熱が切削点にこもって切削温度が高くなる。そのため工具の損耗が大となり、難削性の原因ともなっている。逆にダイヤモンド工具や超硬合金など熱伝導率が高い工具材種では、工具に伝わる熱の割合が高くなり、工具の熱膨張によって加工精度の低下につながることもある。

切削加工では多くの場合切削点に切削油を供給する。その主な目的は切削点の温度を低下させて工具寿命を延長すること、および工具すくい面と切りくず裏面の間の摩擦を低下させて切りくずの流出を促すことにある。切削油については第6章で詳しく述べる。

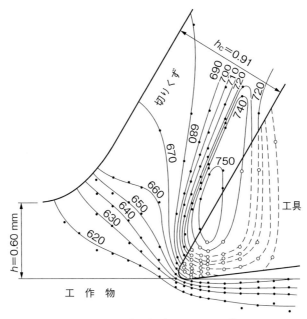

(a) 赤外線写真から求めた温度分布（G. Boothroyd[4]）
工作物；快削軟鋼、すくい角；30度、逃げ角；7度、切削速度；75 ft/min、
切削幅；0.25 in、工作物余熱温度；610 ℃

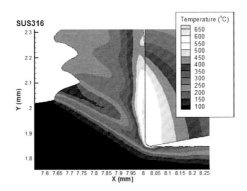

(b) AdvantEdge による切削シミュレーション結果（伊藤忠テクノソリューションズ）
工作物：SUS316、切削速度；120 m/min

図3.9 2次元切削における切削場の温度分布

3.2 傾斜切削と 3 次元切削

▶ 3.2.1 傾斜切削

通常の切削では切削方向と切れ刃は必ずしも直交しないし、切れ刃形状も直線ではない。そこで次に**図 3.10** に示すように、切削方向に対して直線切れ刃が傾斜角 i だけ傾いて切削するモデル（傾斜切削モデル）を考える。切りくずは工具切れ刃に対して η（切りくず流出角）だけ傾いた方向に流出する。この場合の切削力は、2 次元切削における主分力、背分力に加えてそれらに直交する成分 F_r が作用する。ここで切削速度方向と切りくず流出方向を含む面内で改めてすくい角 α_n、せん断角 ϕ_n を定義し、この面内で 2 次元切削と同様に切りくず生成が行われるとする（**図 3.11**[5]）。詳細については専門の文献[2] に譲ることとして、以下の仮定を置く。すなわち、

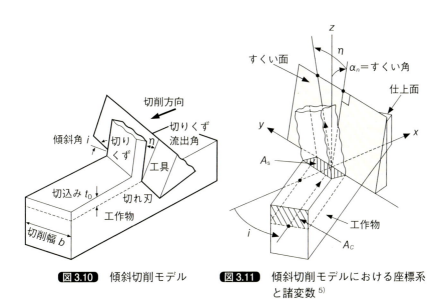

図 3.10 傾斜切削モデル　　**図 3.11** 傾斜切削モデルにおける座標系と諸変数[5]

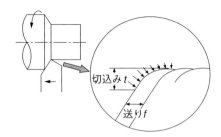

図 3.12　3 次元切削における切りくず厚さと切削力の方向

$$\phi_n = \phi \tag{3.17}$$
$$\alpha_n = \alpha \tag{3.18}$$
$$\eta = i \tag{3.19}$$

さらに同一の工具・工作物の組み合わせ、同一の切削条件下では、この場合の摩擦係数 β_n とせん断応力 τ_s は 2 次元切削の場合と変わらないとすれば、

$$\beta_n = \tan^{-1}(\tan \beta \cos \eta) \tag{3.20}$$

となり、切削 3 分力は以下のように求められる。

$$F_c = b \cdot t_0 \frac{\tau_s}{\sin \phi_n} \frac{\cos(\beta_n - \alpha_n) + \tan i \tan \eta \sin \beta_n}{\sqrt{\cos^2(\phi_n + \beta_n - \alpha_n) + \tan^2 \eta \sin^2 \beta_n}} \tag{3.21}$$

$$F_t = b \cdot t_0 \frac{\tau_s}{\sin \phi_n \cos i} \frac{\sin(\beta_n - \alpha_n)}{\sqrt{\cos^2(\phi_n + \beta_n - \alpha_n) + \tan^2 \eta \sin^2 \beta_n}} \tag{3.22}$$

$$F_r = b \cdot t_0 \frac{\tau_s}{\sin \phi_n} \frac{\cos(\beta_n - \alpha_n)\tan i - \tan \eta \sin \beta_n}{\sqrt{\cos^2(\phi_n + \beta_n - \alpha_n) + \tan^2 \eta \sin^2 \beta_n}} \tag{3.23}$$

例えば図 3.12 に示す旋盤切削のような 3 次元切削では、図に示すように切削部分を切れ刃に沿った微小部分に分割し、それぞれの微小部分において傾斜切削が成立するとして切削力を求め、それらをベクトル的に足し合わせることによって全切削力を求めることができる。このことは旋盤切削に限らず、全ての切削に応用することができ、任意の工具形状、任意の工具・工作物相対運動に対する切削力を求める基礎となる。

▶ 3.2.2　旋盤切削

通常の長手旋削で発生する切削力（合成切削力）は、図 3.13 に示すように、切削方向の力（主分力）と送り方向の力（送り分力）およびそれらに直交し

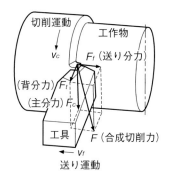

図 3.13 長手旋削における切削力とその成分

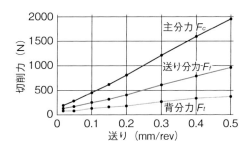

図 3.14 旋盤加工における送りと切削 3 分力の関係
（工作物；AISI1045、切込み；2 mm、工具すくい角；0 度（前、横）、
工具ノーズ半径；0.8 mm）（CutPro による計算値）

た力（背分力）に分解して考えることができる。一般にこれらの 3 分力は切削動力計を用いて測定することができて、それらのベクトル的な合成で合成切削力を得ることができる。送りを変化させて切削 3 分力を求めた結果を**図 3.14** に示す。3 分力の内主分力 F_c が最も大きく、次いで送り分力 F_f さらに背分力 F_t の順となっている。分力比は切込み、工具ノーズ半径、工具横切れ刃角、工具すくい角によって異なるが、通常この関係はあまり変わらない。

同図に示すように、切削力は送りの増加に伴ってほぼ線形的に増加するが、送りをゼロに近づけてもゼロに収束しない。これは先に述べた図 3.4 に示す

＊（注）CutPro はカナダ University of British Columbia 大学で開発され、Manufacturing Automation Laboratories 社から発売されている振動解析・切削加工解析ソフトウェア。

切れ刃先端部における掘り起こしによる切削力によるものと考えられる。通常の旋盤切削では、工具切れ刃の刃先丸みに対して送りが相対的に大きいことから、多くの場合この効果は無視することができる。

旋盤切削では、切削断面積は切込み t (mm) と送り f (mm/rev) の積で与えられるから、旋削主分力 F_c は基本的に以下の式で与えられる。

$$F_c = \kappa \cdot t \cdot f \quad (\text{N}) \tag{3.24}$$

比切削抵抗 κ については 3.1.1 項で述べたとおりであるが、先に示した図 3.7 以外にも実用的なデータが公開されている。一例としてデータ集から代表的なデータをまとめて表 3.1 に示す[6]。これらの値は切削力の大きさを概算で推定する上で役立つ。

ここで長手旋削における工作物直径を D (mm)、主軸回転数を N (min^{-1}) とすると、切削速度 v_c (m/min) は

$$v_c = \frac{\pi DN}{1000} \quad (\text{m/min}) \tag{3.25}$$

で与えられ、この場合の正味切削動力 P (kW) は次式で与えられる。

$$P = \frac{1}{60 \cdot 10^3} \left(F_c \cdot v_c + F_f \frac{f \cdot N}{10^3} \right) \fallingdotseq \frac{F_c \cdot v_c}{60 \cdot 10^3} \quad (\text{kW}) \tag{3.26}$$

ここで送り分力は主分力に比べて小さいこと、さらに送り速度は切削速度よりもはるかに小さいことから、送り分力が正味切削動力に貢献する割合は小さく、その影響は無視することができる。なお長手旋削における単位時間当たりの除去量 V (cm^3/min) は以下の式で与えられる。すなわち、

$$V = t \cdot f \cdot v_c \quad (\text{cm}^3/\text{min}) \tag{3.27}$$

▶ 3.2.3　ドリル切削

穴あけ切削では一般に図 3.15 に示すように刃部の溝がねじれているツイストドリル（ねじれきり）が広く用いられている。ツイストドリルによる切削では、ドリル中心部のチゼルエッジと呼ばれる部分がドリル回転に伴って工作物に押し込まれ、対称に配置された 2 枚の主切れ刃で切削が行われる。ドリル切削における切削力は、ドリルを工作物に押し込むスラスト力とドリルを回転させるトルクに分けられる。チゼル部は大きな負のすくい角を持つ

表 3.1 旋盤加工における代表的な比切削抵抗（文献 6）より抜粋）

工作物	硬度（H$_B$）	比切削抵抗(MPa)
炭素鋼（C＝0.10〜0.25％）	125	2000
炭素鋼（C＝0.25〜0.55％）	150	2100
低合金鋼（非焼入れ）	180	2150
低合金鋼（焼入れ、焼戻し）	275	2550
高合金鋼（焼きなまし）（合金成分＞5％）	200	2500
工具鋼（焼入れ、焼戻し）（合金成分＞5％）	325	3900
フェライト／マルテンサイト系ステンレス	200	2300
オーステナイト系ステンレス	180	2300
低抗張力ネズミ鋳鉄	180	1100
ダクタイル鋳鉄（フェライト地）	160	1050
ダクタイル鋳鉄（パーライト地）	250	1750
ダクタイル鋳鉄（マルテンサイト地）	380	2700
アルミニウム合金（冷間引き抜き）	60	500
アルミニウム合金（鋳物）	75	750
ニッケル基耐熱合金（焼きなまし、または溶体化処理）	250	3300
コバルト基耐熱合金（焼きなまし、または溶体化処理）	200	3300
チタン合金	400（抗張力）	1550
高硬度材（焼入れ、焼戻し）	45（HRC）	3250
高硬度材（焼入れ、焼戻し）	50（HRC）	3950
高硬度材（焼入れ、焼戻し）	55（HRC）	4700

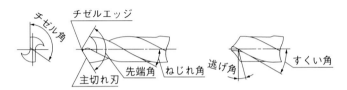

図 3.15 ツイストドリルの先端形状と各部の名称

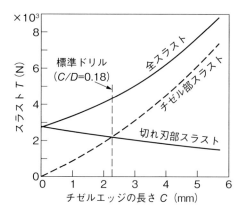

図3.16 ツイストドリルの切削におけるチゼルエッジの長さとスラストの関係[7]
（ドリル直径；12.7 mm（1/2インチ）、送り；0.254 mm/rev
工作物；SAE3245鋼（H_B200）

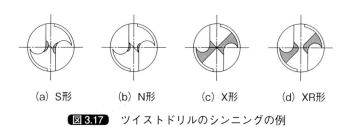

図3.17 ツイストドリルのシンニングの例

切れ刃であり、その大きさが全スラスト力に大きな影響を及ぼす。ドリル切削中の全スラスト力の内、チゼルエッジによるものと切れ刃部によるものが、チゼルエッジの長さによってどのように変化するかを求めた例を**図3.16**に示す[7]。大径のドリルではチゼル部が大きく、過大なスラスト力の原因となると同時に、工作物への食い込みが悪く、穴の加工位置がずれたり、加工穴の拡大につながるとともに真円度に悪影響を及ぼすことが多い。そこでシンニングと称して、チゼルの一部を削り取って形状修正を行うことが多い。シンニングの例を**図3.17**に示す。

ドリル切削におけるドリルの回転数をN（min^{-1}）、ドリル1回転当たりの送りをf（mm/rev）、ドリル直径をD（mm）とすると、主軸1回転当たりの切削断面積は$D \cdot f/2$で与えられる。ドリル切削おけるスラスト力、ト

表3.2 NATOCOの式における材料係数の例[8]

工作物材質	引張強さ (MPa)	ブリネル硬さ (H_B)	材料係数 K
鋳鉄	280	198	1.39
アルミニウム	250	200	1.01
S20C	550	160	2.22
SMn438	630	197	1.45
SNC236	690	174	2.02
SCM440	940	269	2.41
SNCM420	750	212	2.12
SNCM625	1,400	390	3.44

ルクを解析的に求めることは困難であるが、切削力が基本的に切削断面積に比例するとすれば、スラスト力 T（N）およびトルク M（Nm）は以下のように与えられると考えられる。

$$T = k_1 \cdot \kappa \cdot D \cdot f / 2 \quad \text{(N)} \tag{3.28}$$

$$M = k_2 \cdot \kappa \cdot D \cdot f / 2 \quad \text{(Nm)} \tag{3.29}$$

ここで、k_1 および k_2 は補正係数である。この考えに従って、ドリル切削における比切削抵抗および補正係数を求めている例もある[6]。

この他実用的に使用されている経験式として知られるNATOCOの式[8]によれば、スラスト力 T（N）およびトルク M（Nm）は以下のように与えられる。すなわち

$$T = 570 K \cdot D \cdot f^{0.85} \quad \text{(N)} \tag{3.30}$$

$$M = \frac{K \cdot D^2 (0.63 + 16.84 f)}{100} \quad \text{(Nm)} \tag{3.31}$$

ここで K は材料係数と呼ばれ、工作物材料によって与えられている。代表的な材料係数をまとめて**表3.2**に示す[8]。

ドリル切削における正味切削動力 P（kW）は、

$$P = \frac{1}{60 \cdot 10^3}\left(2\pi M \cdot N + \frac{T \cdot f \cdot N}{10^3}\right) \fallingdotseq \frac{2\pi M \cdot N}{60 \cdot 10^3} \quad \text{(kW)} \tag{3.32}$$

で与えられる。切削動力に貢献する成分はほとんどがトルク成分で、スラス

ト方向の送り速度が低いため、スラスト力による切削動力は無視することができる。なお経験式であるNATOCOの式では、切削動力は以下のように与えられている。

$$P = K \cdot D^2 \cdot N(0.647 + 17.29f) \times 10^{-6} \quad \text{(kW)} \tag{3.33}$$

としている。なおドリル切削における単位時間当たりの除去量 V (cm³/min) は以下の式で与えられる。

$$V = \frac{\pi \cdot D^2 \cdot f \cdot N}{4 \cdot 1000} \quad \text{(cm}^3\text{/min)} \tag{3.34}$$

▶ 3.2.4 フライス切削

フライス切削では、フライス工具の回転方向と工具・工作物間の相対的な送り運動の組み合わせにより、図3.18に示すように上向き削りと下向き削りが存在し、切削厚さは時々刻々と変化する。ここで工具・工作物間の相対運動は回転運動と直線運動の組み合わせであることから、各切れ刃の刃先は工作物に対して図3.19に示すようなトロコイド曲線を描く。ここで、フライスの直径を D (mm)、フライスの回転速度を N (min^{-1})、工作物の送り速度を v_f (mm/min)、刃先の回転角を φ (rad) とすると、工作物に固定した x-y 座標に対して刃先の軌跡は以下のように与えられる。

$$x = \frac{D}{2} \sin \varphi \pm \frac{v_f \varphi}{2\pi N} \quad (+:上向き削り、-:下向き削り) \tag{3.35}$$

$$y = \frac{D}{2}(1 - \cos \varphi) \tag{3.36}$$

1刃当たりの送り f_c (mm/刃) はフライスの刃数を z とすると、

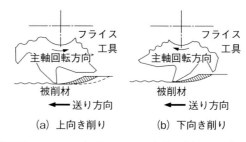

図3.18 フライス切削における上向き削りと下向き削り

$$f_c = \frac{v_f}{z \cdot N} \tag{3.37}$$

で与えられる。なお一般にフライス切削では、送り速度は主軸1回転当たりの送り f（mm/rev）ではなく、毎分の送り速度 $v_f = f \cdot N$（mm/min）で与えられる。

ここで瞬間切削厚さを u（mm）、軸方向切削厚さを d（mm）とすると、円周方向切削力 F_c（N）、半径方向切削力 F_t（N）はそれぞれ以下のように求められる。

$$F_c = \kappa \cdot u \cdot d \quad (\text{N}) \tag{3.38}$$
$$F_t = r \cdot F_c \quad (\text{N}) \tag{3.39}$$

r は切削分力比である。これより工作物座標系の x 方向成分の切削力 F_x（N）、y 方向成分の切削力 F_y（N）は以下のように与えられる。

$$F_x = F_c \cdot \cos\varphi + F_t \cdot \sin\varphi \quad (\text{N}) \tag{3.40}$$
$$F_y = F_c \cdot \sin\varphi - F_t \cdot \cos\varphi \quad (\text{N}) \tag{3.41}$$

フライス切削では切削力は時々刻々と変化するが、実用上は平均的な切削力が必要とされるため、各切れ刃による平均切削厚さを u_m（mm）として、図3.20 に示す平フライス切削、正面フライス切削におけるそれぞれの円周

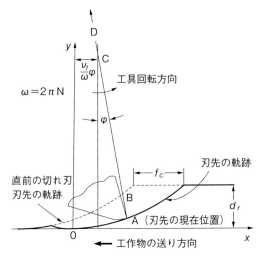

図3.19 フライス切削における切れ刃刃先の運動軌跡と切削厚さ

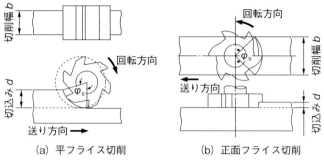

図 3.20　フライス切削のモデル

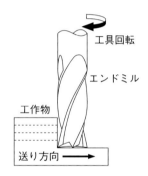

図 3.21　エンドミルによる切削とそのモデル

方向平均切削力（すなわち主分力）F_{mc}（N）およびF_{mc}'（N）は以下のように求められる。

$$F_{mc} = \kappa \cdot u_m \cdot b \cdot z_i \quad \text{（平フライス切削）} \quad (3.42)$$

$$F_{mc}' = \kappa \cdot u_m \cdot d \cdot z_i \quad \text{（正面フライス切削）} \quad (3.43)$$

ただし、z_iは同時切削刃数で、フライスの刃数zから以下のように求められる。

$$z_i = z \cdot \frac{\varphi_s}{2\pi} \quad (3.44)$$

エンドミルは平フライスと正面フライスを組み合わせたフライスと考えられるが、多くの場合切削性および切りくず排出性の観点から、ツイストドリルと同様に、図3.21に示すように外周面の切れ刃がねじれた形になっている。

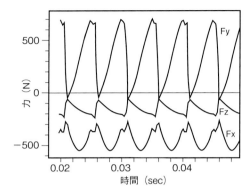

図 3.22 エンドミル切削における切削3分力の計算例（CutPro による計算値）
（工作物；中炭素鋼、主軸回転数；3,000 min^{-1}、上向き削り
エンドミル直径；20 mm、半径方向切込み；12 mm、
軸方向切込み；2mm、送り；0.2 mm/刃）

そこで通常は図に示すように、軸方向に工作物を多層に分割して考え、各層ごとの切削力を求めて、それらをベクトル的に合算して合計の切削力を求める方法が取られている。一例として、スクェアエンドミル切削における切削力を計算した結果を**図 3.22**に示す。切削厚さが時々刻々と変化すること、および複数の切れ刃が同時に切削に関与するため、切削力は時間とともに大きく変動していることが分かる。

フライス切削に費やされる正味切削動力は切削力と切削速度から求めることができるが、平均的な正味切削動力 P（N）を近似的に与える式として、以下の式が提案されている[6]。

$$P = \frac{\kappa \cdot b \cdot d \cdot v_\mathrm{f}}{60 \cdot 10^6} \quad (\mathrm{kW}) \tag{3.45}$$

ここで、b（mm）は半径方向切込み、d（mm）は軸方向切込みで、この場合の比切削抵抗 κ は平均切削厚さに応じて補正係数を掛けた値が適応される。フライス切削における単位時間当たりの除去量 V（cm^3/min）は以下の式で与えられる。

$$V = \frac{b \cdot d \cdot v_\mathrm{f}}{1000} \tag{3.46}$$

3.3 仕上げ面粗さ

　工作機械上で工具と工作物の相対運動が指定されたとおりに行われるとすると、工作物表面には工具切れ刃の形状が転写され、相対運動の軌跡として仕上げ面が創成される。このようにして得られた仕上げ面の凹凸、すなわち仕上げ面粗さは理論的に求めることができる。

　いま図3.23に示すような外周旋削加工を考える。この場合送り方向には工具の刃先（ノーズ部）の形状に応じた凹凸が生じる。工具刃先の形状が円と直線から成り立っている場合、図3.24(a)～(c)に示すようにこの凹凸は円弧と直線で構成される。ここで形成された仕上げ面の山と谷の差を理論的な幾何学的最大粗さという。工具のノーズ半径をR、前切れ刃角をC_e、横切れ刃角をC_s、送りをfとすると最大粗さR_{max}は以下のように求められる。

　まず同図(a)に示すように刃先のノーズ部のみで粗さ曲線が構成される場合、

$$R_{max} = R - \sqrt{R^2 - (f/2)^2} = R - R\{1 - (\frac{f}{2R})^2\}^{\frac{1}{2}}$$

$$\fallingdotseq \frac{f^2}{8R} \qquad (\because f \ll R) \tag{3.47}$$

通常の旋盤加工では多くの場合がこの条件に適合する。ノーズ半径に比べて送りが大きい場合は同図(b)、(c)に示すように直線切れ刃部が最大粗さを

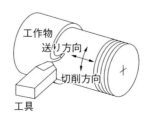

図3.23　外周旋削における仕上げ面粗さの測定方向

決定することになる。この場合の最大粗さは以下のように与えられる。

$$R_{\max} = R\left[1 - \cos C_e\left(1 - \frac{f}{R}\sin C_e\right) - \sin C_e\sqrt{2\frac{f}{R}\sin C_e - \left(\frac{f}{R}\sin C_e\right)^2}\right]$$
(3.48)

ただし　$2R\sin C_e \leqq f \leqq R[1-\sin(C_s - C_e)]/\sin C_e$　(b)の場合

$$R_{\max} = R + \frac{1}{\cos(C_e - C_s)}(f\sin C_e \cos C_s - R\cos C_s - R\sin C_e) \quad (3.49)$$

ただし　$f \geqq R[1-\sin(C_s - C_e)]/\sin C_e$　(c)の場合

また同図(d)のようにノーズ半径がゼロとみなされる場合の最大粗さは以下のように与えられる。

$$R_{\max} = f\frac{\sin C_e \cos C_s}{\cos(C_e - C_s)} = \frac{f}{\cot C_e + \tan C_s} \quad (3.50)$$

フライス切削における最大粗さは以下のように求められる。まず、正面フライス切削における送り方向の理論的な幾何学的最大粗さは**図 3.25**に示すように、旋削の場合と同様に求めることができる。すなわち最大粗さは、

$$R_{\max} = \frac{f_c}{\cot C_e + \tan C_s} \quad (3.51)$$

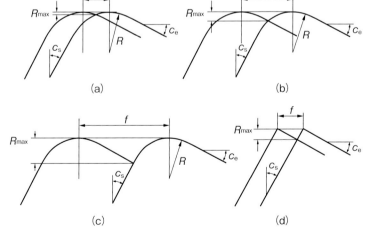

図 3.24　外周旋削における理論的な幾何学的粗さ

図 3.25 正面フライス切削における理論的な幾何学的粗さ

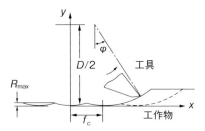

図 3.26 平フライス切削における理論的な幾何学的粗さ

で与えられる。平フライス切削の場合には、工具切れ刃は**図** 3.26 に示すようにトロコイド曲線を描くから式 (3.36) における $x = f_c/2$ の y の値で与えられる。すなわち、

$$R_{\max} = \frac{D}{2}\left\{1 - \cos\left(\frac{1}{2}\frac{v_f}{v_f \pm \pi DN}\varphi_z\right)\right\} = \frac{f_c^2}{4D}\frac{1}{(1 \pm v_f/\pi DN)^2} \doteqdot \frac{f_c^2}{4D}$$

（＋：上向き削り、－：下向き削り） (3.52)

ただし、$\varphi_z = 2\pi/z$

実際の切削によって得られる仕上げ面は、必ずしも以上のような理論的に求められる幾何学的な形状をしておらず、後述するように多くの場合仕上げ面粗さは理論的な粗さより大きくなる。その理由としては、(a)構成刃先、(b)バリと呼ばれる工作物のかえり、あるいは盛り上がり、(c)工具・工作物間の相対振動、(d)工具の摩耗や損傷、などが挙げられる。しかしながら工具形状や送りなどの切削条件から求められる理論的な幾何学的最大粗さは、実際の加工条件を設定する上で、有用な指針を与える。

3.4 切りくず形態

　切削によって発生した切りくずは、通常すくい面を擦過した後カールしながら切削場から排出される。実用的観点からは切りくずは細かく分断されてできるだけ早期に排出されることが望ましい。そのため多くの場合工具すくい面上にチップブレーカ、あるいはチップカーラーと呼ばれる突起やくぼみを付け、強制的に切りくずを湾曲させて切りくずの切断や排出を促進することが行われる。代表的なチップブレーカの形状と、チップブレーカによって湾曲された切りくずのカール半径を図 3.27 に示す[9]。同図において切りくずのカール半径は、まずチップブレーカの作用を受けてρ_0となるが、障害物から離れた段階でスプリングバックにより少し大きいρ_1となる。さらに同図(a)に示すように、切りくずは工具や工作物などの拘束を受けてカール半径はρ_2となる。実際に切断されて切削場から排出される切りくずのカール半径ρは、ρ_2とは僅か異なったものとなる。

　当初のカール半径ρ_0, ρ_1は以下のように与えられる。

$$\rho_0 = \frac{W^2}{2h} + \frac{h}{2} \quad （平行形ブレーカ）$$

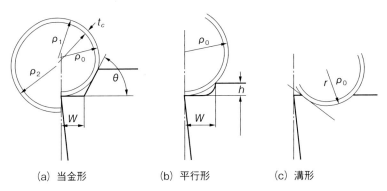

(a) 当金形　　　(b) 平行形　　　(c) 溝形

図 3.27　チップブレーカと切りくずのカール半径[9]

$$= W\cot(\theta/2) \quad （当金形ブレーカ）$$
$$= r \quad （溝形ブレーカ） \tag{5.53}$$

$$\frac{1}{\rho_1} \fallingdotseq \frac{1}{\rho_0} - \frac{3\sigma_r}{t_c \cdot E} \tag{5.54}$$

ただし、$\rho > \rho_2$、$\rho_1 > \rho_0$

ここでσ_rは工作物の降伏応力、Eはヤング率、t_cは切りくず厚さである。

通常の3次元切削では、切りくずは上述の上向きカールに加えて図3.28に示すような横向きのカールをする。この場合横向きカール半径ρ_xは、切りくずの（厚さ／幅）比、すなわち（送り／切込み）比が大きいほど、またすくい角が小さく切りくずの横広がりが大きいほど小さくなる。以上より、3次元切削における切りくずの形状は、切りくずの厚さと幅の他に上向きカ

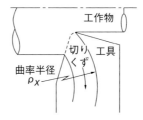

図3.28 3次元切削（旋削）における切りくずの横向きカール

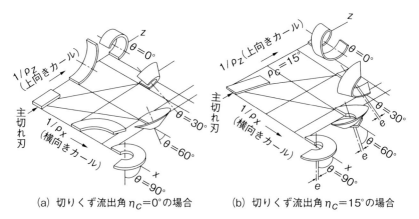

(a) 切りくず流出角 $\eta_C = 0°$ の場合　　(b) 切りくず流出角 $\eta_C = 15°$ の場合

図3.29 切りくずの上向きおよび横向きカールの組み合わせと切りくず形状の関係[10]

ール半径 ρ_z、横向きカール半径 ρ_x および切りくずの流出角 η_c によって決まることが分かる。2種類の切りくず流出角 η_c の場合について、上向きおよび横向きカール半径の組み合わせと切りくず形状の関係を示すと図 3.29 のようになる[10]。カールした切りくずはいつまでも巻き続けることはなく、図 3.27 に示したように、通常は何らかの障害物により切断される。

3.5 切削性能に影響を及ぼす要因

本章のまとめとして、切削加工プロセスに影響を及ぼす各種要因と切削特性、さらにその結果として得られる切削性の関係を図 3.30 に示す。工作物については材質の内特に硬度（高温硬度）が重要で、切削力に直接影響を及ぼす。その他、引張強さ、降伏強度、せん断強さなどのいわゆる材料強度に関する性質に加え、切削温度の観点からは熱伝導率、比熱、熱膨張係数など

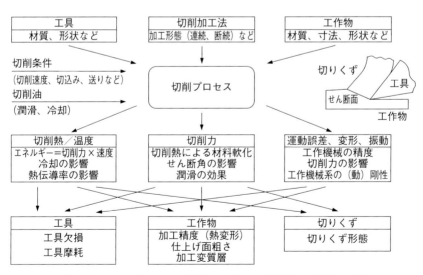

図 3.30 切削プロセスに影響を及ぼす各種要因と切削性の関係

熱的な性質が影響を及ぼす。また工作物材質と工具材質との親和性が構成刃先の発生や溶着による仕上げ面の劣化などに影響を及ぼす。工具については、特に材質が加工し得る切削速度、寿命に大きな影響を及ぼす。工具形状に関しては、特にすくい角が切削力、ひいては切削温度に影響を及ぼす。工具の特性については別途、第4章で詳しく説明する。

　切削条件の内、切削速度は主として工具の材質と工作物材質の組み合わせで上限が制約されることが多いが、切削速度が高いほど切削温度も高くなり、その結果工具摩耗も大きくなって、工具寿命を制限することとなる。また切込みや送りが大きいほど切削力が大きく、切削動力も大きくなって、場合によっては工具の寿命低下に結びつく。切削油については第6章で詳しく述べるが、切削加工における潤滑、加工点の冷却に必要とされることが多く、工具寿命に大きな影響を及ぼす。

　切削によって発生する切削力、切削温度、振動（振動については別途詳しく述べる）は工具の摩耗や折損ひいては工具の寿命に影響を及ぼすとともに、仕上げられた加工面の精度や粗さ、さらには表面下の加工変質層に影響を及ぼす。切削において生じる切りくずは、基本的に不要なものであるが、その発生形態、量によっては工作物や工具に絡まって加工を阻害する。切りくずに蓄積された加工熱は工作機械の熱変形を生じて加工精度を劣化させる原因ともなり、切りくずの適切な処理は実務上重要である。

参 考 文 献

1) 例えば、臼井英治、白樫高洋：加工の力学、朝倉書店（1974）.
2) Y. Altintas: Manufacturing Automation, Cambridge University Press (2012).
3) G. Boothroyd: Fundamentals of Metal Machining and Machine Tools, McGraw-Hill (1975).
4) G. Boothroyd; British Journal of Applied Physics, 12 (1961) 238.
5) 社本英二：精密工学会誌、68-3（2002）、408.
6) 小坂弘道：切削加工の基本知識、日刊工業新聞社（2007）.
7) Tool Engineers Handbook, SAE, McGraw-Hill Book (1952).
8) 東芝タンガロイ：ソリッドドリル使用技術マニュアル（2005）.
9) 藤村善雄：実用切削加工法、第2版、共立出版（1991）.
10) 中山一雄：切削加工論、コロナ社（1978）.

第4章

切削加工用工具

　切削加工は工具技術の進化とともに発展してきたと言える。特に20世紀に入ってからの切削工具材料の開発は目覚ましく、工作物材料の発展に合わせて新たな工具材質が次々と発明されてきた。切削加工を行うに当たっては、目的とする加工に適した工具材質を理解し、具体的な工具とその使用法を知っておくことは最も基本となる事項である

　ここでは、現在利用可能な各種の工具材料とそれらの特徴を説明するとともに、バイト、ドリル、各種フライス、中ぐり工具などの基本的な特徴と利用方法について説明している。また工具は使用中に必ず摩耗や損傷が発生し、損耗を避けることができない。このような工具の損耗の特徴を理解し、工具寿命を定量的に把握することが重要である。

4.1 切削工具用材料

　切削工具材料に要求される基本的な特性としては（1）工作物を切削するために必要な硬さ（特に高温硬度）、（2）摩耗に対する耐摩耗性、（3）衝撃や切削力に抗する靭性・強度が上げられる。この他実用上の点からは、工作物との反親和性、すなわち反凝着性、反溶着性も重要となる。切削工具材料は、切削すべき工作物すなわち工業材料の発展とともに進歩し、特に各種材料を高能率・高精度で切削するための工作機械と工具は互いに競い合って開発が進められてきた。切削工具に要求される特性を全て満足する材料は存在せず、一般に（高温）硬度と靭性は互いに相反する性質を有している。現在切削工具に使用されている主な材料とその基本的な特性を**表 4.1** に示す。代表的な工具（工具材料）を硬度と靭性を尺度にとってそれらの関係を定性的にまとめると**図 4.1** のようになる。以下に代表的な工具材料について簡単に説明する。

▶ 4.1.1　高速度鋼（通称ハイス、High Speed Steel）

　1900 年に Taylor と White が発明し、パリの万国博覧会に出展して注目を浴びた工具鋼で、それまで一般的に用いられていた炭素鋼に比べて画期的な高速度で切削を可能としたことから命名された。基本的には高炭素鋼（0.70〜1.60 % C）に W（18 %）、Cr（4 %）、V（1 %）を添加したタングステン（W）系ハイスと W の量を減らしてその代わりに Mo（5〜10 %）を添加して靭性の向上を図ったモリブデン（M）系ハイスの 2 種類がある。高速度鋼の成分と代表的な用途の例をまとめて**表 4.2** に示す。

　高速度鋼は図 4.1 に示すように、靭性の点では他の工具材料に比べて優れた特性を有しているが、高温硬度、耐摩耗性の点では劣り、600°C 以上で硬度は急激に低下する。こうしたことから高速度鋼は伝統的に耐衝撃性を必要とする工具やドリル、エンドミル、ブローチ、ホブ、タップ、ダイスなど各

表4.1 代表的な各種工具材料の性質（代表値）

性質＼工具材種	高速度鋼 (W系)	超硬合金 (K種)	超硬合金 (P種)	サーメット	セラミックス Al_2O_3	セラミックス Al_2O_3-TiC	CBN	ダイヤモンド
密度 (g/cm³)	8.7〜8.8	14〜15	10〜13	5.4〜7	3.9〜3.98	4.2〜4.3	3.48	3.52
硬度 (HRA) (一部Hv)	84〜85	91〜93	90〜92	91〜93	92.5〜93.5	93.5〜94.5	45(Hv)	>90(Hv)
抗折力 (MPa)	2000〜4000	1500〜2000	1300〜1800	1400〜1800	400〜750	700〜900	—	—
弾性係数 (GPa)	210	610〜640	480〜560	390〜440	400〜420	360〜390	710	1020
熱伝導率 (W/m·K)	20〜30	80〜110	25〜42	21〜71	29	17	1300	2100
線膨張係数 (×10⁻⁶/K)	5〜10	4.5〜5.5	5.5〜6.5	7.5〜8.5	7	8	4.7	3.1

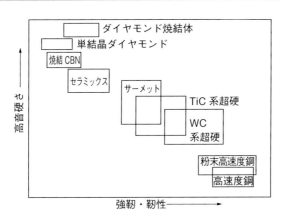

図4.1 代表的な工具材料の高温硬さと強度・靭性の関係

種成形工具に多く用いられているが、最近ではドリル、エンドミル、ホブなどは後述する超硬合金製のものが増えている。また高速度鋼の靭性と各種炭化物の耐摩耗性を生かして、高速度鋼にTiCなどをコーティングしたコーティング工具や、高速度鋼の粉末を粉末冶金法により成形し工具としての特性を向上させた粉末ハイスなどもある。

▶ 4.1.2 超硬合金（Carbide、Sintered Tungsten Carbide）

一般に直径数μm程度の炭化タングステン（WC）、炭化チタン（TiC）、炭化タンタル（TaC）の微粉末を結合剤であるコバト（Co）の微粉末とともに

表4.2 高速度鋼の成分と用途例（JIS G4403：2015）

	名称	成分（%）						主な用途例
		C	W	Cr	V	Co	Mo	
W系	SKH2	0.73-0.83	17.20-18.70	3.80-4.50	1.00-1.20	0	0	一般切削用
	SKH3	0.73-0.83	17.00-19.000	3.80-4.50	0.80-1.20	4.50-5.50	0	高速重切削用
	SKH4	0.73-0.83	17.00-19.00	3.80-4.50	1.00-1.50	9.00-11.00	0	難削材切削用
	SKH10	1.45-1.60	11.50-13.50	3.80-4.50	4.20-5.20	4.20-5.20	0	高難削材切削用
M系	SKH40	1.23-1.33	5.70-6.70	3.80-4.50	2.70-3.20	8.00-8.80	4.70-5.30	硬さ、靭性、耐衝撃性を必要とする一般切削用
	SKH50	0.77-0.87	1.40-2.00	3.50-4.50	1.00-1.40	0	8.00-9.00	靭性を必要とする一般切削用
	SKH51	0.80-0.88	5.90-6.70	3.80-4.50	1.70-2.10	0	4.70-5.20	同上
	SKH52	1.00-1.10	5.90-6.70	3.80-4.50	2.30-2.60	0	5.50-6.50	比較的靭性を必要とする高硬度材料切削用
	SKH53	1.15-1.25	5.90-6.70	3.80-4.50	2.70-3.20	0	4.70-5.20	同上
	SKH54	1.25-1.40	5.20-6.00	3.80-4.50	3.70-4.20	0	4.20-5.00	高難削材切削用
	SKH55	0.87-0.95	5.90-6.70	3.80-4.50	1.70-2.10	4.50-5.00	4.70-5.20	比較的靭性を必要とする高速重切削用
	SKH56	0.85-0.95	5.90-6.70	3.80-4.50	1.70-2.10	7.00-9.00	4.70-5.20	同上
	SKH57	1.20-1.35	9.00-10.00	3.80-4.50	3.00-3.50	9.50-10.50	3.20-3.90	高難削材切削用
	SKH58	0.95-1.05	1.50-2.10	3.50-4.50	1.70-2.20	0	8.20-9.20	靭性を必要とする一般切削用
	SKH59	1.05-1.15	1.20-1.90	3.50-4.50	0.90-1.30	7.50-8.50	9.00-10.00	比較的靭性を必要とする高速重切削用

圧縮成形し焼結したものである。1923年にWCを焼結した工具がドイツで発明され、ダイヤモンドのように固いということで、ウイデアと呼ばれた。

　切削加工用超硬合金の分類と組成並びに各種特性をまとめて**表4.3**に示す。超硬合金工具には、基本的に鋼切削用で耐溶着性に優れたP種（WC、TaCと多量のTiCを含む）、鋳物切削用で耐摩耗性に優れたK種（主にWCを含む）および両者の中間的存在であるM種（WC、少量のTiC、TaCを含む）の3種類がある。それぞれにP10〜P40、M10〜M40、K01、K10〜K40などの分類記号が付けられている。この数字が大きいほど相対的に靭性が高いコバルト結合剤の量を多くしており、結果として硬さ、耐摩耗性が減少するので、使用する切削速度は低下する反面、靭性が増すため送り量を大きくすることができる。

　超硬合金は高速度鋼に比べて耐摩耗性は優れているが、靭性の点では劣る。靭性を向上させるため炭化物の直径を$1\mu m$以下にした超微粒子合金も開発されている。また後述するように耐摩耗性を更に向上させるため、TiC、TiN、酸化アルミニウム（Al_2O_3）などで表面を覆ったコーティング工具が広く利用され、現在超硬合金工具の主流はコーティング工具となっている。

表4.3 超硬合金の分類記号、平均組成および各種特性

使用分類記号と用途		特徴(注)	組成 (%)			密度 (g/cm³)	硬さ (HRA)	抗折力 (GPa)	圧縮強さ (GPa)	弾性率 (GPa)	熱膨張係数 (×10⁻⁶/k)	熱伝導率 (W/m·K)
大分類(主な用途)	記号		WC	TiC+TaC	Co							
P種 鉄、切りくずの長い可鍛鋳鉄	P10	①↑↓②	63	28	9	11.0	92.0	1.6	4.5	520	6.5	29
	P20		76	14	10	12.1	91.5	1.8	4.7	530	6.0	34
	P30		82	8	10	12.7	90.5	2.0	4.9	550	5.5	59
	P40		75	12	13	13.4	89.5	2.4	4.6	550	5.5	59
M種 鋼、鋳鉄、高マンガン鋼、合金鋳鋼、オーステナイト鋼、可鍛鋳鋼、球状化鋳鉄、快削鋼	M10	①↑↓②	84	10	6	13.2	92.0	1.6	4.9	570	5.5	50
	M20		82	10	8	13.9	91.5	1.7	4.8	560	—	63
	M30		81	10	9	13.7	90.0	2.0	4.7	—	—	—
	M40		79	6	15	13.4	89.5	2.4	4.3	530	5.7	59
K種 鋳鉄、高硬度鋳鉄、切りくずの短い可鍛鋳鉄、焼き入れ鋼、非鉄金属、合成樹脂、木材	K01	①↑↓②	92	4	4	14.3	93.0	1.7	6.2	—	—	80
	K10		92	2	6	14.2	93.0	1.8	6.1	640	5.5	80
	K20		92	2	6	14.9	91.0	2.2	5.0	630	5.1	75
	K30		89	2	9	14.7	89.5	2.6	4.7	580	5.3	71

(注)　矢印の①の方向に、硬さ・耐摩耗性が増加、靭性が減少
　　　矢印の②の方向に、硬さ・耐摩耗性が減少、靭性が増加

▶ 4.1.3　セラミックス（Ceramics）

　酸化アルミニウム（アルミナ、Al_2O_3）を主成分とし、焼結剤を加えないで少量の添加剤とともに圧縮成形・焼結したもので、いわゆる磁器である。1950年から60年代にかけて工具として実用されるようになった。セラミックスは基本的に色が白い純アルミナ系のものと、各種炭化物（TiC、WC、Cr_2C_2、Mo_2Cなど）を数～数十％添加し、靭性、耐熱衝撃性を改善した黒色のものがある。前者は白セラミックス、後者は黒セラミックスと呼ばれている。セラミックスは超硬合金に比べて高温硬度が高く、また高温・高圧下においても工作物材料との溶着、拡散がほとんどなく、良好な仕上げ面が得られるという特徴がある。このようにセラミックス工具は耐摩耗性に優れ、高速切削に適している反面、極めて靭性が低いため欠損しやすく、使用に当たっては注意を要する。セラミックス工具は鋼の高速切削の他に、鋳鉄、耐熱合金、高硬度材の切削に用いられる。

　セラミックスとしてはこの他窒化ケイ素（SiN）系のものとサイアロンなどがある。サイアロンは、窒化ケイ素粒子にアルミナ系成分を固溶させたもので、耐熱性が高いことと耐化学摩耗に優れることから、耐熱合金の切削に用いられる。

▶ 4.1.4 サーメット（Cermet）

　炭化チタン（TiC）や炭窒化チタン（TiCN）などのチタン化合物を主成分とし、ニッケル（Ni）やコバルト（Co）を結合剤として圧縮成形・焼結したものである。セラミックスと超硬合金の中間的な存在であることから、セラミックスと金属の合成語としてこの名前が付けられている。超硬合金よりも硬度が高く、耐衝撃性は優れ、高速切削に適しているが、靭性の点では劣っている。またサーメットは超硬合金に比べて鉄との親和性、溶着性が低いため、鋼の切削における構成刃先の発生・成長が抑えられ、仕上げ面粗さは良好であるという特徴を有している。

　サーメットの種類としては、TiC 系および TiN 系があり、前者に対して後者は特に靭性に優れ、耐摩耗性も高い。

▶ 4.1.5 立方晶チッ化ホウ素（通称 CBN、Cubic Boron Nitride）

　立方晶チッ化ホウ素はダイヤモンドと同じ結晶構造を有する人工物で、5万気圧、1200 ℃以上で合成される。1970 年代後半に超高圧技術の発展に伴って開発された材料である。ダイヤモンドに次ぐ高い硬度を有し、熱伝導率も高く、熱膨張係数は低い。ダイヤモンドと同様に人工合成されることから、単結晶はほとんど用いられず、微粒子を Co やセラミックスを結合剤にして焼結して工具にしている。CBN は超硬合金やセラミックスよりも高温硬度が高く、同時に熱衝撃に強いという特性を有している。改めて WC、CBN および後述のダイヤモンドについて、切削工具としての特性をまとめて比較すると表 4.4 のようになる。ダイヤモンドは 700 ℃で酸化し、また Fe、Co、

表 4.4 切削工具としての WC、CBN およびダイヤモンドの特性比較

	WC	CBN	ダイヤモンド
硬度 Hv（GPa）	21	44	90〜
熱伝導率（W/m·K）	126	1300	2100
熱的安定性（大気中）		1300 ℃まで安定	700 ℃より酸化
鉄族金属との反応性	Co と約 1300 ℃で反応する	Fe、Co、Ni に対し 1350 ℃まで反応性に乏しい	Fe、Co、Ni に対し 700 ℃で黒鉛化し、反応する

Niと反応するため、これらの金属やその合金の切削には適さない。他方、CBNはこれらの金属に対する反応性が低いため、耐熱合金や焼入れをした鋼の切削に適している。

最近では超高圧プロセスの革新により、超微粒のCBN粉末を結合剤無しで、従来に対して1.5倍の超高圧・高温で焼結した超微粒バインダレスCBNも開発されている。このバイダレスCBNは従来のCBNに対して高硬度、高熱伝導率などの優れた特性を有しており、医療用の難削材（CoCr合金）や超精密金型の切削、鋳鉄の超高速切削などに利用されている。

▶ 4.1.6　ダイヤモンド（Diamond）

天然ダイヤモンドは地球上に存在する材料の中で最も硬度が高く、耐摩耗性に優れ、同時に熱伝導率が高く、熱膨張係数が低いという特徴を有している。しかしながら極めて脆いため衝撃による工具破損に注意する必要があるとともに、結晶方位によって耐摩耗性が異なるため、工具として使用する場合には結晶方位を見極めて刃付けをする必要がある。ダイヤモンドは既述したように700℃位から酸化するとともに、鉄との反応性が大であるため、鋼など鉄系材料の切削では摩耗の進行が早く、実用上は鉄系材料の切削には適さない。その一方で、アルミニウムや銅などの軟質金属の切削には適しており、極めて鋭利に研磨した単結晶ダイヤモンド工具は、これらの材料の超精密切削に広く利用されている。

最近では超高圧技術が発達し、比較的容易に炭素からダイヤモンドを高温・高圧下で人工合成することができるようになった。高圧合成ダイヤモンドの商業的な合成は1954年GE社で成功したとされている。切削工具や、研削砥石としては、人工合成されたダイヤモンド粒をCoなどと超高温高圧下で焼結した焼結ダイヤモンド（Sintered Diamond）が利用されている。この工具は単結晶ダイヤモンドに対して多結晶ダイヤモンド（通称PCD、Polycrystalline Diamond）と呼ばれている。PCDを構成するダイヤモンド粒はそれぞれの結晶方位がランダムな方向を向いているため、結果として単結晶ダイヤモンドよりも靭性が高いという特性を有している。大粒の単結晶ダイヤモンドを合成することは技術的には可能であるが、現状ではコスト高であるためあまり実用的には行われていない。

図 4.2 超硬のベースにろう付けされた CBN インサートの例

　これまで述べた焼結工具は一般に高価であるため、後述するインサート形（あるいはスローアウェイ形）工具として三角形、四角形あるいは多角形や円筒形のインサート（チップ）として提供され、それを各種工具ホルダーに取り付けて工具として使用されることが多い。中でも PCD や CBN は特に高価であるため、図 4.2 に示すように、インサートの 1 つのコーナーのみにろう付けされて使用されることが多い。

▶ 4.1.7　コーティング工具（Coated Tool）

　切削工具に必要とされる硬度と靭性を併せ持つ工具として開発されたものがコーティング工具である。これは靭性の高い工具母材（例えば高速度鋼や超硬合金）の表面をより硬度の高い材料である TiC、TiN、Al_2O_3 などの 2 元合金あるいは TiCN、（Ti、Al）N などの 3 元合金で単層、あるいは 2、3 層に薄くコーティングしたものである。切削用工具のコーティングは、1969 年に当時の西ドイツ Krupp 社において熱 CVD 法を用いて TiC を被覆した超硬合金製切削工具が開発されたのを契機として、その後世界中で様々な開発が進められた。

　コーティングの方法としては化学的蒸着法（CVD、Chemical Vapor Deposition）と物理的蒸着法（PVD、Physical Vapor Deposition）が用いられる。いずれもめっきなどのウェットプロセスに対して環境負荷が低いことが大きな特徴である。CVD 法にはプラズマ CVD 法、光 CVD 法などがあるが、超硬合金工具に用いられる製法は、1000 ℃ 近い温度で製膜される。他方、PVD 法は金属材料のプラズマを用いるイオンプレーティング法とスパッタリング法が主な製膜法で、600 ℃ 以下の低温で密着性のよい薄膜が得られる。一般に CVD コーティングの方がコーティング層の密着度が良いとされてい

表4.5 CVD法とPVD法の特徴と主な用途 [1]

	CVD法	PVD法
原　　理	化合物・単体のガスを原料とし、基板上で化学反応をさせてコーティングする	加熱・スパッタなどの物理的な作用により原料金属を蒸発・イオン化させて基板にコーティングする
膜　　質	TiC, TiN, TiCN, Al_2O_3	TiC, TiN, TiCN, TiAlN, CrN など
コーティング温度	800〜1000 ℃	400〜600 ℃
密着力	密着力は非常に高い	良いがCVDには劣る
強　　度	基材より強度劣化あり 50〜80％（抗折力）	基材の強度と同じ
最適使用膜厚	5〜20 μm	0.5〜5 μm
主な用途	厚膜が必要な場合（断熱）、耐摩耗性が要求される場合、荒加工	鋭利な切れ刃が求められる場合、機械的・熱的衝撃が加わる場合、耐抗折強度が必要とされる場合
	旋削（一部フライス切削）	フライス切削・高精度切削・ドリル・エンドミル

るが、高温で処理されるために問題となることがあり、材料特性や用途に応じてCVDとPVDは使い分けられている。CVD法とPVD法の特徴と主な用途をまとめて**表4.5**に示す[1]。なおコーティング層の厚さに関しては、厚さが大きすぎるとコーティング層が剥離を起こしやすいため、一般にはせいぜい数μm〜10μm程度に設定されている。

　この他のコーティング工具としては、工具表面にダイヤモンドライクカーボン（DLC、Diamond Like Carbon）をコーティングした工具もある。また**図4.3**に示すように、PVD法を用いて高硬度で耐摩耗性を追求した2種類の組成の化合物を、ナノメートルオーダの厚さで2,000層近く積層させた工具も開発されている。

　以上のように、工具材を選定するに当たっては、工作物の材質にあった工具材質を選ぶ必要がある。一般的には硬度が高く、耐熱合金のように熱伝導率が悪く、切削中に切削温度が高くなる材料を切削する場合には、特に高温硬度の高い工具材を選定する必要がある。切削条件の内では切削速度が最も重要で、高速で切削するほど工具の寿命は短くなる。生産性を向上させるた

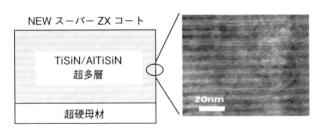

図4.3 超多層コーティング工具の例（住友電工）

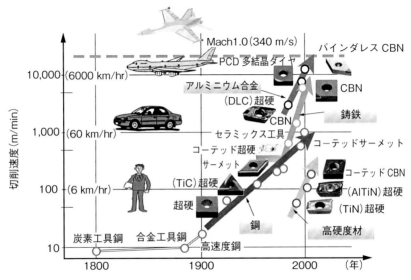

図4.4 各種工作物材料に対する切削速度の変遷（水門氏提供）

めにはできるだけ高速で切削する必要があり、また工作機械も時代とともに高速化に向けた開発が行われており、その意味で切削工具の開発はどこまで高速で切削できるかという問題に対する挑戦であったと言える。工作物材料をアルミニウム合金、鋳鉄、鋼、高硬度材（難削材）に分けて、工具材料の開発と実用的な切削速度の変遷について年代を追ってまとめた例を**図4.4**に示す。図から理解されるように、新たな工具材質の開発に伴って切削速度は着実に向上している。

4.2 切削工具の形状

切削においては工具材質とならんで工具の形状が切削性能に大きく影響する。ここでは代表的な工具についてその形状と特徴を紹介する。

▶ 4.2.1 旋盤切削用工具

旋盤切削に用いる単刃工具（バイト）の例として、長手旋削に用いられる代表的な工具である斜剣バイト（左勝手）の形状と各部の名称を図 4.5 に示す。長手旋削では主として横切れ刃で切削が行われるため、横切れ刃を主切れ刃とも呼び、前切れ刃を副切れ刃とも呼ぶ。また主切れ刃が左側にあるものを左勝手、右側にあるものを右勝手という。図には各種の角度の定義も示

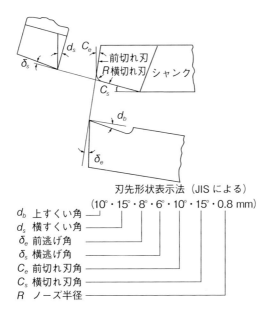

図 4.5　バイトの形状と各部の名称ならびにその表示法

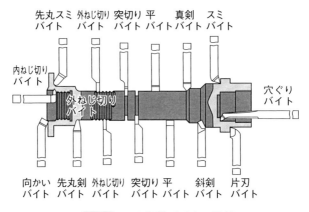

図 4.6 JIS 標準バイトの形状

している。重要な角度としては横すくい角、横逃げ角、横切れ刃角がある。工具先端の丸み部分をノーズと言い、その曲率半径をノーズ半径と呼ぶ。このバイトの形状は図に示す角度とノーズ半径の値で定義される。旋盤切削に用いられるバイトはこの他多くの種類があり、JIS に定める標準バイトの形状をまとめて図 4.6 に示す。

一般には同図に示すような工具全体を同一の材料で成形加工した工具（むくバイト）が使用されることはまれで、実用上は刃部だけを高硬度の材料で製作したインサート（あるいは、スローアウェイ・チップまたは単にチップと呼ぶ）を、工具（ツール）ホルダに取り付けて使用することが多い。インサートとしては様々な材質・形状のものが市販されている。インサートを工具ホルダに強固にクランプする方法も種々工夫されている。代表的なクランプ方法を図 4.7 に示す。クランプオン式のように上からインサートを抑えるタイプでは、切りくずを曲げて切断しやすいようにしたチップブレーカも併せてクランプすることが多い。その他の方法では、多くはインサートに丸穴をあけ、その穴にピンを通してクランプする方法が採用されている。

インサートの形状も様々で、上から見た形状が四角（正方形、ひし形）、三角あるいは丸のものが多い。四角（立方体）のインサートであれば、1つのインサートの 8 つの角（コーナー）を使い分けて使用することができるため、高価な材料で作られたインサートを無駄なく利用することができる。た

(a) クランプオン式　　(b) カムロック式　　(c) スクリューオン式

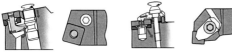

(d) レバーロック式　　(e) ダブルクランプ式

図 4.7　インサートのクランプ方式の例（三菱マテリアル、カタログ）

図 4.8　インサート表面に形成されたチップブレーカの例（住友電工ハードメタル）

だし、この場合、工具としての逃げ角を作るために、すくい角は逃げ角と同じ角度の負の角度となる。特に高速で切削を行う場合には、すくい角が負であっても工具の摩耗や損傷を防ぐためにはこの方がよい。負のすくい角（逃げ角）は通常5〜6度程度が採用されている。また特に正のすくい角が必要な場合にはインサートを4角錐台の形状にして逃げ角を確保する。ただしこの場合にはインサートの片面しか使用することができない。

　インサートのすくい面には切りくずの排出を良くするため、通常様々の形状の凹凸（チップブレーカ）が付けられている。特に仕上げ切削では、切込みが小さいため切りくずが切断されないで巻き付くことが多く、チップブレーカは重要である。市販されているチップブレーカ付きのインサートの例を図 4.8 に示す。チップブレーカについては 14.3.3 において詳しく述べる。なお工具メーカーでは、バイトに対して例えば図 4.9 に示すような呼び記号を用いている。

```
 1   2   3   4   5   6   6   7   8
[P] [C] [L] [N] [R] [25][25][M] [12]
```

1. クランプ機構

	1. クランプ機構
D	ダブルクランプ形
M	ウェッジロック形 重切削用ダブルクランプ形
P	レバーロック形
S	スクリューオン形

2. インサート形状

	2. インサート形状
C	80°菱形
D	55°菱形
R	円形
S	正方形
T	正三角形
V	35°菱形
W	等辺不等角六角形
X	特殊形状

3. 切込み角

	3. 切込み角
A	90°オフセットなし
B	75°
D	45°中立
E	60°
F	90°
G	90°オフセットあり
H	170°30′
J	93°
K	75°
L	95°
N	60°30′
P	117°30′
Q	105°
S	45°
T	60°
V	70°30′
Z	特殊

4. 使用インサート

	4. 使用インサート
C	7°ポジティブ
N	ネガティブ
E	20°ポジティブ

5. 勝手

	5. 勝手
R	右勝手
L	左勝手
N	勝手なし

6. シャンク断面

6. シャンク断面 (mm)	
8	08
10	10
12	12
16	12
20	16
25	25
32	32

7. シャンク長さ

7. シャンク長さ (mm)	
D	60
E	70
F	80
H	100
K	125
M	150
P	170
Q	180
R	200

8. 切れ刃長さ(mm)

インサート内接円	インサート形状					
	正方形	正三角形	円形	80°菱形	55°菱形	35°菱形
6.00	—	—	06	—	—	—
6.35	—	11	—	06	07	11
7.94	—	13	—	—	—	—
8.00	—	—	08	—	—	—
9.525	09	16	—	09	11	16
10.00	—	—	10	—	—	—
12.00	—	—	12	—	—	—
12.70	12	22	—	12	15	—
15.875	15	27	—	16	—	—
16.00	—	—	16	—	—	—
19.05	19	—	—	19	—	—
20.00	—	—	20	—	—	—
25.00	—	—	25	—	—	—
24.40	25	—	—	—	—	—
32.00	—	—	32	—	—	—

図4.9 バイトの主要な呼び記号の例（三菱マテリアル）

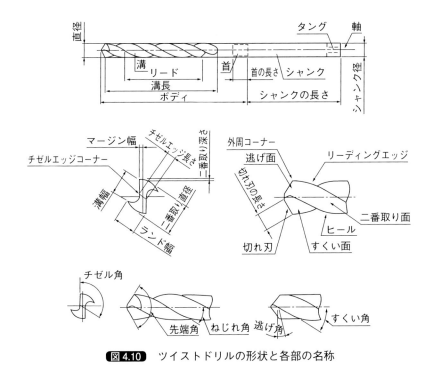

図 4.10 ツイストドリルの形状と各部の名称

▶ 4.2.2 ドリル

　代表的なツイストドリルの形状と各部の名称を**図** 4.10 に示す。ハイス製のツイストドリルは基本的にドリル全体がハイスで作られる、いわゆるムクのドリルである。通常円筒形の素材からドリル研削によって作られるが、大径のものは転造で作られることもある。最近では超硬合金製のツイストドリルも多く使用されている。超硬合金製のドリルもムクのドリル（ソリッドドリル）が多いが、大径のものでは刃部を超硬合金で作り、ハイス製のシャンク部にろう付けすることもある。また直径がある程度以上のドリルでは、バイトと同様にインサート形のものもある（**図** 4.11）。ドリル加工では切削点に効果的に切削油を供給することが難しいため、ドリル内部に油穴（オイルホール）を設け、逃げ面部の出口穴から直接切削油を供給するようにしたものもある（**図** 4.12）。

　ツイストドリルの先端角は、従来から経験上 118 度が使用されているが、

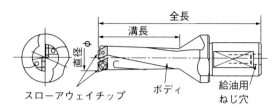

図 4.11 インサート形ドリルの例

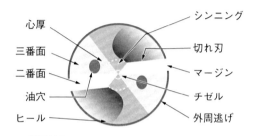

図 4.12 オイルホール付きドリルの先端

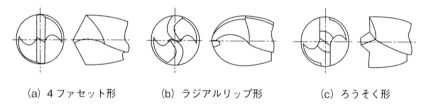

(a) 4 ファセット形　　(b) ラジアルリップ形　　(c) ろうそく形

図 4.13 特殊なドリル先端形状の例

その根拠は明らかではない。前章の図 3.17 に示したように、ドリルのチゼルエッジ部で発生するスラスト力を小さくするため種々のシンニングが施されることがある。また主切れ刃を直線状ではなく、種々の曲線に研削することによって加工精度、切削力、ドリルの寿命などの点でドリルの性能を向上し得ることが知られており、**図 4.13** に示すような種々の形状にドリル先端を研削することも行われている。

　第 2 章の図 2.10 に示した深穴加工用ガンドリルも、他の工具と同様に超硬合金製の切れ刃部（ヘッド）をろう付けしたもの、ソリッド形およびインサート形がある。インサート形ガンドリルの例を**図 4.14** に示す。

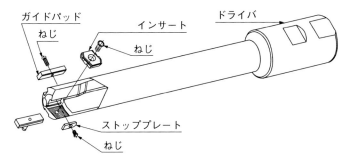

図 4.14 インサート形ガンドリルの例（Botek）

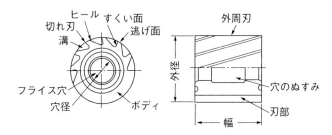

図 4.15 平フライスの形状と各部の名称

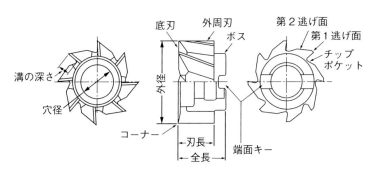

図 4.16 正面フライスの形状と各部の名称

▶ 4.2.3 フライス工具

　標準的な平フライスと正面フライスの形状と各部の名称をそれぞれ図 4.15 および図 4.16 に示す。特に正面フライスは比較的大きな面積を高能率で加工するために使用されることが多く、インサート形のものが多い。正面フライス切削加工法としては基本的に図 4.17 に示すように、平面削りと肩

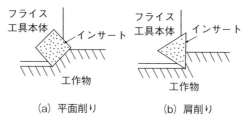

図 4.17 正面フライス切削の代表的な加工法

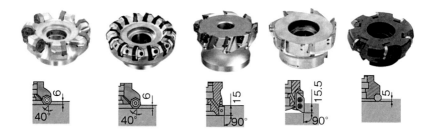

図 4.18 各種正面フライスの例(三菱マテリアル)

削りに分けられる。また対象とする工作物や加工条件に合わせて、多種類のインサート形正面フライス工具本体（カッタボディ）やインサートが開発され、市販されている。代表的なインサート形正面フライスの例を**図 4.18** に示す。

　正面フライス切削は重切削となることが多く、そのため切削中に後述するびびり振動を発生することもある。こうしたびびり振動の発生を防止するため、インサート取り付け位置を不均等に配分した不等ピッチフライスやカッターボディに振動減衰効果を高める工夫を施したフライスもある。

　エンドミルの形状と各部の名称を**図 4.19** に示す。エンドミルは比較的小径で細長いため加工の自由度が高く、通常の切削加工のみならず、マシニングセンタや 5 軸加工機を用いた金型加工や航空機部品の加工など、複雑な形状の部品加工に広く用いられている。こうした目的のため、図 2.15 に示したように、様々な形状の工具が開発され、実用されている。特に工具の先端形状が半円形のいわゆるボールエンドミルは、金型など自由曲面を有する加

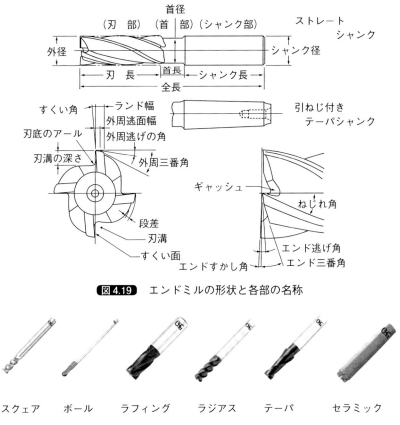

図 4.19 エンドミルの形状と各部の名称

図 4.20 市販されている各種超硬エンドミルとセラミックエンドミルの例（オーエスジー）

工面の切削に広く採用されている。エンドミルの材質としては、従来は高速度鋼が多かったが、最近では超硬合金が多く用いられており、極くまれにはセラミックスもある。市販されている代表的な超硬合金製エンドミルとセラミックエンドミルの例を図 4.20 に示す。

　エンドミルは主軸や工作機械本体に比べて剛性（動剛性）が低いため、特に高速、高能率切削を行う場合に後述するびびり振動が発生することが多い。びびり振動を回避するためには、切削条件として切込みや主軸回転数を適切に選択することが重要である。また正面フライスと同様、びびり振動を防止

するための不等ピッチエンドミルや、リード角に変化を持たせた不等リードエンドミルなども開発されている。

▶ 4.2.4 その他の工具
（1） 中ぐり工具

既にあけられている穴の内面をくり広げて所定の寸法に仕上げる中ぐり切削に使用する工具を、中ぐり工具（ボーリングバー）という。中ぐり切削は図 2.6 に示したように、旋盤を用いて工作物を回転させながら切削を行う方法と、中ぐり盤やマシニングセンタを用いて工作物を固定し、工具を回転させながら切削を行う方法がある。中ぐり工具としては刃先交換式やヘッド交換式のものが実用されている。ヘッド交換式中ぐり工具のボーリングヘッドの例を図 4.21 に示す。工具回転形の中ぐり加工では加工する穴の直径を調整するため、種々の方法を用いて刃先位置が微調整できるように工夫されている。

中ぐり工具は一般に細長いため、直径 D に対する長さ L の比、すなわち L/D が大きくなる。そのため刃先での剛性が低く、びびり振動を発生しやすい。そこで中ぐり工具をヤング率が高くまた減衰係数が大きい超硬合金で製作したいわゆるムクの中ぐり工具や、工具本体内に減衰を発生させる機構を備えた防振工具が数多く実用されている。防振機構を内蔵した中ぐり工具の例を図 4.22 に示す。

（2） ブローチ

ブローチは棒状の軸に多数の切れ刃が順次切込み寸法を増やしながら配列されている工具で、前部に前部つかみ部、後部に後部つかみ部があって、そ

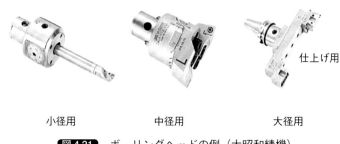

　　　　　小径用　　　　　　中径用　　　　　　大径用

図 4.21　ボーリングヘッドの例（大昭和精機）

の間に荒刃、中仕上げ刃および仕上げ刃がそれぞれ複数配置されている。種類としては穴形状のような内面を加工する内面ブローチ、工作物表面を加工する外面ブローチおよびキー溝を加工するキー溝用ブローチがある。代表的な内面ブローチの構造と各部の名称を図4.23に示す。ブローチの各切れ刃は比較的狭い空間内で切りくずを生成するため、切りくずを工作物と切れ刃の間にかみ込ませないように、切れ刃の間にいわゆる切りくずポケットをできるだけ大きく取ることが求められる。

ブローチ加工ではブローチを一度通すだけで荒加工から仕上げ加工まで一気に行えるため、極めて生産性が高くまた加工精度も良い。一般にブローチの工具形状は複雑であり、高い形状精度が求められるため高価である。材質としては高速度鋼にコーティングを施したものが一般的である。

図4.22 防振機構を内蔵した中ぐり工具（Sandvik）

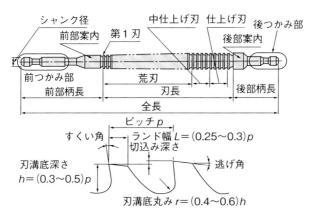

図4.23 代表的な内面ブローチと各部の名称

（3） ホブ

ホブはウォームに切れ刃を設けたフライスカッタということができる。ホブ切削はラックと歯車がかみ合う運動を歯形創成に利用したもので、**図4.24** に示すようにホブの回転につれてねじ面上にある各刃が順次歯形を創

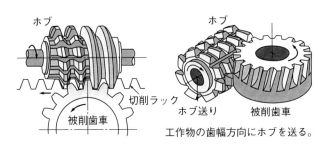

図4.24 ホブによる歯車の切削

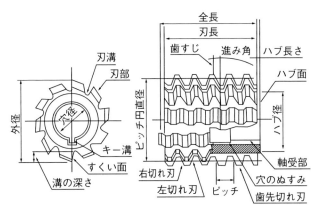

図4.25 ホブの形状と各部の名称

図4.26 ホブの例（三菱重工工作機械）

成する面に現れ、この面上に直進するラック（刃数無限大の歯車）が投影される。ホブ各部の名称を図 4.25 に示す。ホブ切削は断続切削であるので、材質としては従来高速度鋼が用いられることが多かったが、最近ではコーティングを施したホブや超硬合金製のホブも多用され、それに伴って高速のホブ切り加工が実現されている。代表的な超硬合金製のホブの例を図 4.26 に示す。

4.3 ツーリング

▶ 4.3.1 工具ホルダ

旋盤加工に用いるバイトなどは直接刃物台などに固定して使用されるが、ドリルやフライスなどは高速回転する工作機械主軸に取り付ける必要があり、そのためにツーリングが使用される。一般にツーリングとは工具の他にジグ・取付け具、チャックなども含むが、ここでは単に切削工具を工作機械に取り付ける補助具をツーリングと呼ぶことにする。こうした工具を工作機械主軸に取り付けるインターフェイスの機能を果たしているものとして、工具ホルダ（ツールホルダ）がある。

一般にマシニングセンタなどの工作機械主軸端は図 4.27 に示すように、

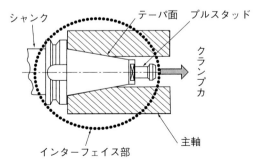

図 4.27 工作機械と工具のインターフェイス

内面にテーパが加工されており、そこに工具ホルダのシャンク部がはめられて固定される。通常この固定を強固にするために、シャンク端にねじ止めされたプルスタッドを利用してシャンク部が主軸内に引き込まれる構造となっている。高速回転しない場合などでは、シャンク部は単にテーパ面にはめ込まれ、接合部の摩擦のみで保持されることもある。また大径のドリルなどでは、工具端に直接主軸に固定するためのテーパ加工が施されているものもある。

工具を工具ホルダに取り付けるためのインターフェイスとしては、通常各種のチャックが使用される。

▶ 4.3.2 シャンク

一般にマシニングセンタなどで使用されている主軸テーパは、7/24 のロングテーパの他に、1/10、1/20 のショートテーパがある。またテーパシャンクもいくつかの規格が存在する。従来より広く利用されている 7/24 によく使用される BT シャンクの形状と寸法を図 4.28 に示す。この内現状でよく使用されているのは BT30、BT40 および BT50 である。シャンクを保持するにあたり、従来式のテーパ面のみで保持する方式に対して、テーパ面のみならず主軸端面でも軸方向に拘束する 2 面拘束形のものも種々開発され、高速主軸用として使用されている。工作機械主軸が高速で回転すると、主軸テーパ穴が遠心力で膨張し、従来形のシャンクではシャンクが軸方向に引き込まれ、加工中に工具位置が変化し、さらにそのまま主軸が停止するとシャンクが主軸穴に強固に把持されて抜けなくなるなどのトラブルが発生する。

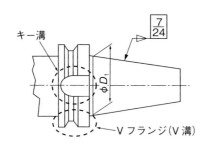

呼び番号	基準寸法 D_1	寸法比
BT30	31.75	1
BT35	38.10	1.2
BT40	44.45	1.4
BT45	57.15	1.8
BT50	69.85	2.2
BT55	88.90	2.8
BT60	107.95	3.4

寸法比：BT30 の基準寸法に対する値

図 4.28　BT シャンクの形状と寸法

これらの問題を解決することができるシャンクとして、2面拘束形シャンクが注目を浴び、広く採用されている。また2面を拘束することにより、高速域のみならず通常の回転速度域においても、ツールシャンク支持系の曲げ剛性と装着精度を飛躍的に高めることができる。これに加えて、特にショートテーパのものは主軸端がコンパクトになることから、高速主軸設計の観点からも優れたシャンクと言える。

こうした特徴を有する2面拘束形シャンクとしては、ドイツが提唱したHSK シャンク（**図 4.29**）が現在最も広く用いられている。これは1/10 テーパを採用しており、クランプ力が作用するとまず端面で拘束され、次いでテーパ部が押し広げられてテーパ面に密着して拘束する構造になっている。このシャンクは中空構造となっていることから軽量であるとともに、位置決め精度が高く、クランプ剛性も高いという特徴を有している。

▶ 4.3.3 チャック

一般的に用いられているロールロックチャックとその使用法を**図 4.30** に

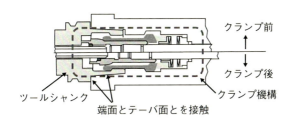

図 4.29 HSK 2 面拘束形ツールシャンクの構造と作用機構

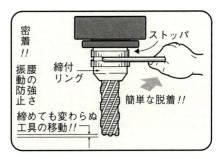

図 4.30 ロールロックチャックとその使用法（日研工作所）

示す。この種のチャックは把持力が高く、工具を保持するチャック部と締め付けるためのナットの間にローラが入っており、チャック本体の弾性変形を利用して工具を保持する。エンドミル加工における重切削によく使用される。汎用性に優れたチャックとしてコレットチャックとコレットの例を**図 4.31**に示す。工具とチャック保持部の間にコレットを挿入するもので、コレット交換やコレットの縮み代によって多くの工具シャンク径に対応することができる。ロールチャックに比べて把持力は劣るが、振れ精度が良く、ドリルやエンドミルに幅広く用いられている。

特殊なチャックとして焼きばめ式チャックがある。これはチャック部の外

図 4.31 コレットチャックとコレットの例（大昭和精機）

表 4.6 マシニングセンタ用チャックの選定指針[2]

チャックの種類		工具振れ精度 （4D 位置）（μm）	耐トルク特性	高速回転性能
サイドロック式		5〜50	中〜高	低〜中
コレットチャック	ナット式	3〜25	低〜中	中〜高
	コレット引込み式	3〜10	低〜中	中〜高
ロールロックチャック		5〜15	高	中〜高
スリーブロックチャック		2〜10	中	中〜高
油圧スリーブロックチャック		2〜10	中〜高	中〜高
油圧式チャック		3〜5	低	低〜中
焼きばめ式チャック		3〜5	中〜高	中〜高
弾性変形式チャック		3	低	中
圧入式チャック		3	中	中〜高

周を加熱して熱膨張させ、工具を挿入して常温で固定する、いわゆる焼きばめを利用するものである。このチャックは構成部品がない単純な構造であることから、チャックを細くすることができるとともに、精度、耐トルク性能にも優れており、特に金型の深彫り加工、高速加工に適している。しかしながら専用の加熱装置が必要であり、工具の交換に時間が掛かるなどの問題がある。

　チャックについてはメーカー各社が種々工夫を凝らしたものが製造・販売されている。チャックの基本的な特性としては、把持力、把持精度、静・動剛性、耐遠心力特性などが挙げられる。マシニングセンタ用の各種チャックの選定指標をまとめて**表 4.6**. に示す[2]。

4.4 工具の損耗と寿命

▶ 4.4.1　工具の損耗と損耗の原因

　切削工具は加工の継続に伴って損耗することは避けられない。この内、切削時間とともに徐々に進展していく損耗を摩耗と呼び、欠損や破損など突発的に生じる損耗を損傷と呼ぶ。まず摩耗についてみれば、代表的な工具である旋削用バイトに発生する摩耗の形態は一般に**図 4.32** のようになる。

　この内、主切れ刃（横切れ刃）および副切れ刃（前切れ刃）の逃げ面に沿って発生する摩耗を逃げ面摩耗（フランク摩耗）という。逃げ面摩耗は切削された工作物表面が逃げ面を擦過することによって発生する機械的な摩耗である。逃げ面摩耗は同図に示すように、刃先部、切込みに相当する部分の横逃げ面境界部、および送りに相当する部分の前逃げ面境界部において特に大きい。またそれぞれ切込み、および送りに相当する部分では切りくずの擦過による摩耗がすくい面にも発生している。境界部以外では摩耗の幅はほぼ同じで、この部分の摩耗を平行部逃げ面摩耗と呼ぶ。

　他方、すくい面では切りくずがすくい面表面を擦過し最も温度が高くなる

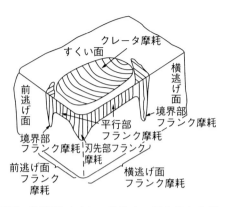

図 4.32 旋削用バイトに発生する代表的な摩耗の形態

部分(すなわち刃先より若干内部に入った部分:図3.9参照)を中心としてくぼみができる。これをすくい面摩耗(クレータ摩耗)と呼んでいる。一般に、横逃げ面平行部摩耗の幅を V_B、クレータ摩耗の深さを K_T と表す。

一般に V_B あるいは K_T の値が定められた一定値を超えると、その工具は寿命に到達したと判定される。通常工具摩耗が進行すると切削動力が増加したり、仕上げ面粗さが劣化するため、こうしたことからも寿命を判断することが行われる。また工具が寿命に達すると、持続的に周波数の高い音や振動が発生することもある。特に現場では、摩耗したドリルが切削中に発する周波数の高い音をキー音と称して寿命の判定に用いたりしている。

切削時間とともに進行する摩耗に対して突発的に発生する損傷の例を**図4.33**に示す。工具損傷はその大きさと形態から以下のように分類される。

(1) チッピング:切れ刃の微小な欠けで、切削を継続することは可能である。機械的な衝撃、切りくずの溶着、切りくずのかみ込みなどによって発生することが多い。
(2) 欠損:切れ刃の大きな欠けで、切削を継続することは困難である。ドリルの場合には折損が発生することもある。
(3) 塑性変形:切れ刃には損失は無いが、刃先の温度が高く、切れ刃が軟化して塑性変形を生じたものである。
(4) 亀裂:フライス切削のように断続的な切削を行う場合に発生することが多い。刃先の加熱・冷却の繰り返しのために発生する熱亀裂は切れ刃に

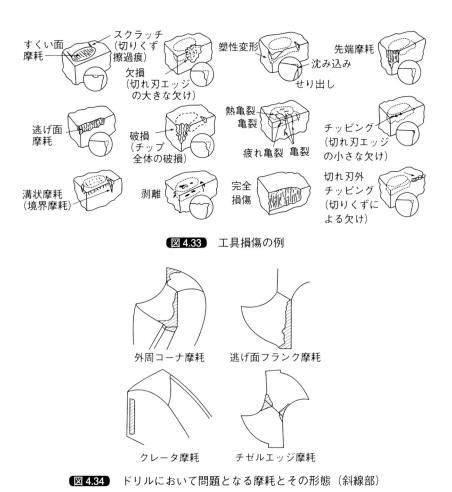

図 4.33 工具損傷の例

図 4.34 ドリルにおいて問題となる摩耗とその形態（斜線部）

ほぼ直角に等間隔で発生する。

　ドリルやフライス工具の損耗も上記と同じように考えることができる。一例としてドリルの摩耗形態を**図 4.34**に示す。ドリルやボールエンドミルではチゼルエッジあるいはそれに相当する部分の摩耗や、切削速度が最大となる外周コーナー部の摩耗が問題となることが多い。またドリルやエンドミルにおける損傷としては、チッピング、欠損、フレーキング（貝殻状の欠け）などが問題となることが多い。特に小径のドリルやタップでは折損が生じて切削不能となることもある。

▶ 4.4.2 工具の寿命方程式

摩耗が原因となる工具の寿命は、主として切削速度によって異なる。そこで例えば旋盤切削において、同一の工具と工作物の組み合わせに対して、切削速度のみを変えて切削を行い、逃げ面摩耗量 V_B とクレータ摩耗量 K_T を測定すると、図 4.35 のようになる。逃げ面摩耗は切削開始直後急速に増加する。この現象を初期摩耗と呼ぶ。その後逃げ面摩耗は時間とともにほぼ一定の割合で増加し（定常摩耗）、最後には急速に大きくなる（終期摩耗）。他方クレータ摩耗は時間とともにほぼ直線的に増加する。ここで逃げ面摩耗量 V_B の値がある一定値（例えば 400 μm）に到達した時間を工具寿命とすれば、切削速度 (m/min) V_1、V_2、V_3、、に対して工具寿命値 (min) T_1、T_2、T_3、、が求められる。同様にクレータ摩耗量 K_T に対してもある一定値（例えば 50 μm）に到達した時間を工具寿命とすれば、それぞれの切削速度に対する寿命が求められる。切削速度 V と工具寿命 T の関係を両対数グラフ上に表示すると、図 4.36 のように両者の関係はほぼ直線で表され、以下の関係式で与えられる。

$$\log V = C - n \log T \tag{4.1}$$

これより

$$VT^n = C \tag{4.2}$$

という関係式が求められる。これは F. W. Taylor が膨大な切削実験の結果

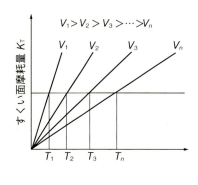

(a) すくい面摩耗

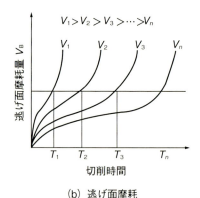

(b) 逃げ面摩耗

図 4.35　切削速度を変化させて測定した工具摩耗量

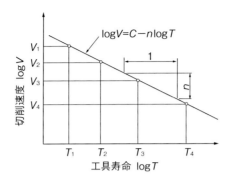

図 4.36 切削速度と工具寿命の関係

見つけ出した経験式で、テーラーの工具寿命方程式と呼ばれている。テーラーの工具寿命方程式は V_B に対しても K_T に対しても同様に求められるが、一般には V_B を工具寿命の判定に用いる場合が多い。

テーラーの工具寿命方程式の係数 C および n は特定の工具と工作物の組み合わせ、および切削油などの条件によって決まるが、切込みはほとんど影響しない。なぜなら切込みは単に摩耗が発生する範囲に影響を及ぼすのみであると考えられるからである。一般に鋼の切削では n の値は 1.2〜1.5 程度と言われている。高速度鋼では切削速度の上昇に伴って寿命が急速に低下することから n の値は小さく、逆にセラミックスでは切削速度はあまり工具寿命に影響しないことから n の値は大きい。また C の値が大きいほどその工作物に対する工具寿命は長いことになる。旋盤切削では、送りは工具切れ刃に対する負荷に直接影響するため、工具寿命に影響を及ぼすと考えられる。そこで拡張したテーラーの工具寿命方程式として、

$$VT^n f^m = C \tag{4.3}$$

が利用されることもある。この場合当然送りを変化させて工具寿命の実験を行う必要がある。

参 考 文 献

1) 福井治世：SEI テクニカルレビュー、188（2016）31.
2) 精密工学会編：精密工学実用便覧、日刊工業新聞社（2000）

第5章

切削加工用材料と被削性

　切削加工では工具材料よりも工作物材料の硬度が低ければ切削可能であるが、工作物の立場から見て、削りやすさとは何か、またどのように評価すればよいか、といった課題はつきものである。材料の切削の難易度は加工時間、加工コスト、加工精度などに直接関わる。一般的にこの被削性は切りくずの形態、切削力、工具摩耗、仕上げ面粗さの4項目で評価されるが、各項目を工作物材料、工具材料、切削条件などとの関係を定量的に理解することが重要となる。

　ここでは被削性の項目ごとに解説するとともに、鉄鋼材料、ステンレス鋼、鋳鍛鋼、鋳鉄、非鉄金属やいわゆる快削材料が具体的にどのような被削性を示すか紹介する。

5.1 被削性

　切削加工の対象となるのは主として金属材料と言えるが、プラスチックや複合材料、木材など非金属材料まで多種多様な材料が切削加工によって製品、部品とされる。これらの被加工材（工作物）は、それぞれ固有の機械的特性、物理的特性、化学的特性を持っている。したがって、削りやすい、削りにくいといった切削加工のしやすさの程度が材料によって異なる。この材料の削られやすさに関する性質を被削性という。

　切削加工は、工具と工作物の硬さの差を利用して除去加工を行うものであるから、強度、硬さが大きい材料ほど削りにくいと言えるが、切削温度によって工具と工作物接触面における摩擦特性や凝着特性が変わるので、単純に機械的特性だけで定まるものではない。被削性は、工作物の持つ様々な材料特性因子に影響される。

　また、材料特性だけではなく、工作機械の静剛性・動剛性、工作物の寸法形状や取付け方法、工具の種類や形状、切削条件、切削油の有無、連続切削（旋削）か断続切削（フライス加工）かによっても被削性は大きく変わる。したがって、同じ材料で同じ部品を加工するにしても、ある人は削りにくい材料と言い、ある人は削りやすい材料と言って、一義的に被削性を定義することは困難である。一般には、次の4項目を被削性の評価基準として用い、定量的に評価している。

(1) 切削力（切削抵抗）の大小
(2) 工具寿命の長短（工具摩耗の進行特性）
(3) 仕上げ面粗さの大小
(4) 切りくず処理の難易

　切削加工の目的に応じて最も関連の深い項目が採用されるが、工具寿命はほとんどの切削加工において重要度が高いので、狭い意味では工具寿命の長短によって被削性が評価される。また、4項目の中で切りくず処理の難易度

を定量的に評価するのが最も難しいと言える。

5.2 切削力と比切削抵抗

　切削力（切削抵抗）の大小やその変動は、消費動力、加工精度、仕上げ面粗さ、加工変質層、工具寿命などに大きな影響を及ぼすので、工作物の被削性を表す重要な因子となる。切削力と切削動力については基本的な考え方を第3章で示したとおりであるが、実用上は以下のとおりに扱う。**図 5.1** は、丸棒の外周旋削および正面フライス切削において工具に作用する切削力とその成分を示す[1]。三分力の大小関係は、工具の形状、工作物の種類、切削条件などによって異なるが、主分力で切削力を代表させることが多い。

　旋削加工では、通常主分力が最も大きくなり、背分力が最も小さくなる。他方、フライス切削では、背分力が比較的大きくなる。各分力がなす切削仕事はそれぞれ、

主分力（F_c）　：　$F_c \times V$　　（N・m/min）

送り分力（F_f）；　$F_f \times (f \times N)/1000$ または $F_f \times V_f$　　（N・m/min）

背分力（F_t）　：　理論的には 0

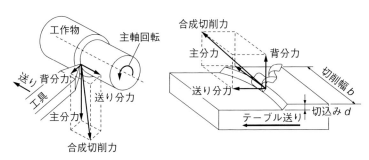

(a) 旋削切削における切削力[1a]　　(b) 正面フライス切削における切削力[1b]

図 5.1　工具に作用する切削力

となる。切削速度 V、送り f（または送り速度 V_f）の大小関係から、切削仕事の大部分は主分力が担うことになる。そのため、主分力に対する切削抵抗を、被削性を定量的に評価するための指標として使用することがある。

　比切削抵抗は、工作物によってほぼ決まっている値であり、硬さや材料強度など材料固有の被削性特性値のように考えることができる。**表 5.1** は、工具メーカーカタログより抜粋した各種工作物の比切削抵抗の値をまとめたものである[2]。これらの値に切削断面積の値を乗じて、切削抵抗や切削動力の値を推定することができる。

表 5.1　各種工作物の比切削抵抗[2]

被削材材質	引張強さ (kg/mm^2) および硬さ	各送りに対する比切削抵抗 $K_s (kg/mm^2)$				
		0.1	0.2	0.3	0.4	0.6
		(mm/rev)				
軟鋼	52	361	310	272	250	228
中鋼	62	308	270	257	245	230
硬鋼	72	405	360	325	295	264
工具鋼	67	304	280	263	250	240
工具鋼	77	315	285	262	245	234
クロムマンガン鋼	77	383	325	290	265	240
クロムマンガン鋼	63	451	390	324	290	263
クロムモリブデン鋼	73	450	390	340	315	285
クロムモリブデン鋼	60	361	320	288	270	250
ニッケルクロムモリブデン鋼	90	307	265	235	220	198
ニッケルクロムモリブデン鋼	352HB	331	290	258	240	220
硬質鋳鉄	46HRC	319	280	260	245	227
ミーハナイト鋳鉄	36	230	193	173	160	145
ねずみ鋳鉄	200HB	211	180	160	140	133
軽金属 Al-Mg	16	75	69	62	45	41
軽金属 Al-Si	20	95	81	66	61	53

5.3 工具寿命と被削性指数

　工具摩耗が少なく、工具寿命が長いほど、また、高い切削速度で削ることができる工作物ほど被削性が良いと言える。既述のテーラーの工具寿命方程式における係数 C の値は、工具寿命が1分のときの切削速度を表す。すなわち、C の値が大きいほど同じ寿命を得るのにより速い速度で切削が可能となることを表すため、C の値の大小で工作物の被削性が判定できる。

　しかし、C の値は工具寿命が1分のときの切削速度であるため、あまり実用的でない。実際には、工具寿命が30分や60分となるような切削速度 V_{30}、V_{60} （それぞれ、30分寿命速度、60分寿命速度という）などで比較される。

　米国では、工作物の被削性を表す指標として被削性指数[3]が定められている。被削性指数とは、次のように定められた比率のことである。まず、硫黄快削鋼 B1112 を標準材料に定めて、この素材を高速度鋼工具で 54 m/min の速度で切削して寿命を求めておき、これを基準とする。次に、他の材料について寿命試験を行い、標準材料の基準寿命と同じ寿命となる切削速度 Vt を求める。その場合の被削性指数は、

　　$(Vt/54) \times 100$　　　（高速度鋼工具使用の場合）

で与えられる。すなわち、硫黄快削鋼 B1112 の被削性を 100 として、他の工作物の被削性指数は同じ工具寿命を与える速度の比率として表したものである。

　超硬工具の場合には、逃げ面摩耗幅 $V_B = 0.015$ in. (0.381 mm) を工具寿命基準として、硫黄快削鋼 B1112 を 30 分切削可能な切削速度を求めると $V_{30} = 800$ ftm（243.8 m/min）となる。これを 100 として、他の材料の V_{30} との比率で表す。

5.4 仕上げ面粗さ

　第3.3節に示したように、切削加工における仕上げ面は、工具切れ刃輪郭形状が相対的な運動軌跡に沿って転写されることによって生成される。したがって、仕上げ面の断面形状および幾何学的最大粗さは、工具の形状と送り量で幾何学的に決まる。しかしながら、実際の仕上げ面は、工作機械の運動誤差や摩耗などによる工具切れ刃の不完全さのために、理論粗さよりかなり大きくなる。さらには、切削条件や工作物の材料特性によっても仕上げ面粗さは大きな影響を受ける。

　工具が工作物に食い込み、塑性変形と亀裂の進展による破壊、切りくず分離の結果として、最終的に仕上げ面が生成される。その過程で、切削力が生じ、切削熱が発生し、工具が摩耗して、それらが相互に影響し合って、結果として仕上げ面に反映される。したがって、仕上げ面粗さの点でみた被削性の良し悪しは、最大高さや平均粗さのような粗さ指標の大きさをもって評価することは難しい。

　極端な例を挙げれば、エンドミルでアルミニウム合金とガラスの表面に溝加工をしたとき、アルミニウム合金の切削面はきれいに仕上がったとしても、ガラス素材の仕上げ面は、様々な切削条件を試してもなかなかきれいに仕上がらない。これは、ガラスが非常に脆性な材料であるため、工具刃先で発生したき裂が切削予定面より下方に無数に伝播するからである。

　金属材料においても、鋳鉄材料は脆性が高く、通常の鉄鋼材料に比べてきれいな仕上げ面を得にくい。また逆に、純アルミニウムや純銅のように軟質の材料は、適切な切削油を使わなければ、むしれ面になりやすくきれいな仕上げ面を得にくい。これらは、切りくず生成時の刃先での亀裂挙動の違いが、仕上げ面生成に大きく影響していることによる。

　図5.2は、普通炭素鋼、四六黄銅、Co-Mo鋼、ねずみ鋳鉄の切りくず生成および仕上げ面生成時の亀裂挙動のSEM観察写真を示している[4]。それ

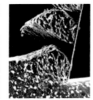  

(a)流れ形（炭素鋼）　(b)せん断形（黄銅）　(c)むしれ形（Cr-Mo焼きならし鋼）　(d)亀裂形（ねずみ鋳鉄）

図5.2 切りくず生成過程における刃先での亀裂挙動

ぞれ典型的な流れ形、せん断形、むしれ形、亀裂形切りくず生成を示している。流れ形以外の切りくずが分断する不連続切りくずを生成する材料では、切れ刃近傍で発生した亀裂が工具前方下方に進展して、仕上げ面を劣化させている。特に、ねずみ鋳鉄の切削では、塑性変形をほとんど伴わずに、無数の亀裂が多方向に進展・伝播しているのが分かる。また、比較的延性の高い材料では、亀裂が引き裂かれるように進展していくむしれ形という切りくずを生成し、亀裂による破断面が仕上げ面に残されて仕上げ面が劣化する。このように脆性、延性の高い材料は、仕上げ面の点から被削性が悪い材料と言える。

5.5 切りくず処理性

切りくず処理とは、制御不能な切りくずが生じたときに切削作業をいったん停止し、その処理を施すこと、あるいは制御不能な切りくずを排出させないための対処と言える。切削により生成した切りくずが、(1) 工具や工作物に絡みついたり、巻き付いたりすると、切削仕上げ面を傷つけたり、工具損傷の原因になったり、時には作業者に危険が及ぶ。(2) 工作物や工作機械の特定部に堆積すると、熱変形を生じ、加工精度を低下させる。(3) 飛散すると、作業者の健康や安全を阻害したり、工作機械の摺動面に入り込んで精度

表5.2 切りくず形状の分類（精機学会切削性専門委員会切りくず処理小委員会）

種類	記号 (符号)	形状	例 旋削	例 ドリル加工
1型	1 (･)	粉状または片状	[1] [1] [1]	
2型	2 (Ⅱ)	短冊状	[2]	
3型	3 (3)	1/2巻き程度以下に短く折断したもの	[3] U50	[3] C10
4型 (C型)	4 (C)	1巻き程度に折れたもの（C字型）	[4] U20　[4] C40　[4] S3S	[4] C2C
5型 (E型)	5 (ε)	2〜10巻き程度に折れたもの	[5] U2S　[5] U3M	[5] U2S　[5] C1S　[5] C2S
6型	6 (6)	形が不規則に変動する不連続切りくず	[6]　[6]	
7型	7 (7)	規則的形状の連続切りくず	[7] U3M [7] C3L [7] U2S	[7] U3L [7] C1S [7] U1L [7] N
8型 (無限型)	8 (∞)	不規則な形の連続切りくず	[8] R5Z	[8] [8] C9L
9型	9 (×)	以上の分類にあてはまらないもの		
	0	不　明 (データのない場合)		

劣化を招いたりする。

　このような状態にあるとき、適切な切りくず処理をしなければならない。切りくず処理は、加工の作業性、安全性、安定性、自動化にとって極めて重要であり、制御不能な切りくずを排出させにくい工作物は、切りくず処理性の観点から被削性が高い材料と言える。制御不能な切りくずとは、一般的には折れず長く続く形状のものをいうが、細かく分断する切りくずが必ずしも制御可能、すなわち切りくず処理性が高いというわけではない。

　切りくず処理での被削性の良し悪し、すなわち、切りくず処理性を定量的に表すために、切りくず形状の分類が行われた。**表 5.2** は、精機学会（現精密工学会）切削性専門委員会による切りくず形状の分類である[5]。実用的には、切削条件を種々変えて切削を行い、横軸に送り、縦軸に切込みを取って、その組み合わせの交点上に表 5.2 に示す記号を記入したグラフを作る。基本的には 4 型と 5 型の切りくずが生成する条件範囲が広いほど、切りくず処理性の点で被削性が良い材料となる（**図 5.3**）。近年では、**図 5.4** に示すように、工具メーカーのカタログデータとして、切りくず処理性の良好な範囲が工具性能の 1 つとして表示されている。

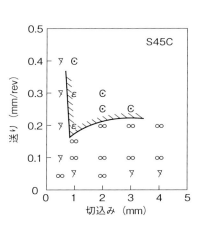

図 5.3　各切削条件で生成する切りくず形状[6]

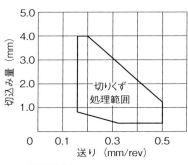

図 5.4　切りくず処理の有効範囲[7]

〈切削条件〉
インサート：CNMG120408-MP
被　削　材：SCr420H
切削速度：200 m/min
湿式切削

103

5.6 切削加工用材料

　切削加工法の特徴の1つとして、大抵の材料は切削加工できるということが挙げられる。工作物の性質として、塑性加工では延性が大きいこと、鋳造では融点があまり高くなく、流動性が高いこと、放電加工では導電性があることが必要であるが、切削加工では、原理的には工作物の硬さが切削工具の硬さより低いという条件のみである。実用的には、切削工具の硬さは工作物の4倍以上ほしいところである。**表 5.3** に代表的な工具、工作物の硬さを示す[8]。単純には、両者の硬さ比が大きいほど被削性が良いことになるが、硬さ以外の工具靭性値（抗折力）や熱伝導率、親和性などの性質が被削性に大きく影響する。
　本節では、切削加工に用いられる代表的な材料の特徴を示すとともに、被削性について述べる。

▶ 5.6.1　鉄鋼材料

　鉄鋼材料は、様々な部品や製品の中で、最も広く使用されている金属材料と言える。鉄鋼は安価であり、加工性もよく、熱処理によって機械的性質を調整できるからである。一般に、鉄がそのままの状態で使用されることはなく、炭素を合金させた炭素鋼という形で用いられる。炭素鋼の製造過程において、Si、Mn、P、Sなどの炭素以外の元素が含まれる。これらの元素の酸化物や炭化物などが組織中に含まれ、被削性、特に工具摩耗に対しても少なからず影響を及ぼす。
　表 5.4 に鉄鋼の分類例を示す[9]。工業的な目的から普通鋼と特殊鋼および鋳鍛鋼に分類される。炭素鋼、ステンレス鋼、鋳鉄は、分類上鉄鋼材料であるが、それぞれの切削特性はかなり異なっている。
　炭素鋼のうち、炭素含有量（質量パーセント濃度）0.25％以下が低炭素鋼、0.25～0.6％が中炭素鋼、0.6％以上が高炭素鋼と呼ばれる。特に0.6％以下

第5章 切削加工用材料と被削性

表5.3 代表的な工具、工作物の硬さ

素材の種類	硬度（ビッカース硬さ：HV 換算）
切削工具材料	
ダイヤモンド	7140〜15300
炭化ケイ素（SiC、セラミックス）	2350
超硬合金	1700〜2050 前後
サーメット	1650
SKH56（高速度工具鋼鋼材、ハイス）	722
SKT6（合金工具鋼鋼材）	512
工作物	
S45C（機械構造用炭素鋼）	201〜269
SCM822（クロムモリブデン鋼、クロモリ鋼）	302〜415
SUS440C（マルテンサイト系ステンレス）	615
SUS630（析出硬化系ステンレス）	375
SUS304（オーステナイト系ステンレス）	187
SUS430（フェライト系ステンレス、18 クロムステンレス）	183
鋳鉄	160〜180
アルミニウム合金	45〜100
アルミニウム合金（7000 系、超々ジュラルミン）	155 前後
黄銅	80〜150
マグネシウム合金	49〜75
チタン合金	110〜150
チタン合金 60 種（64 合金）	280 前後
インコネル（耐熱ニッケル合金）	150〜280
ハステロイ合金（耐食ニッケル合金）	100〜230

表5.4 鉄鋼材料の分類例　（　）は JIS 鉄鋼記号の抜粋

普通鋼
炭素鋼
　┌ 構造用、一般加工用、圧力容器用、土木建築用、鉄道用など
　└ （SS、SM、SMA、SB、SPC など）

特殊鋼
特殊用途鋼
　┌ 機械構造用炭素鋼（S××C）
　│ 合金鋼（SNC、SNCM、SCr、SCM、SMn、SACM）
　│ ステンレス鋼、耐熱鋼、超合金（SUS、SUH、NCF）
　│ 工具鋼（SK、SKH、SKS、SKD、SKT）
　│ 中空鋼（SKC）
　│ ばね鋼（SUP）
　│ 快削鋼（SUM）
　└ 軸受鋼（SUJ）

鋳鍛鋼
　┌ 鍛鋼品（SF）
　└ 鋳鋼品（SC）

の低炭素鋼と中炭素鋼は広く使用されているので普通鋼とも呼ばれる。また、炭素鋼の硬さによっても軟鋼、硬鋼などと分類される。例えば、軟鋼と硬鋼で大きく分ける場合には、炭素量が約 0.18〜0.30 % のものは軟鋼、約 0.40〜1.00 % のものは硬鋼と分類する。

　炭素鋼は含有されている炭素量が多くなると、引張強さ・硬さが増し、その反面伸び・絞りが減少する。被削性の観点からは、切削力が増大し、その結果として工具摩耗の増大につながって被削性が悪くなる。逆に、炭素量が少ないと延性が高く、切りくずが折れずに長く続く形状となって、切りくず処理性が悪くなったり、仕上げ面がむしれやすくなったりする。また、熱処理を施すことにより、性質が大きく変わるので、焼なまし、焼ならし、焼入れ、焼戻しなどの熱処理により被削性が大きく変わる。特に、焼入れ鋼の切削では、CBN 工具のような高硬度の工具以外の工具では、切削では加工が不可能となり、研削加工によらざるをえない。

　図 5.5 は、炭素鋼の 2 次元切削における切りくず生成の切削変形域の SEM 観察像および刃先から切りくず自由面側に向かって形成されるせん断域に沿う垂直応力の分布を模式的に示したものである[10]。実験や解析によると、せん断域に沿って、せん断域の自由面側と刃先の極く近くでは圧縮場となっているが、刃先近傍は引張りとなっており、特に刃先のやや後方の逃げ面下方では顕著な引張り場となる。この引張応力のため、刃先のやや後方で亀裂が発生し、この亀裂は主せん断方向に成長する。すなわち、逃げ面下方から発生した亀裂は、せん断面側に進展していく。自由面側の圧縮応力場によって亀裂の進展が止められれば、切りくずは折断されずに内部に亀裂を残した状

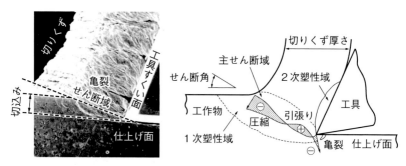

図 5.5　せん断変形域における亀裂と応力状態 [10]

態で排出され、連続型の切りくずとなる。亀裂が圧縮応力場に阻止されずに、さらに進展あるいは急速伝播すれば、切りくずは折断された不連続型となる。切りくず生成は、せん断域における塑性変形と破壊現象の結果であり、その形態は発生した亀裂の進展挙動に依存する。

SS400やSCM415のような軟鋼は、図5.5に示すような流れ型の切りくずを生成しやすく、鉄鋼材料の中では加工の最も容易な部類に入る。高速切削や高能率切削が可能で、切れ刃のチッピングや欠損などの異常損傷も生じにくい。

▶ 5.6.2 ステンレス鋼

特殊鋼に分類される鉄鋼材料の内最も代表的な材料は、ステンレス鋼と言える。ステンレス鋼は、耐食性をはじめ、機械的性質、加工性、耐熱性など優れた特性を持つため、機械構造部品から厨房用品、建築材料、医療機械器具、化学工業設備部品、航空機部品など非常に広範囲な分野で使用されている。ステンレス鋼は、主に鉄（Fe）に11％以上のクロム（Cr）を含有する合金鋼であり、Crの含有により表面に不動態被膜という、非常に薄い保護被膜を形成するためさびに強く、いつまでも美しい状態を維持できるという特徴を持つ。

Crの他に、ニッケル（Ni）やモリブデン（Mo）などを添加して、さびにくさを更に改善したり、低温でも高温でも使える性質や、様々な形に加工できる性質などを付与したりした多種多様な鋼種が使用されている。図5.6に、ステンレス鋼の種類を示す。大きくは、Cr系とCr-Ni系のステンレス鋼が

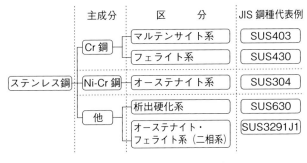

図5.6 ステンレス鋼の分類

表 5.5 ステンレス鋼と炭素鋼の機械的・物理的特性値 [11]

機械的・物理的性質／材料	マルテンサイト系 (13Cr系) SUS410	フェライト系 (18Cr系) SUS430	オーステナイト系 (18Cr-8Ni系) SUS304	炭素鋼 SN400
弾性係数（kN/mm^2）	200	200	193	205
耐力（降伏点）（N/mm^2）	275	305	255	275
引張強さ（N/mm^2）	510	550	590	430
降伏比	0.53	0.55	0.43	0.64
伸び（％）	25	27	60	28
熱伝導率（W/m·K）×10^{-2}	0.24	0.26	0.16	0.58
平均比熱（J/kg·K）×10^3	0.46	0.46	0.5	0.42
線膨張係数（×10^{-6}/K）	9.9	10.4	17.3	11

あり、金属組織上はフェライト系、オーステナイト系、マルテンサイト系に分けられる。

　ステンレス鋼は、鉄鋼材料の1つであり、その機械的性質は、炭素鋼と類似している。表5.5にステンレス鋼と炭素鋼の機械的性質と物理的性質を示す[11]。ステンレス鋼の方が、引張強さがやや高く、熱伝導率が半分以下となっているが、他の性質はほぼ同等である。この表には示されていないが、ステンレス鋼は炭素鋼に比べて加工硬化性が大きく、工具材料との親和性が高いという性質を持っている。どのような金属でも、加工硬化という現象は見られるが、ステンレス鋼はそれが大きく現れる。特に、オーステナイト系のSUS304では、加工誘起変態という現象で焼入れと同じような変化が起きて表面層が極端に硬くなる。

　ステンレス鋼が、被削性の悪い難削材料として位置づけられているのは、これらの性質によるものである。図5.7は、これらステンレス鋼の特性と切削現象との関係をまとめたものである[12]。切削表面層が加工硬化により硬くなるため、切削力が大きくなり、工具のチッピングや欠損、境界摩耗が生じやすくなる。熱伝導率が低いため、刃先に熱が集中して温度が高くなり、工具の摩耗が激しくなる。また、工具との親和性が高いために工作物が工具に溶着しやすく、工具の摩耗、欠損につながりやすい。表5.6は、ステンレ

第 5 章 切削加工用材料と被削性

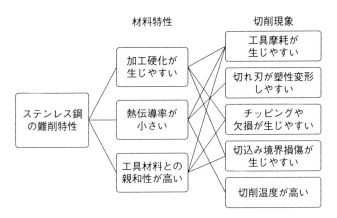

図 5.7 ステンレス鋼の特性と切削現象との関係 [12]

表 5.6 ステンレス鋼の被削性指数 [12]

	鋼種		被削性指数（％）
	JIS	AISI	0　20　40　60　80　100
標準		B1112	────────────────
マルテンサイト系	SUS403	403	
	SUS410	410	
		414	
	SUS416	416	
	SUS420J1	420	
	SUS420F	420F	
	SUS431	431	
		440	
		501	
		502	
フェライト系	SUS405	405	
		406	
	SUS430	430	
	SUS430F	430F	
		442	
		443	
		446	
オーステナイト系	SUS302	302	
	SUS303	303	
	SUS304	304	
		309	
	SUS316	316	
	SUS317	317	
	SUS321	321	
	SUS347	347	

ス鋼の被削性指数の値を示す[12]。オーステナイト系では40%程度になるので、切削速度に換算すると $V_{30} = 243.8 \times 0.4 = 98$ m/min 程度になる。5.3節で述べたように、超硬工具を使用してこの切削速度で旋削加工を行うと、逃げ面摩耗幅 $V_B = 0.381$ mm を寿命基準としたときの工具寿命時間が30分になることを意味する。

インコネルなどの超耐熱合金の被削性については、難削材加工の章（第12章）で述べる。

▶ 5.6.3 鋳鍛鋼、鋳鉄

製鉄の工程において、銑鉄を精錬することで強度の強い鋼とし、その鋼の塊を用途に適した様々な形に成形していく。成形法は、ロールで延ばす「圧延」、型で鋳固める「鋳造」、プレスで圧力を加えて成形する「鍛造」の3つに大別される。「鋳鍛鋼」とは、この鋳造・鍛造で作られる製品のことで、個々には「鋳鋼」、「鍛鋼」、まとめて「鋳鍛鋼」と呼ばれる。

鍛鋼（SF×××）は、炭素鋼がオーステナイト領域で熱間鍛造され、何度も再結晶をするために強度が高く、延性の高い強靭な材料となる。そのため、切りくずは長く続きやすく、切削力も普通鋼より大きくなる。

他方、鋳鋼（SC×××）は鋼を鋳造し組織を均一にする熱処理をしただけなので、鋳造時の組織と同じく、結晶粒界に凝固温度の低い不純物が多くなり、延性・加工性が悪くなる。そのため、切りくずも長くは続かず、小さく分断したものになる。ただし、鋳鉄に比べると強靭で溶接もできるなどの特性を持つ材料である。一般には、焼なまし、焼ならしまたは焼ならし後焼もどしのいずれかの熱処理をして使われる。特別なものに高マンガン鋼鋳鋼品（SCMnH）がある。Mn を 11～14% 含むオーステナイト鋳鋼で、熱処理したものは加工硬化が顕著であり、切削には注意を要する。

名称の似た材料に鋳鉄がある。ねずみ鋳鉄（FC×××）は鋼と同じくFe-C合金であるが、炭素量が2.14%以下のものを鋼と呼ぶのに対して、2.4%以上のものを鋳鉄と呼んで鉄鋼材料とは区別される。鋳鉄は、溶湯の流動性がよく、融点も低いので鋳物を作りやすいが、鋼に比べて炭素量が多いので、セメンタイトの非常に多い組織になり、硬く脆いという欠点が生じる。そのため、強靭な鋳物を必要とする部材には、鋳鋼が用いられる。

ねずみ鋳鉄は、普通鋳鉄とも呼ばれ、最も一般的な鋳鉄である。組織は、フェライト、パーライト、グラファイト（黒鉛）などから成り立っており、グラファイトが片状に晶出している。ねずみ鋳鉄は、表面の黒皮部分がチル化して異常に高硬度になっているものは別として、切削加工が比較的容易な材料である。図5.2(d)に示したように、ほとんど塑性変形を伴わずに、無数の亀裂の伝播によって切りくず生成が行われるため、比切削抵抗は比較的低く、切りくずは細かく破砕され、粉状に排出される。

他方、組織中のグラファイトの形を球状にして強度や延性を改良した鋳鉄がダクタイル鋳鉄（FCD×××）で、その特徴的な黒鉛の形状から球状黒鉛鋳鉄、ノデュラー鋳鉄とも呼ばれる。ダクタイル鋳鉄は、ねずみ鋳鉄に比べると被削性は大幅に劣り、むしろ難削材の1つに挙げられている。

▶ 5.6.4　非鉄金属材料

代表的な非鉄金属材料として、銅、アルミニウム、マグネシウム、チタンおよびそれらの合金が挙げられる。チタン合金の被削性については、難削材料の章で述べる。

（1）銅および銅合金

銅は、構造用材料としてはやや不向きであるが、耐食性や電気、熱の伝導性が良く、加工性も良いことから鉄鋼材料とともに広く使用されている。銅の合金としては、黄銅系、青銅系、析出硬化型の合金がある。

黄銅系合金は、Cu-Zn合金であり黄銅または真鍮と呼ばれている。実用的には、7/3黄銅（Zn30%合金、C2600）と6/4黄銅（Zn40%合金、C2801）が代表的なものであり、被削性は極めて良好である。6/4黄銅は、図5.2(b)に示したように典型的なせん断型切りくずを生成する材料であり、せん断域における亀裂の周期的な伝播により切りくずが分断して、不連続な切りくずを生成する。7/3黄銅は、6/4黄銅に比べて延伸性が良いので切りくずはせん断型とはならず、流れ型となる。Zn45%以下の合金は、被削性は良好であるが、Znが45%を超えると材質的に脆くなる。

黄銅にSn、Mn、Fe、Alなどを添加した鋳造合金であるネーバル黄銅（C46××）や高力黄銅（C67××）は、被削性が悪くなる。ベリリウム銅（BeCu）は、銅に0.5～3%のベリリウムを加えた合金であり、高い強度と

延性を持ち、銅をベースとした合金の中で最高の強度（～1400 MPa）を誇っている。そのため、正面フライス、エンドミル加工のような断続切削では、切削工具の切れ刃がチッピングや欠損などを起こしやすく、難削材の部類に属する。

　高純度銅である無酸素銅（C1020）は、IC パッケージ用のリードフレーム素材、金型加工用の電極、レーザ反射鏡素材など多くの需要がある材料である。無酸素銅は軟質で被加工面が傷つきやすく、表面粗さを高精度に仕上げるのが難しい素材である。一般的には、高速切削が適する。大気中では表面が必ず酸化する。また、切削油を使用した場合は、油剤に含まれる化学物質との反応によって、仕上げ面の高純度特性が損なわれることもある。レーザ反射鏡の鏡面切削加工では、いわゆる超精密切削加工機と単結晶ダイヤモンド工具を用いて、切削油として白灯油をミスト供給することによって鏡面切削が可能となる。

（2）アルミニウムおよびアルミニウム合金

　アルミニウムは、常温常圧で良好な熱伝導性・電気伝導性を持ち、加工性が良く、実用金属としては軽量であるため、広く用いられている。アルミニウムは、活性な金属で酸化しやすく、常温の大気中でも表面に酸化層が形成される。表面にできた酸化皮膜により内部が保護されるため高い耐食性を持つ。

　図 5.8 にアルミニウムおよびアルミニウム合金の分類を示す[13]。アルミニウム合金は、展伸材（加工材）と鋳物材に分けられ、両系の合金ともに非熱処理型と時効処理によって強度の向上が可能な熱処理型がある。展伸 A1000 系は純アルミニウム、A2000 系は Cu や Mg を添加し時効硬化できる高力合金（ジュラルミンなど）、A3000、A5000、A6000 系は Mn や Mg を添加し耐食性を高めた合金、A4000 系は Si を添加し耐熱性を高くした合金である。

　アルミニウム合金の切削特性としては、一般的には被削性は良好である。しかしながら、切りくず処理や工具への溶着が問題となる。ポリゴンミラーのような高精度部品では、親和性の低いダイヤモンド工具を使えば、溶着のない鏡面切削が可能である。

　耐摩耗性を高める目的で開発された高 Si アルミニウム合金（例えば A390 は 17％の Si を含有する鋳物用 Al-Si 過共晶系合金）は、含有している結晶シリコンが工具摩耗の進行を促進させるため、工具摩耗が生じやすく工具寿

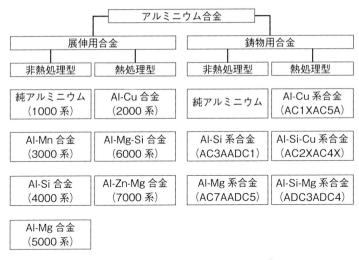

図5.8　アルミニウム合金の分類 [13]

命が短いことから難削材として認識されている。切削工具としては、多結晶ダイヤモンド工具を用いることで、超硬工具に比べて工具寿命の延長と加工精度の向上が実現する。

(3) マグネシウムおよびマグネシウム合金

　マグネシウム合金は、実用金属中最も軽く、比強度、比剛性が鉄やアルミニウムに比べて高いこと、また、電磁波遮断性に優れ内部減衰能が著しく大きいので振動吸収性が高いこと、加工硬化率が高いため耐くぼみ性が大きいなどの優れた特性を持つ。それらの特性から、航空機・宇宙機器、携帯電話を含めた電子機器、自動車、パソコンの筐体など強度を保ちつつ軽量化を重視する分野の部品に用いられる。

　マグネシウム合金の製品への加工は、鋳造、ダイカストなどほとんどが成形加工によるものであり、切削加工などの機械加工は成形後の穴あけ、平面加工などの2次加工として行われる場合が多い。マグネシウム合金は材料コストが高いため、切削のように不要部分を大量に切りくずとして捨て去るような除去加工は、できるだけ避けたいところである。しかし、マグネシウム合金の適用分野が広がり、より高度な機械加工技術が必要になっている。

　マグネシウム合金は、比較的切削加工を行いやすい材料という認識が強く

ある。例えば、通常切削における比切削抵抗は、炭素鋼の1/7、アルミニウムの1/2程度と小さく、したがって発熱、摩耗が少なく工具寿命が他の金属材料と比べて長い。また、良好な仕上げ面も得られる。しかし、現実には、切削中の切りくずの燃焼による火災事故、工具逃げ面付着物の発生による仕上げ面劣化、これに伴う後続の表面処理への悪影響、切削終了後の切りくず再利用、または安全処理対策、マグネシウム切削に適した切削油の開発など、解決すべき問題も残されている。

マグネシウム合金の切削においては、図 5.9 に示すような鋸歯状切りくずが生成しやすい。これは、マグネシウム合金が軟質であるにも関わらず比較的脆いためだと考えられる。一般にこの型の切りくずは、工作物が適度な脆さを持っているときに発生しやすく、これが発生するときには切りくずの平均厚さが薄く、切削力が小さく、加工変質層も薄い。チタン合金やオーステナイト系ステンレス鋼のような熱伝導率の低い材料の切削でも、鋸歯状切りくずの生成が見られる。これは、局部的温度上昇によって軟化した部分にひずみが集中することによって生成すると言われている。図示のように鋸歯の頂角はほぼ45°であるが、切取り厚さが厚いと 70°〜80° に増す。送りが小さく、切りくずが薄くなる場合、また、切れ刃が摩耗すると頂角は 10° 以下となり羽毛状の切りくずに変わる。

(4) 快削鋼、快削ステンレス鋼、快削黄銅

金属材料の機械的性質を劣化させない程度の極く微量の添加物を添加することによって、被削性を向上させた材料を快削材料と言い、快削鋼、快削ステンレス鋼、快削黄銅が代表的である。

快削鋼（SUM材）は、リン（P）、硫黄（S）、鉛（Pb）、セレン（Se）、テルル（Te）、カルシウム（Ca）などを添加した鋼材である。快削性元素（S、P、

図5.9 マグネシウム合金の切削切りくず形状[14]

Pb）を単体で添加しているものと、複数を組み合わせているものとがある。硫黄快削鋼や鉛快削鋼が前者であり、硫黄複合快削鋼が後者である。低炭素鋼ベースの快削鋼（SUM11, 22）は、機械的性質（強度など）よりも切削性を重視したもので、長く続いて絡みつく切りくずを折れやすくしている。Pb を 0.05〜0.30％添加した鉛快削鋼は、工具寿命を伸ばし、その被削性を著しく向上させる。これらの添加物は、切りくず生成領域で破壊起点として作用し切削力を低下させる。また、Pb は工具すくい面と切りくずとの摩擦を低減する固体潤滑剤としての効果を持つとされている。

図 5.10 は、各種快削介在物の切削変形域における挙動を示す。硫黄快削鋼中の S は不純物である Mn と結合して、母地より硬い介在物 MnS を作る。図中の写真に示すように MnS 介在物は、球状のもの、細長い楕円体状のものがある。MnS 介在物が 1 次塑性域に入ると、母地との界面で剥離が生じてボイドが生成する。主せん断域に近づくに従い、ボイドは著しく成長するが、その後高い静水圧のために圧着ないしは再溶着されて切りくずへと流出する。すなわち、球状 MnS 介在物は切削変形域におけるボイドの生成、成長が応力集中源として働き、せん断域で亀裂が伝播しやすくなり、切りくずが破断する。見掛け上工作物を脆化させる作用をする。その結果、せん断角が大きくなり、切削抵抗が下がり、切りくず処理性が向上して、被削性を向

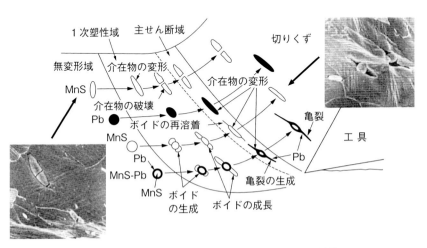

図 5.10　快削添加物の切削変形域における挙動[5)]

上させる。他方、細長い楕円体状の MnS 介在物は、介在物自体の破壊が起こり、ボイド生成は僅かである。応力集中源となるものの、球状 MnS 介在物に比べると被削性の改善は劣る。

　Pb 添加物は、変形能が大きく、母地とともに引き伸ばされるため、ボイドや亀裂の生成を直接もたらさない。切りくず処理性の点では大きな効果は見られないが、工具摩耗を軽減し、工具寿命が大幅に改善されることから、工具すくい面 – 切りくず、工具逃げ面 – 仕上げ面との接触界面の摩擦軽減、潤滑作用による効果が表れたと考えられる。硫黄・鉛快削鋼では、複合介在物である球状 MnS-Pb の Pb が溶融して、生成したボイドの再溶着を防ぐために、せん断域に存在する応力集中源の数が球状 MnS 介在物より多くなると考えられ、切りくず処理性は非常に優れている。

　JIS の SUS303、303Se、430F、416、420F、440F などは快削性ステンレス鋼と呼ばれる。SUS303 は、SUS304 に Pb と S を微量添加したもので、複合快削ステンレス鋼と呼ばれる。ステンレス鋼は、粘性が大きく、熱伝導率も低いため一般的に被削性が悪い。そのため、快削性元素として S、Se、Pb など各種のものが Mo、Zr などとともにステンレス鋼に添加される。しかしながら、S を含んだ場合には耐食性が劣化し、Pb を含む場合には環境汚染などの危険性があるなど様々な問題もある。また、Pb や S が仕上げ面の輝きを損なうため、仕上げ面は多少曇ったものになる。

　黄銅 C3604 は快削黄銅（Cu：57.0〜61.0％、Pb：1.8〜3.7％、Fe：0.50％以下、Fe＋Sn：1.0％以下、Zn は残部）と呼ばれ、被削性を高めるために Pb を添加している。しかしながら、近年では鉛快削材料の製品から飲料水への Pb の溶出、切削加工中における空気中への Pb の飛散などが指摘され、従来の快削黄銅棒と変わらない特性（切削性、かしめ性）を持った鉛レス快削黄銅棒の開発が行われている。日本伸銅品協会によると、鉛レス快削黄銅棒は、鉛 0.1％以下で、Cu を主成分とした Zn との合金に、Bi（0.5〜4.0％）または Si（2.0〜4.0％）などを添加して被削性を改良した銅合金棒と定義される。添加元素により、Bi 系鉛レス快削黄銅と Si 系鉛レス快削黄銅がある。

　材料製造工程内の工夫により快削性を与えた代表的な材料として脱酸調整快削鋼が挙げられる。この材料は、切削中に鋼材内に含まれる非金属介在物を工具のすくい面に選択的に堆積させ、この堆積皮膜によって工具摩耗を抑

制し、被削性を向上させる鋼材である。代表的なものに Ca 脱酸鋼がある。これは、Ca を特別に添加するのではなく、製鋼時の脱酸過程において脱酸剤として Ca を加えて酸化物として酸素を除去するものである。鋼中には、CaO をはじめ脱酸過程において生じる種々の酸化物が存在する。これらの酸化物は、切削中に工具面にベラークと呼ばれる付着層[15]を形成し、これが工具面を保護し、工具寿命を長くするとされている。

(5) 複合材料

複合材料とは、強度、剛性、軽量化などの特性向上のために、2種類以上の性質が異なる素材を組み合わせて作られる材料である。それらの中でもFRP（Fiber Reinforced Plastic：繊維強化プラスチック）は代表的な複合材料である。FRP は、プラスチックを基材に繊維で強化した複合材料であり、基材としてエポキシ樹脂、ポリエステル樹脂などが使用され、強化材として、ガラス繊維（GFRP）、炭素繊維（CFRP）、アラミド繊維（AFRP）などが用いられる。これらの素材は、軽量、高強度、高弾性、耐衝撃性の特色を生かし宇宙・航空機関係、自動車、船舶、つり竿に利用される他、絶縁特性から電気・電子・家電部品に、また耐候性、耐酸・耐アルカリ特性よりパラボラアンテナ、浴槽、ベランダ、床、屋根材などに幅広く使用されている。

その他に、FRP のプラスチックの代わりに金属を基材（アルミニウム、マグネシウム、チタンなど）とし、繊維（Al_2O_3、炭素繊維、SiC、SiN など）で強化した繊維強化金属（FRM）や Al、Ti、Ni などの金属を基材とした金属基複合材（MMC）、Al_2O_3、Zr_2O_3 などのセラミックスを基材としたセラミックス複合素材がある。被削性の点で言えば、これらの材料は難削材料の部類に入る。ここでは、繊維強化プラスチックの被削性について述べる。

FRP の基材であるプラスチックは、特に難削材料というわけではないが、ガラスや炭素の繊維が複合されることで難削性を示す。強化繊維の特性、大きさ、含有量によって被削性は異なるが、その主な要因は次の2点である。

① 工具摩耗が大きい

強化材として含有する繊維自体が硬いため、アブレーシブ物質や硬質物質として作用する。工具すくい面および逃げ面で接触する際に工具を摩耗させる。一般的に、工具切れ刃が強化繊維を切断するたびに、切れ刃が擦り減っていく現象が見られる。

② 仕上げ面の品質が悪い

切削方向と繊維の向きによっては、繊維の掘り起こし現象、層間剥離（デラミネーション）や毛羽立ちなどが起こりやすく、仕上げ面に剥離やバリが生じて品質が低下する。

参 考 文 献

1) a) ツールナビドットジェービーHP
   http://toolnavi.jp/convenient/knowledge/page4
   b) 三菱マテリアル(株)技術資料 HP
   http://www.mitsubishicarbide.net/contents/mmc/ja/html/product/technical_information/information/milling_corner.html
2) 三菱マテリアル(株)技術資料 HP
   http://carbide.mmc.co.jp/technical_information/tec_turning_tools/tec_hsk-t/tec_turning_formula/tec_turning_cutting_power_formula
3) 奥山繁樹他：機械加工学の基礎、コロナ社（2016）.
4) 奥田孝一：切削加工における切りくず処理の最適技術、機械技術、62、12（2014）18.
5) 杉田忠彰ほか：基礎切削加工学、共立出版（1984）.
6) 新井実：切りくず処理の基礎と応用、日刊工業新聞社（1990）.
7) 三菱マテリアル旋削用チップ、プロ工具・ドットコム　http://www.pro-kogu.com/images/MP-BREAKER-3.JPG
8) ダイヤモンドホイール・ダイヤモンド砥石・CBN工具・CBN砥石と研削研磨の情報サイト　http://www.toishi.info/metal/hardness.html
9) 打越二彌：図解 機械材料 第3版、東京電機大学出版局（2001）.
10) 奥田孝一：切りくずから読み解く切削加工の勘どころ、機械技術、64、14（2016）18.
11) ステンレス協会 HP：ステンレス鋼の主な材料特性
    http://www.jssa.gr.jp/contents/faq-article/q7/
12) 狩野勝吉：難削材の上手な削り方　ステンレス鋼、日刊工業新聞社（2010）.
13) 先端産業部材研究会 HP：アルミニウムの種類・性質・用途
    https://minsaku.com/category01/post122/
14) 日本塑性加工学会編：マグネシウム加工技術、コロナ社（2004）.
15) 菊地千之、田中雄一：カルシウム脱酸鋼の被削性に関する研究、室蘭工業大学研究報告、6、3（1969）853.

切削油とその供給法

　切削加工では切削点は高温・高圧にさらされるため、切削点に大量の切削油が供給されるのが一般的である。切削油を供給する理由としては、工具・切りくず・工作物間の潤滑、工具・工作物の冷却、切りくずの排出・除去、仕上げ面の保護などが主なものであるが、供給すべき切削油の種類と特性を知って、最も適した切削油を供給する必要がある。また、切削油の効果を最大限に発揮させるためには、どのような供給方法があるか知っておく必要がある。

　特に最近では、難削材と呼ばれる削りにくい材料を効率よく切削するために、新たな切削油供給法が開発され、また切削油に代わる方法も開発されつつある。さらに切削油を使用することが地球環境に及ぼす影響についても知っておく必要がある。

6.1 切削油とその効果

切削加工においては通常切削点に大量の切削油が供給されて切削が行われる。一般に切削油を供給しながら切削することを湿式切削と言い、他方切削油を全く用いないで切削することを乾式切削（あるいはドライ切削）という。切削油を用いる主な効果として以下の4点が挙げられる。

(1) 工具・切りくず・工作物間の潤滑と溶着防止
(2) 工具・工作物の冷却
(3) 切りくずの排出・除去
(4) 仕上げ面の保護と防錆

工具すくい面における工具と切りくずの間に潤滑が行われると、工具すくい面での摩擦が低下して摩擦熱が低下するだけでなく、工具・切りくず間の接触長さが減少し、図 6.1 に示すように切りくず厚さが薄くなる。その結果切削力、切削動力が低下し、切削による発熱も低下して工具摩耗の減少につながる。また溶着を抑制することにより、構成刃先の発生が抑えられて仕上げ面粗さが小さくなる。仕上げ面に関しては、この他工具刃先と仕上げ面間の潤滑や溶着防止効果が影響を及ぼす。しかしながら工具すくい面には切り

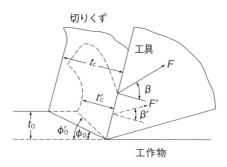

図 6.1 切削油の効果を模式的に示す図

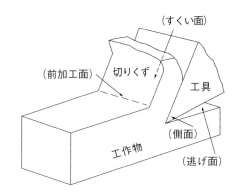

図 6.2 切削油の侵入経路

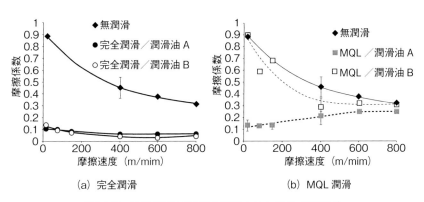

図 6.3 摩擦係数に及ぼす潤滑方法と粘性の影響[1]

くずによって大きな圧力が掛かっているため、切削油がどのようにして摩擦面や切削点に浸透して効果を発揮させるかについては十分明らかにされていない。切削油の侵入経路としては図 6.2 に示すように、工具すくい面、工具逃げ面、側面および前加工面の4方向が考えられるが、切削点にどのように切削油が到達し、潤滑に貢献しているかは必ずしも明確にされていない。

切削油の潤滑効果に関しては以下のようなことが知られている。まず切削油が工具と工作物の間の摩擦係数に及ぼす影響を調べた結果を図6.3に示す[1]。同図(a)は無潤滑と十分な潤滑油を与えた完全潤滑状態での摩擦係数を示しており、同図(b)は無潤滑と後述する MQL（極微量の潤滑油を圧縮空気とともに供給する方法）の場合の摩擦係数を示している。同図(a)から分かる

ように、乾式摩擦に比べて切削油を使用すると摩擦係数が大幅に低下し、特に摩擦速度が低い範囲でその効果は大きい。摩擦速度が上昇すると乾式摩擦における摩擦係数は低下し、潤滑油効果は相対的に低減する。潤滑油がある場合には、摩擦係数は潤滑油の種類に無関係に、また摩擦速度によらずほぼ0.1で一定である。同図(b)より、MQL潤滑の場合には摩擦係数は潤滑油の粘度、摩擦速度に大きく依存することが分かる。

摩擦挙動は潤滑油の供給量と粘度および接触時間に依存する。切削のように接触圧力が高く、また滑り速度が大きい場合には、潤滑油は数十分の1秒で無くなってしまう。ただ旋削やドリル加工のように工具と切りくずの接触が1秒以上あると、潤滑油は工具と切りくずの界面に入り込んでいく。断続切削の場合には、各切れ刃が切削を行う直前に接触部は潤滑されている。切削が開始する直前に界面に供給される潤滑油の量は、主として切削速度に依存する。すなわち高速切削では潤滑油が不足して乾式摩擦になることがあり、逆に低速切削では界面は十分潤滑されている。MQLの場合、潤滑油の成分に関係なく、潤滑油の粘度が油のミスト（油滴の大きさと流量）の生成に影響するため、摩擦に大きな影響を及ぼす。

切削油の第2の役割は、冷却効果である。切削で消費されるエネルギーの大半は熱に変換される。発生した熱の大部分は切りくずとともに持ち去られるが、残りは主として工具および工作物に伝わり、工具の熱的な摩耗、工作物の熱膨張、さらには仕上げ面の温度上昇による加工変質層の増大の原因となることから、これらを抑制するために冷却効果は重要である。特に、厳しい加工精度が要求される超精密切削では、厳密に温度を一定に制御した切削油を大量に供給して熱変形による精度低下を防止することも行われている。

切削油による冷却効果は、供給する切削油の比熱と供給量、さらに切削油と工具・切りくずの間の熱伝達によって決まる。図6.2における前加工面や側面からの冷却では、切削油は開放流れ状態で、熱伝達が行われる。他方、逃げ面から供給された切削油に関しては閉鎖空間での熱伝達が行われるため、その効果を定量的に把握したり、解析することは容易ではない。

切削油による切りくず処理が特に重要な例として、ガンドリルやBTA工具などによる深穴加工が挙げられる。これらの加工では強制的に切りくずを排出するため、切削油は圧油として切削点に供給される。通常の切削におい

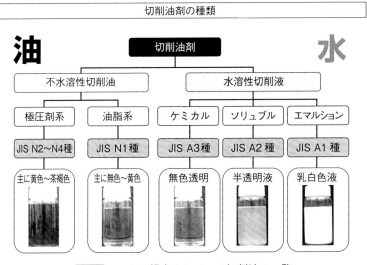

図 6.4 JIS に規定されている切削油の一覧

ても切りくずが工作物に絡み付いたり、加工点に残留することは好ましくないため、大量の切削油で切りくずを排除することも行われる。特に切りくずには切削熱の大半が伝えられるため、効果的かつ迅速な切りくずの排除は熱変形防止の観点からも重要である。

切削加工中に発生する構成刃先は成長・脱落を繰り返して仕上げ面を劣化させる。切削油に含まれる添加剤は切りくずと反応して新生面を不活性にし、工具表面に切りくずが溶着することを妨げ、構成刃先の生成を抑制する効果を有している。また油性の切削油は加工直後の仕上げ面の防錆効果も有している。

切削油は基本的に希釈せずに使用する不水溶性（油性）切削油と水に希釈して使用する水溶性切削油に大別される。図 6.4 は JIS に規定されている切削油の一覧を示す。以下に各種切削油の詳細について述べる。

▶ 6.1.1 不水溶性切削油

鉱油および脂肪油を主成分とし、極圧添加剤を含むものと含まないものがある。鉱油としては石油、スピンドル油、マシン油およびそれらの混合物が、

表 6.1 JIS 不水溶性切削油の分類（JIS K2241）と代表的な適用例

種別	内容
N1 種 1〜4 号	鉱油又は脂肪油を主成分として、硫黄系極圧添加剤を含まないもの ・腐食しやすい非鉄金属（銅およびそれらの合金）の加工 ・鋳鉄の切削加工に使用
N2 種 1〜4 号	N1 種の組成を主成分とし、硫黄系極圧添加剤を含むもの （銅板腐食が 150 ℃で 2 未満のもの） ・N3 種および N4 種に比べれば化学的に比較的安定 ・汎用油剤として一般切削加工に幅広く使用
N3 種 1〜8 号	N1 種の組成を主成分とし、硫黄系極圧添加剤を含むもの （硫黄系極圧添加剤を必須とし銅板腐食が 100 ℃で 2 以下、150 ℃で 2 以上のもの） ・極圧添加剤としての硫黄を必須成分とする ・構成刃先の抑制効果が大きく良好な仕上げ面が得られる
N4 種 1〜8 号	N1 種の組成を主成分とし、硫黄系極圧添加剤を含むもの （硫黄系極圧添加剤を必須とし、銅板腐食が 100 ℃で 3 以上のもの） ・インコネルなど難削材の加工に使用

また油脂油としては植物性のなたね油、大豆油、オリーブ油、テレピン油などと、動物性のラード油、鯨油などがある。極圧添加剤は高温高圧下での潤滑能力を持ち、焼付きを防止するもので、塩酸、リン、鉛、硫黄などの化合物から成っている。これらは高温・高圧において鋼中の鉄と化合して表面に硫化鉄や塩化鉄などの薄膜を形成し、固体潤滑剤として作用する。不水溶性切削油は潤滑性、抗溶着性に優れているため、良好な仕上げ面粗さや加工精度が要求される加工に適している。しかしながら不水溶性切削油の多くは、消防法による危険物に該当するため、法規に基づいた措置、火災の危険性に対する予防措置が必要である。JIS 規格（JIS K2241 切削油剤）による不水溶性切削油の分類と代表的な適用例を**表 6.1** に示す。

▶ 6.1.2　水溶性切削油

　水溶性切削油は基本的に不水溶性切削油の成分に加えて界面活性剤を加えたもので、水で希釈して使用するため、引火の危険性がないので無人化切削に適している。しかしながら逆に適切な濃度の維持、腐敗や臭気の予防が必要であり、設備や工作物のさびに注意する必要がある。また凝集処理などを

表6.2 水溶性切削油の分類（JSI K2241）と代表的な適用例

A1種 エマルション 1〜2号	鉱油や脂肪油など水に溶けない成分と界面活性剤からなり、水に加えて希釈すると外観が乳白色になるもの 不揮発分80％以上 ・希釈すると白濁した液となり、一般にエマルションと呼ばれる ・硫黄系極圧添加剤を含まないものは鋳鉄、非鉄（アルミ、銅およびその合金）および鋼の切削加工に使用されることが多い
A2種 ソリュブル 1〜2号	界面活性剤など水に溶ける成分単独、または水に溶ける成分と鉱油や脂肪油など水に溶けない成分からなり、水に加えて希釈すると外観が半透明ないし透明になるもの 不揮発分30％以上 ・希釈すると半透明もしくは透明液となり、ソリュブルと呼ばれる ・鋳鉄、非鉄（アルミ、銅およびその合金）および鋼の切削加工や研削加工に使用 ・エマルションに比べると洗浄性、冷却性が高い ・主成分は界面活性剤、他に各種添加剤が併用される
A3種 ケミカル ソリューション 1〜2号	水に溶ける成分からなり、水に加えて希釈すると外観が透明になるもの 不揮発分30％以上 ・希釈すると透明液となり、（ケミカル）ソリューションと呼ばれる ・優れた消泡性を有するため研削加工を主体に使用されている ・水溶性切削油剤の中で最も冷却性が高く、防錆性に優れる

行った後の排水を河川や海洋に排出するときには水質汚濁防止法に定められた排水基準を満たさなければならない。鉱油を主体とするものがエマルション（乳化油）、界面活性剤を主体とするものがソリュブル、無機塩類を主体とするものがソリューションである。いずれにも防腐剤、消泡剤が添加される。**表6.2**にJIS規格による水溶性切削油剤の分類と代表的な適用例を示す。

各種切削油の一般的な性能を比較すると、**表6.3**のようにまとめることができる。不水溶性切削油と水溶性切削油を比較すると、一般的にアルミニウムの高速切削や難削材の高能率切削のように、高能率切削では大量に水溶性切削油が用いられ、仕上げ面性状が重要となる仕上げ切削では不水溶性切削油が用いられることが多い。市場に出荷される切削油は、**図6.5**に示すように不水溶性と水溶性ではほとんど同じ量である。しかしながら実際の使用現

表6.3 切削油の一般的な性能比較

切削油の種類	潤滑性	防錆性	冷却性
不水溶性切削油	◎	◎	×
エマルション形切削油	○	○	△
ソリュブル形切削油	○	○	○
ソリューション形切削油	×	○	◎

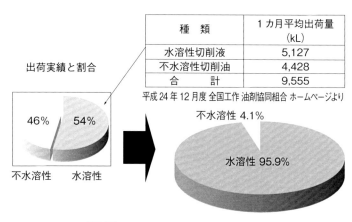

図6.5 切削油の出荷割合と使用実績

場では水溶性切削油は水で希釈されて使用されるため、使用量としては水溶性切削油が圧倒的に多い。

6.2 切削油の供給方法とその効果

切削油を供給する方法は、図6.6に示すように切削油ポンプを用いてノズルから切削点に注ぐ方法が一般的である。切削油供給ノズルの例を図6.7に示す。最近では切削点に効果的に切削油を供給するための様々な工夫がなさ

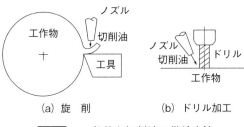

図 6.6 一般的な切削油の供給方法

図 6.7 切削油供給ノズルの例

れ、また後述する環境に対する配慮から、従来にはない切削油や供給法が開発されている。以下に代表的な例を示す。

▶ 6.2.1 オイルホールによる給油

ドリル加工では穴の深さが大きくなると、切削油を適切に切削点に供給することが困難となる。そこで4.2.2項に示したようにドリルに穴（オイルホール）を設け、主軸を通じて切削点に切削油を供給する方法も行われている。主軸を介してオイルホールを通じて切削点に切削油を供給する方法は、他にもエンドミルや各種フライス工具でも利用されている。**図 6.8** はオイルホールを利用した切削油供給法の具体例として、ドリル、エンドミルおよびフライスカッタにオイルホールを設けたものを示している。いずれも切削点に切削油を供給するだけでなく、圧力を掛けて切削油を供給することにより、切りくずの排出を容易にしている。

(a) オイルホール付きドリルの例
（三菱マテリアル）

(b) エンドミルのオイルホールから切削油が噴出している例（菱高精機）

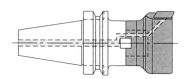

(c) オイルホール付き正面スライスカッタ（NTツール）

図6.8 オイルホールによる切削油の供給

なお2.2節で示したように、深穴加工を行うガンドリルにもオイルホールが設けられ、切削油の供給と切りくず排出が行われている。

▶ 6.2.2 （超）高圧切削油供給法

主として難削材の加工において、（超）高圧の水溶性切削油（高圧クーラント）を強制的にすくい面と切りくずの間にジェットとして供給し、工具を冷却するとともに、切りくずを強制的に曲げてカール半径を小さくしたり、分断する試みもある。この場合の供給圧力は高い場合には30 MPaにも達する。旋盤用超高圧工具ホルダから切削油を供給している例と、切りくずを分断するイメージ図を**図6.9**に示す。この方法によりチタン合金やニッケル基合金などの難削材の切削において工具寿命が大幅に低下することが報告されている。一例として、チタン合金（Ti6Al4V）の旋削において、高圧潤滑油の供給圧力が工具摩耗と切りくずに及ぼす影響を調べた実験結果を**図6.10**に示す[2]。なお、高圧クーラントによる切りくず処理については、14.3.3項で詳しく述べる。切削油が基本的に有している潤滑効果、冷却効果に加えて、

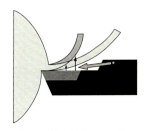

(a) 旋盤用超高圧切削油供給工具ホルダ　(b) 超高圧切削油供給による切りくず
　　（Seco Tools）　　　　　　　　　　　　　曲げのイメージ図（トクピ製作所）

図 6.9　超高圧切削油供給法

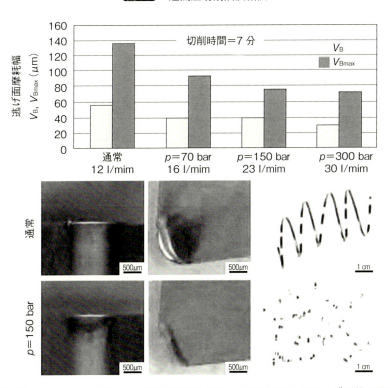

図 6.10　Ti6Al4V 旋削において高圧潤滑油の圧力が工具摩耗と切りくず形状に及ぼす影響（切削速度＝60 m/min、送り量＝0.2 mm/rev、切込み＝1 mm）[2]

高圧クーラントによる機械的効果が、最終的に作業の安全性、生産性向上にどのように貢献するかをまとめて**図 6.11**に示す。高圧ジェットの機械的な

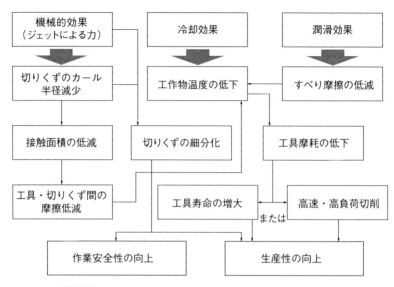

図6.11 すくい面への高圧ジェット切削液供給の効果[2]

表6.4 高圧クーラントの利点と効果[3]

基本作用	派生的な効果
切りくずの切断 切りくず処理	切りくずの巻き付き防止 傷の無い高品位の仕上げ面 穴あけにおける切りくずの詰まり防止 ステップ加工（ペッキング）不要の深穴加工 完全無人化加工
工具の冷却 切削温度の低下	工具摩耗の低減 工具寿命の延長 異常摩耗の低減 加工精度の向上 仕上面残留応力の低減 高速切削（切削の高速化）
高圧洗浄	バリ取り 仕上げ面への切りくず溶着防止 工具への切りくず溶着防止

力によって切りくずが曲げられ、切りくずの曲率半径が減少することが大きな効果をもたらしている。高圧クーラントの利点と効果をまとめると**表6.4**

のようになる[3]。

　高圧クーラントは旋盤用バイトなどでは比較的容易に利用することができるが、フライス工具のように回転する主軸を介して供給する必要がある場合には、特殊な供給装置が必要となる。また高圧ポンプなどの高価な設備が必要となり、さらに切削油の飛散防止や後処理なども問題となる。そのため難削材の切削など、他に良い方法が無くて、高圧クーラントの利点が生かされる場合に利用されることが多い。

▶ 6.2.3　MQL（ニアドライ）切削法

　後述する環境問題の観点から、切削油の供給量を極力少なくし、極微量の切削油を圧縮空気とともに切削点に吹き付けて切削を行う方法を MQL（Minimum Quantity Lubrication）切削またはニアドライ切削という。この場合切削油の供給量は1時間当たり 2～200 ml 程度と極く微量である。この方法は供給する切削油の量が極く僅かでも、供給する不水溶性切削油の潤滑効果を期待したもので、場合によっては通常の切削油を供給した場合よりも工具寿命が向上することが報告されている。

　旋盤用バイトのすくい面側および逃げ面側から圧縮空気とともに微量の切削油を吹き付けている写真を図 6.12 に示す。MQL に対応した旋盤用バイトと中ぐり工具の例を図 6.13 に示す。図には圧縮空気とともに供給される切削油の出口、ならびに切削油の供給口も示している。

図 6.12　MQL 潤滑の状況（フジ BC 技研 HP）

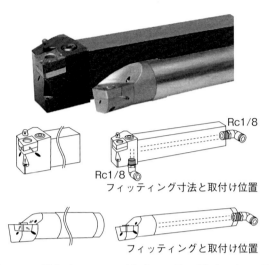

図6.13 MQL対応バイトおよび中ぐり工具の例（フジBC技研HP）

　MQL切削が有効な例として、高硬度材料のハードターニングがある。ハードターニングは焼入れ処理後の高硬度鋼（50～65 HRC）の仕上げ加工を行うもので、CBN工具によるドライ切削が行われることが多い。ここでMQL切削の効果を示す実験例を図6.14に示す[4]。図は外周旋削、端面旋削、内面旋削などにおいて、通常の切削油を供給した場合と、MQL切削を行った場合に、加工し得る工作物の個数を比較したもので、MQL切削によって、加工し得る工作物の数が飛躍的に増加していることを示している。またこの場合、工具の寿命が延びて切削可能な工作物の数が増加しただけでなく、切削面への切りくずの溶着が減少したと報告されている。また特に中ぐり加工では切りくず処理性も向上すると言われている。MQLが有効な例として、この他アルミニウムの切削、金型の切削、クランクシャフトの小径深穴加工などが報告されている[4]。

　なおMQL切削では、環境問題に加えて、単に切削油の消費量が少なくて済むというだけでなく、設備投資と原価償却、切削油ポンプの電力消費、廃液の処理費、切削油の混合・補給・管理・清掃などに関わる人件費も低減させることができるため、総合的に判断して通常の湿式切削に比べてコストは40％程度で済むという報告もある。通常の切削油供給による潤滑とMQL

第6章 切削油とその供給法

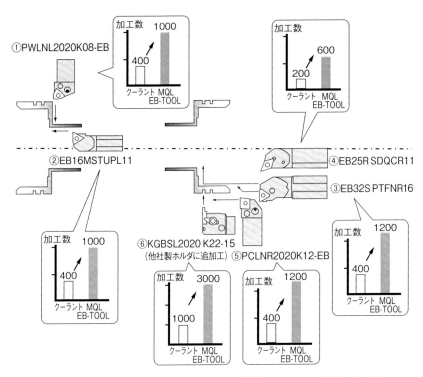

図6.14 ハードターニングにおける通常潤滑とMQLの効果の比較[4]

表6.5 通常潤滑とMQLの比較

項　　目	通常潤滑	ＭＱＬ
切削油供給量の単位	ℓ／分	mℓ／時間
切削油供給方法	ポンプによる循環供給	圧縮空気による供給
消費電力源	クーラントポンプ	圧縮空気
廃油・廃液	あり	なし
切りくず	ぬれている	乾いている
作業環境	悪い（ミスト、液体）	良好

をまとめて比較すると表6.5のようになる。MQLは切削油の供給量が極めて少ないことによる利点を有しているが、冷却効果が少ないことから、その

133

効果を十分に発揮させるためには特性を理解して応用する必要がある。

▶ 6.2.4 低温切削

チタン合金のように熱伝導率が低い難削材の切削においては、切削温度が高くなり工具の摩耗は機械的な摩耗よりも熱的な摩耗が支配的となる。そこで切削域で発生した熱を強制的に取り除くために低温切削が提案されている。工具を効果的に冷却するために液体窒素（LN_2）、あるいは固体（ドライアイス）と液体が混合した炭酸ガス（CO_2）が使用されることがある。窒素は常圧において−195.8°で液体となり、炭酸ガスは−78.5°で固体と気体の混合物となる。

冷却効果に加えて、液体窒素、窒素ガス、ドライアイスや炭酸ガスを潤滑油や摩擦低減材料として使用するという点に関しては、まだ十分な理解が得られていない。液体窒素がニッケル基合金（インコネル718）の切削において、大幅な摩擦低減効果があると報告されているが、これは切削点における酸素の欠乏によるものと考えられている。またチタン合金の切削においては、酸化された面が摩擦挙動に大きく影響することも知られている。さらに窒素も炭酸ガスも気化するので、工作物を油で汚染することがないという利点もある。

一例として、チタン合金（Ti6Al4V）のエンドミル切削において液体窒素（LN_2）冷却を行っている状況を**図6.15**に示す[2]。同図には大量の切削油を供給しながら切削を行う湿式切削と液体窒素冷却切削における工具摩耗の進展も比較して示している。同図より、通常の湿式切削に比べて液体窒素冷却切削の方が、工具摩耗の進展がはるかに少ないことが分かる。

低温切削はまだ研究段階であるが、例えば回転主軸を通して冷却媒体を供給する方法などの開発も行われている。また低温切削とMQLの組み合わせも検討されている。

▶ 6.2.5 その他の方法

切削油を効果的に切削点に供給するため、超音波振動エネルギーを利用する方法や、切削油の代わりに冷却効果を得るため、冷風を吹き付ける方法なども考案されているが、あまり実用に使われていない。また切削油ではないが、

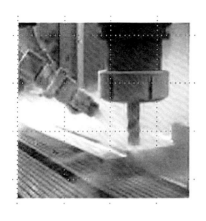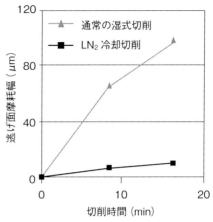

図6.15 チタン合金（Ti6Al4V）のエンドミル切削における液体窒素（LN$_2$）冷却実験の状況と大量の切削油を供給する湿式切削とLN$_2$冷却切削における工具摩耗の比較[2]
（切削速度；100 m/min、エンドミル直径；10 mm、半径方向切込み；8 mm、軸方向切込み；5 mm、送り；0.03 mm／刃）

　主として難削材の切削において、切削点直前に局所的にレーザを照射して加熱、軟化させ工具寿命の伸長を図る試みもある。

　最も単純な切削油供給法として、後述する超精密切削では、切削速度が比較的低く、工作物の大きさに比べて切削点が局所的であることから、単に工作物表面に切削油を塗布する方法が採用されている。

6.3 切削油と環境対応

　ここで改めて切削油に求められる性能をまとめると**表6.6**のようになる。この内1次性能については既に述べたとおりであり、切削油を使用する上で基本となるものである。2次性能は主として切削油を使用する現場において、

表6.6 切削油に求められる性能のまとめ

要求される性能の項目		具体的な性能
1次性能	切削性能（潤滑性、冷却性など）	・工具寿命の伸長 ・良好な仕上げ面の創成（・切削精度の向上）
2次性能	防錆性・非鉄金属の防食性	・工作物の防錆　・工作物（鉄、アルミニウム、銅など）、工作機械を腐食させない
	液の安定性	・変色、分離、析出物の発生をしない ・固化しない
	消泡性	・切削油タンクから泡がこぼれない
	防腐性	・長期間の使用においても菌の増殖による性能劣化をしない
3次性能	作業環境性	・皮膚への刺激、臭気、健康被害物質の排除 ・加工後の洗浄がしやすい・ベタつきがない・作業効率に影響しない
	地球環境への負荷低減	・環境ホルモン、富栄養化など環境汚染物質が少ない（良好な廃油・排水処理性）
	低コスト	・使用寿命が長い（⇐原油供給量の低減） ・長期使用中に劣化しない 　　　　　　　　　　（⇐切削油更新頻度の低減） ・廃液処理のコストが低い 　　　　　　　　　　（⇐地球環境への影響低減） ・工作機械などを劣化させない 　　　　（⇐樹脂、ゴム、塗装などを劣化させない）

実務上要求される項目である。現場では特に水溶性切削油の泡の発生、さびの問題と腐食など切削液の寿命が問題として認識されている。切削油メーカー各社が切削油を製造する上で、各種の添加剤を工夫するのはこの点である。

　最近では作業者の健康被害や地球環境に対する配慮が重要であると認識され、3次性能の重要性が増している。特に毒性に関しては、ミストとして体内に吸収された場合の毒性、接触した場合の皮膚への刺激やかぶれ、臭気など作業者の健康に害を与えないことが重要である。こうしたことから、切削油の開発に当たっては、ベース油や添加剤の低毒性、無害性が考慮されている。

　切削油が腐食したり変色・固化しないことは重要であるが、最終的に廃油、

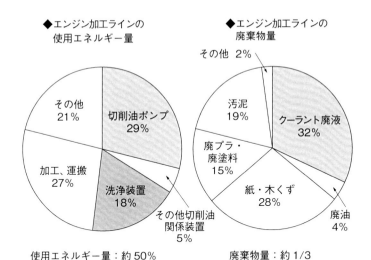

図6.16 エンジン加工ラインの使用エネルギーと廃棄物に占める切削油の割合[5]

排水として処理される場合には環境汚染につながらないことが求められる。また切削油関連装置の消費電力が少ないことは、炭酸ガス（CO_2）排出量の削減にもつながり、地球温暖化防止に貢献することにもなる。自動車のシリンダブロック加工ラインにおいて、切削油関連の使用エネルギー量と廃棄物の割合を調べた例を図6.16に示す[5]。まずエネルギーに関してみれば、一般に工作機械の主軸を駆動し、実際に切削を行うために消費される電力よりも、圧縮空気の製造、切削油機器や油圧機器の駆動に消費される電力が相対的に大きいことは良く知られているとおりである。この例では切削油関連で使用エネルギーの約50％が消費され、廃棄物の約1/3が切削油の廃棄物となっている。

こうしたことから上述したように、切削油をできるだけ使用しないMQLや全く使用しないドライ切削が注目を浴びているが、現実には切削油を使用しない切削加工は限られている。その意味で切削油は必要悪であるとも言える。また最終的には表6.6に示すように、全体的な観点からの低コスト化を目指すことが重要である。

参 考 文 献

1) S. N. Melkote ほか："Advances in material and friction data for modelling of metal machining", Annals of the CIRP, 66-2 (2017) 731.
2) R. M'Saoubi ほか："High Performance cutting of advanced aerospace alloys and composite materials", Annals of the CIRP, 64-2 (2015) 557.
3) 帯川利之："高圧クーラントが加工の高度化をすすめる"、機械と工具、(2017.9) 10.
4) 伊藤学："現場から実現する環境改善～セミドライ加工～"、機械と工具、(2016.8) 12.
5) 鳥居元ほか："MZR1.3/1.5 シリンダブロック加工ラインの紹介"、マツダ技法、21（2003）138.

第7章

切削加工用工作機械

　高速・高能率加工、精密・超精密切加工は切削加工が最も得意とするところの1つであるが、それが実現できた背景には、工具技術の進展とともに、工作機械技術の発展が欠かせない。また工作機械は数値制御（NC）というデジタル制御技術を導入することにより、飛躍的に発展した。特に各種産業機械、自動車、航空機、金型などに使用される複雑な形状、自由曲面形状を有する部品を加工する技術は工作機械のNC化を抜きに語ることはできない。また更にIT技術と組み合わせることにより、工作機械および機械加工システムは長時間無人で稼働することも可能となっている。工作機械技術が切削加工技術に及ぼす影響は極めて重要であり、その現状と将来動向を理解しておくことが重要である。

7.1 工作機械の定義と分類

　切削加工用工作機械とは切削工具と工作物を保持し、その両者に相対的な運動を与えて工具と工作物が干渉した部分を切りくずとして除去し、工具表面の形状を工作物表面に転写して仕上げ面を創成する加工機械であると言える。この場合、工具と工作物に与えられる相対運動は、機能的には切削運動、送り運動および位置決め運動に分けられる。切削運動は切りくずを排出するための基本となる運動であり、送り運動は切削中に工具と工作物の相対的な位置関係を制御して工作物を望む形に加工するための運動である。位置決め運動は工具が切削を開始する前に、工具と工作物の相対的な位置を決定する運動である。

　このような運動はいずれも形態的には回転運動と直線運動に分けられる。特に送り運動と位置決め運動に関しては、通常3次元空間内で直交する3軸方向の直線運動と各軸周りの回転運動からなっており、複雑な運動も全てそれらの組み合わせで実現される。一般に工作機械の直交座標系は、主軸の回転軸をZ軸とし、それに直交するX軸およびY軸は機械の形態に合わせて設定される。またX軸、Y軸およびZ軸周りの回転軸はそれぞれA軸、B軸およびC軸と定義される。

　切削運動と送り運動の形態、およびそれらを工具と工作物のいずれが主体的に担うかによって、代表的な汎用工作機械を分類すると**表7.1**のようになる。まず切削運動についてみれば、直線運動よりも回転運動の方が容易に高速化することが可能であるため、特殊な場合を除いて基本となる切削運動は回転運動を採用している工作機械が多い。また直線切削運動を採用すると、実際に切削を行う運動（ストローク）に加えて、工具・工作物の位置関係を元の位置に戻すための戻りの工程が必要となるため効率が悪い。こうしたことから表中の形削り盤や平削り盤は、もはや歴史上の工作機械であって、現状では製造されておらず、ほとんど使用されていない。大形工作物の表面を

表7.1 運動形態に基づく代表的な汎用工作機械の基本的な分類

			送り運動			
			連続		間欠	
			工具	工作物	工具	工作物
切削運動	回転	工具	ボール盤 中ぐり盤	フライス盤 中ぐり盤 プラノミラー ホブ盤（回転）		
		工作物	旋盤			
	直線	工具				形削り盤 立削り盤 ブローチ盤 歯車形削り盤（回転）
		工作物			平削り盤	

加工する平削り盤は、実際にはプラノミラーに取って代わられていると言ってよい。直線切削運動を採用している立削り盤、ブローチ盤、歯車形削り盤は、工具の形を工夫することにより、一度の直線切削運動で必要な加工面が得られるようにしている。

　工作物が回転する工作機械では、基本的に円筒面などの回転対称面が加工される。それに対して工具が回転する工作機械では、工具と工作物の間の相対的な送り運動を制御することにより、平面や自由曲面を含む複雑な形状の面が加工される。また一般に主軸が水平方向に設定されている工作機械は"横形"、垂直方向に設定されている工作機械は"立形"と呼ばれる。工作機械の基本的な形態とその特徴を理解するため、以下に従来からあるいわゆる汎用工作機械を中心に説明する。また代表的な工作機械の例を図7.1(a)～(f)に示す。

▶ 7.1.1　旋盤（Lathe または Turning machine）

　回転する主軸に取り付けたチャックを用いて工作物を片持ちで固定するか、場合によっては他端を心押し台に取り付けたセンタを利用して両端支持し、工作物に回転切削運動を与える。同時に刃物台に取り付けられたバイトあ

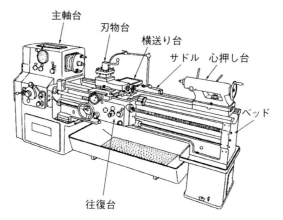

図7.1(a) 代表的な工作機械（汎用旋盤）（JIS B0105）

いはその他の単刃工具を回転軸方向あるいはそれに直角な方向に移動させながら、円筒面など回転対称面を加工する。また心押し台にチャックに取り付けたドリルを固定し、軸方向に送りながら、工作物中心に穴あけ加工を行う。歴史的にも最も古い工作機械である。円筒面切削の他、端面切削、テーパ切削、きりもみ、中ぐり、ねじ切り、突切りなど多くの種類の加工ができる。普通旋盤の他に、卓上旋盤、タレット旋盤、自動旋盤、立旋盤、ロール旋盤、車輪旋盤、超精密旋盤などがあるが、最近ではNC旋盤および後述するターニングセンタなどの複合旋盤が主流を占めている。なお大型の工作物を加工する場合には、水平面内で回転するテーブルに工作物を積載し、端面や側面を加工する旋盤が用いられる。この旋盤は回転主軸が垂直方向に設定されているため、立て旋盤と呼ばれる。

▶ 7.1.2 ボール盤（Drilling machine）

　主軸に取り付けたドリルを回転させながら軸方向に送り、穴を加工する。比較的安価で使いやすい機械であるが、加工精度、能率はあまり高くない。直立ボール盤、ラジアルボール盤、タレットボール盤、多軸ボール盤などがあるが、最近では後述するマシニングセンタで代用されることが多い。

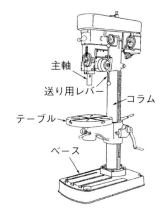

図7.1(b) 代表的な工作機械
（ボール盤）（JIS B0105）

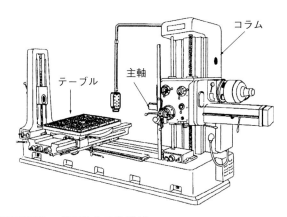

図7.1(c) 代表的な工作機械
（テーブル形横中ぐりフライス盤）（JIS B0105）

▶ 7.1.3 中ぐり盤（Boring machine）

直径に対して比較的長さが大きい中ぐり工具を回転させながら軸方向に送って（工作物が送られることもある）高精度の穴加工を行う。フライス加工などの平面加工も可能である。特に高精度な加工を行うことができる横中ぐり盤、ジグ中ぐり盤、精密中ぐり盤などがあるが、最近では特殊な場合を除いて後述するマシニングセンタで代用されることが多い。

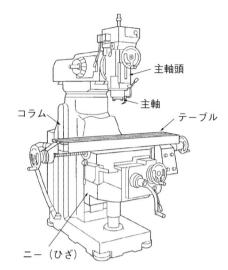

図7.1(d) 代表的な工作機械
（ひざ形立フライス盤）（JIS B0105）

▶ 7.1.4　フライス盤（Milling machine）

　主軸に取り付けた各種フライス工具を回転させながら、工作物（あるいは工具）に送り運動を与えて平面や曲面更には自由曲面など複雑な形状を加工する。自由曲面などを加工する場合、あらかじめフライス工具に創成すべき形状を転写したフライス（総形フライス）を用いて加工する場合と、エンドミルのような小径工具を用いて、創成すべき形状に合わせた送り運動を与えることによって加工する場合がある。最近では後述する数値制御技術が発達したことから、容易に複雑な送り運動を正確に生成することが可能となり、後者の方法が取られることが多い。フライス盤にはベッド形フライス盤、ひざ形フライス盤、万能フライス盤、NCフライス盤などがあるが、最近では高能率・高精度な加工を行うことができるマシニングセンタ、さらには5軸マシニングセンタが主流を占めている。

▶ 7.1.5　プラノミラー（Planer mill）

　ベッド上を長手方向に移動するテーブルに工作物を取り付け、クロスレールまたはコラムに沿って移動する主軸頭に取り付けたフライス工具で加工

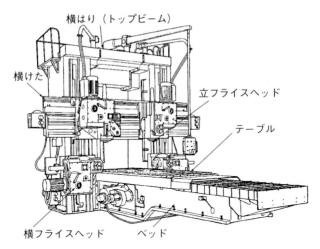

図 7.1(e)　代表的な工作機械（プラノミラー）（JIS B0105）

を行う。もともとはフライス工具ではなくバイトを固定して、長手方向の直線切削運動で工作物を平面加工する平削り盤（プレーナ）であったが、バイトの代わりにフライス工具を用いることにより生産性を上げることを可能にした機械であり、平削り盤（プレーナ）とフライス盤（ミリングマシン）の両方から名前を付けたものである。フライス盤の一種である。フライス主軸頭は旋回できるものもあり、主軸は垂直方向だけでなくアタッチメントを用いて水平方向にも取り付けられるようにしたものもある。コラムが1つのものを片持形、2つのコラムを持つものを門形と言い、特に大形の工作物を加工する機械では、テーブルがなく門形のコラムが長手方向に移動するものもある。基本的に大形の工作物の加工に用いられる。

▶ 7.1.6　ホブ盤（Hobbing machine）

　ホブと呼ばれる総形工具を主軸に取り付けて回転切削運動をさせながら、円盤状の工作物に回転送り運動、工具に工作物軸方向の送り運動を与えて、創成方式により歯車を加工する。能率よく歯車を加工することができる工作機械であるが、歯車加工機としてはこの他歯車形削り盤などがある。ホブを水平方向に取り付けて平歯車を加工する他、ホブを斜めに取り付けてはすば歯車を加工することもできる。

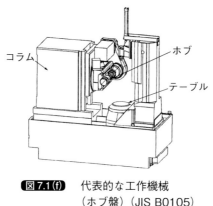

図 7.1(f)　代表的な工作機械
（ホブ盤）（JIS B0105）

　工作機械としては、この他特殊な用途に用いられる専用工作機械、単能工作機などがある。また極めて高精度の加工を行う、超精密工作機械もある。最近はほとんどの工作機械が数値制御装置を具備した数値制御工作機械となっている。数値制御工作機械については後述する。

7.2 工作機械の基本構成要素

　工作機械構造を構成する基本的な構成要素は構造体、回転主軸および直線送り機構（必要に応じて回転送り機構が用いられることもある）である。それぞれの主要な構造および特性について以下簡単に紹介する。

▶ 7.2.1　構造体

　工作機械のベース、ベッド、コラムなどの主要な構造要素の多くは鋳鉄製で、一部は鋼板の溶接構造が用いられる。構造体は軽量でしかも高い剛性を有することが求められるため、形状が複雑になることが多く、鋳造構造が多いのはそのためである。またまれに高分子コンクリート構造の工作機械も存

表7.2 工作機械に作用する力

力の種類		具体的な力	関連する機械の特性
静的力	自重	クロスレール、テーブル、主軸頭など	静剛性、運動精度
	締付け力・固定力	工作物の把持力（チャック、バイスなど）、心押し台、テーブルの固定など	静剛性、運動精度
	切削力	切削力の静的成分、トルク、スラスト	静剛性、運動精度
動的力	切削力	切削力の動的成分、断続切削力	動剛性（自励びびり振動）
	強制力	主軸回転、送り系の駆動に伴う強制振動力	動剛性（強制びびり振動）
	慣性力	テーブルなどの往復運動時の反転衝撃力	動剛性、運動精度
準静的力	慣性力	テーブル、主軸頭などの運動に伴う慣性力	運動精度
	摩擦力	稼働要素の摩擦力	スティック・スリップ、運動精度
	移動自重	主要構成要素、工作物の移動に伴う自重変動	運動精度
	熱変形力	熱変形に伴う変形力	熱剛性、運動精度

在する。工作機械には**表7.2**に示すように様々な力（静的、動的、準静的）が作用する。そのため特に工作機械構造の剛性は加工精度や加工中に問題となるびびり振動に直接影響する重要な項目である。また、加工精度の観点からは後述する熱変形が小さいことが重要である。この他、切りくずの排出が容易であること、経年変化が少ないことなどが求められる。

　従来形の汎用工作機械はオペレータが機械を操作することを基本としていたため、人間工学的な観点から機械の形態・大きさやハンドルの位置などを考慮して構造体が設計されていた。しかしながら現在の工作機械は数値制御によって制御されており、オペレータは直接工作機械に触れることなく、機械の前面に設置された操作盤を操作するのみとなったため、工作機械構造は大きく変化してきている。例えば旋盤では視認性を良くするため刃物台がオペレータ側に近い前面に配置されていたのに対し、反対側に設置されたり、ベッド自身も水平構造から切りくず処理が容易なスラント形（傾斜形）になったりしている。さらに工作機械構造の基本設計に当たっては、工作物の着脱の容易さや、機械の剛性、熱変形対策を優先した構造が採用されるようになっている。

▶ 7.2.2 主軸と主軸受

　主軸は加工精度、加工能率を支配するという意味で、最も重要な要素である。一般に軸受としては、すべり軸受、転がり軸受、静圧軸受の3種類があり、いずれも工作機械に利用されている。この内転がり軸受は図7.2に示すように、主軸を保持する内輪と主軸頭ハウジングに固定された外輪の間に、球やころの転動体が介在して軸を保持する。その他の軸受は内外輪の間に転動体の代わりに流体（油や空気）を介在させている。その内、軸の回転に伴って軸受内に発生する動圧で軸を保持する軸受を動圧軸受（すべり軸受）と言い、その原理を図7.3に示す。外部から強制的に圧力を加えた流体を供給して軸を保持する軸受を静圧軸受と呼ぶ。図7.4は静圧軸受とこの原理を応用した静圧案内の基本原理を示している[1]。

　工作機械に利用される動圧軸受は負荷能力の関係で、油を介在させた油す

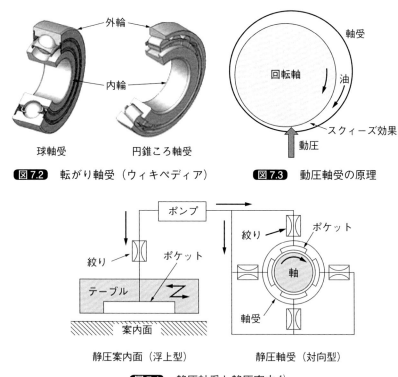

図7.2　転がり軸受（ウィキペディア）　　図7.3　動圧軸受の原理

図7.4　静圧軸受と静圧案内 [1]

べり軸受が使用されることが多いが、安定した負荷能力を維持するためには、主軸回転数が一定であることが望ましく、通常は主軸回転数が一定の研削盤に利用されており、現状では主軸回転数が広範囲に変化する切削工作機械にはほとんど利用されない。油や空気を利用した静圧軸受は、特に回転精度が高く、主に後述する超精密工作機械に利用される。

切削工作機械では、最適な切削条件（切削速度）で加工を行うため、主軸の回転数範囲が極めて広く、軸受としては主軸回転数に無関係に負荷能力を有する転がり軸受が使用されることが多い。なおこの他、主軸を対抗する電気磁石で吸引して主軸を空間内に浮遊させて支持する磁気軸受もある。この軸受では内外輪間に空気しか存在しないため摩擦が極めて小さく、超高速回転が可能であるが、特殊な工作機械を除いてほとんど実用されていない。

マシニングセンタなど通常の切削工作機械に利用される転がり軸受の内、切削負荷が直接作用する主軸前面の前部軸受には剛性が高いころ軸受（ローラベアリング）が使用され、後部の軸受には球軸受（ボールベアリング）が使用されることが多い。ころ軸受は軸受内外輪の間に存在するころ（円柱またはテーパころ）が線接触するため支持剛性が高いが、摩擦ロスによる発熱が大きい。そのため高速回転主軸では前部軸受にも球軸受が使用されることが多い。軸受は基本的に軸方向力を支持するスラスト軸受と、半径方向力を支持するラジアル軸受および両者を支持する軸受の3種類がある。また特に前部軸受は切削力に対する負荷能力を高めるため、複数の軸受を前後に並べて複列軸受とすることが多い。

なお高速回転では球など転動体の公転に伴う遠心力が問題となるため、高速主軸に使用される球軸受の球は、鋼よりも軽く強度も高いセラミックスが利用される。切削工作機械では、比較的低速で重切削を行うことを主目的にした工作機械と、軽負荷で高速切削を行うことを主目的とした工作機械に分類されることがあるが、これは主として使用する主軸受の特徴およびモータの特性によるものである。

転がり軸受では、軸受の潤滑と冷却は重要な問題となる。回転数が低い場合には、グリースによる潤滑で済むことがあるが、多くの場合潤滑油を供給して潤滑が行われる。この場合潤滑油が多すぎると潤滑油を撹拌することによる発熱が問題となる。そこで高速回転する軸受では、多くの場合極く少量

表7.3 切削工作機械に利用される軸受の特徴

	転がり軸受		静圧軸受	
	球軸受	ころ軸受	油静圧軸受	空気静圧軸受
運動精度	○	○	◎	◎
負荷容量	○	◎	◎	×
静剛性	○	◎	◎	○
減衰性	×	×	◎	△
高速回転	○	△	△	◎
温度上昇	○	△	△	◎
保守性	◎	◎	△	△
寿命	△	△	◎	◎
コスト	◎	◎	×	×

注：◎；特に優れる、○；優れる、△；普通、×；劣る

の潤滑油を圧縮空気とともに供給してこの問題を解消するとともに、必要な潤滑性能を確保する方法が採用されている。軸受の発熱は主軸の熱膨張や主軸頭の熱変形を引き起こして加工精度の低下につながるため、多くのマシニングセンタでは主軸頭に温度一定の潤滑油を循環させて冷却を行っている。切削工作機械に利用される軸受の特徴を比較して**表7.3**に示す。

主軸回転数の目安としては、軸受平均直径Dm（mm）と回転数N（min^{-1}）の積であるDmN値が目安とされることが多く、一般にこの値が10^6以上の主軸は高速主軸と呼ばれる。通常採用されている主軸の最高回転数は旋盤系の工作機械で毎分数千回転程度、マシニングセンタで毎分1～2万回転程度である。小径の主軸では毎分数万回転の主軸も珍しくない。広く採用されているモータ組み込み形（ビルトイン）の旋盤主軸の例を**図7.5**に示す。

　主軸の運動精度は加工される工作物の形状精度に直接反映されることから、主軸には特に高い運動精度が求められる。回転主軸の誤差運動は**図7.6**に示すように、軸方向誤差運動、半径方向誤差運動および傾き誤差運動に分けられる。それぞれの誤差運動によって生じる工作物の加工誤差は加工方法・形態によって異なり、誤差運動が直接加工精度に影響を及ぼす場合と、あまり

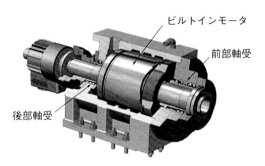

図 7.5 工作機械主軸の例（旋盤主軸）

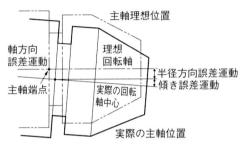

図 7.6 回転主軸の誤差運動

重要でない場合とがある。主軸には直接切削力が作用するため、半径方向および軸方向の静的・動的剛性が高いことが求められる。

▶ 7.2.3　送り駆動機構

　工作物や主軸を直線状に移動させる送り駆動機構は、**図 7.7** に示すように直線状の案内（ガイド）に沿ってテーブルなどの移動体（スライダ）が移動する構造となっている。ここで重要なのは、案内面の精度が確保されていること、および移動体が案内に沿って滑らかに移動することである。移動体の座標系を図のように直交する X 軸、Y 軸、Z 軸とすると、X 軸に沿った運動精度は位置決め精度であり、Y 軸および Z 軸に沿った精度は真直度と呼ばれる。当然ながら X 軸、Y 軸、Z 軸周りには回転することは許されないが、それぞれの軸周りの回転誤差はそれぞれローリング、ヨーイングおよびピッチングと呼ばれる。これらの運動誤差はいずれも加工誤差の原因となる。

　案内面の方式として利用されているものは基本的に、(a)すべり案内、(b)

151

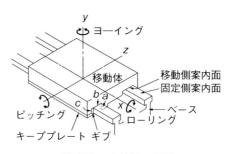

図7.7 直線送り機構

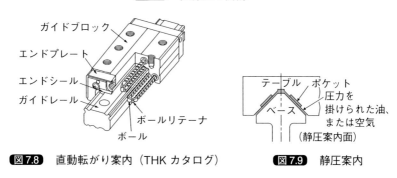

図7.8 直動転がり案内（THK カタログ）　　**図7.9** 静圧案内

　転がり案内および(c)静圧案内の3種類である。すべり案内方式は、図中のaあるいはbの案内面に摩擦係数が低いフッ素系の樹脂を張り付け、案内面に潤滑油を供給して摩擦を低減するもので、主として小型の工作機械に利用される。従来の工作機械では案内面が摩耗した時の対策として、例えば図中のcにテーパが付いたギブを取り付け、摩耗に応じてX方向に挿入していくことにより摩耗を補正する方法が取られている。

　転がり案内は図7.8に示すように、案内面と移動体の間に循環する球やころの転動体を配して摩擦を低減するもので、小～中型の工作機械に広く採用されている。静圧案内は図7.4及び図7.9に示すように、移動体に油圧ポケットを設け、そこに圧油を供給して移動体を浮上させ非接触で移動体を駆動するもので、主として大型工作機械や、特殊な超精密工作機械に利用される。特に超精密工作機械では、油静圧案内の他に空気静圧案内が用いられる。

　すべり案内は静止摩擦係数が大きく、また移動速度が高くなると摩擦係数が大きくなる。転がり案内は速度に関わらず比較的摩擦係数が小さく、静圧

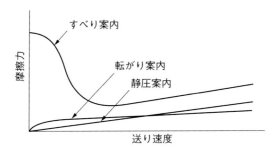

図 7.10 案内方式の相違による摩擦係数の相対比較

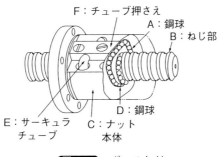

図 7.11 ボールねじ

案内は更に摩擦係数が小さいという特性を有している。他方、びびり振動に影響を与える減衰効果は、すべり案内、転がり案内、静圧案内の順に小さくなる。案内方式による摩擦係数の相対的な比較を図 7.10 に示す。

　移動体を駆動する方法は、送りモータの回転運動を図 7.11 に示すボールねじによって直線運動に変換して駆動する方式が広く採用されている。ボールねじはねじとナットの間に鋼球を介在させて両者の間の摩擦によるロスを軽減したもので、ねじの回転に伴って鋼球はサーキュラチューブを通って元の位置に戻るように循環する。ボールねじはねじ部での摩擦が少なく、ねじの効率が極めて高いという特徴を有しており、後述する NC 工作機械に広く用いられている。ボールねじの採用によって送りモータの回転運動は極めて滑らかにテーブルなどの移動体の直線運動に変換される。現状ではマシニングセンタのテーブルの代表的な早送り速度の最高値は 20〜30 m/min である。

　最近では送り速度の高速化に対する要求を満たすため、直線駆動リニアモ

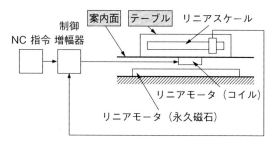

図7.12 リニアモータ駆動機構の基本構成[2]

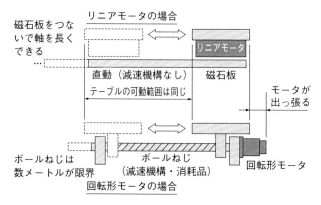

図7.13 回転形モータとリニアモータの比較[3]

ータが使用されることが多い。リニアモータは、図7.12[2]に示すように、機械本体にS極とN極を交互に配置した磁石板を敷き詰め、その上に対向させたコイルに制御電流を流すことによって直線駆動力を得るものである。リニアモータはボールねじ駆動と比較して、減速機構がないため高速・高精度の送りが可能であるばかりでなく、消耗部品が無いことから精度劣化が少ない、磁石板を延長することによりボールねじでは不可能な長尺軸が可能であるといった特徴がある。また図7.13[3]に示すようにモータの出っ張りがないため軸長を短くすることができるという利点もある。しかしその反面、直動のため外乱の影響を受けやすく制御が難しい、減速機構が無いため大きな推力を得にくいといった問題も有している。リニアモータの特徴を生かして、最高送り速度は100 m/minを超えるものもあり、また超精密工作機械では1 nm以下の分解能を有する超精密送りも実現されている。なお送り駆

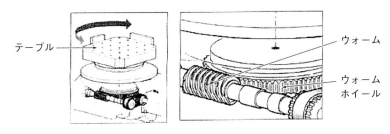

(a) ウォーム歯車駆動方式

(b) ダイレクトモータ駆動方式

図 7.14 回転送り駆動機構の例[4]

動では最高送り速度とともに、後述するように、駆動モータが発生し得る最高加速度が問題となる。

　回転送り駆動機構は、軸受で支持された回転テーブルや主軸頭などを回転運動させるもので、**図 7.14**[4] に示すように駆動には送りモータの回転をウォーム歯車によって減速するか、ダイレクトモータで直接駆動する方法が利用されている。

7.3 工作機械の基本性能

切削加工では、工作物の最終的な寸法や形状の精度は工作機械の加工中の運動精度および工具の形状とその精度によって決定される。すなわち"工作機械の精度は加工する工作物の精度に転写され、工作機械の精度以上の工作物を作ることはできない。"このことを母性原理と呼んでいる。したがって工作機械にはまず高い運動精度が求められる。実切削中の工作機械には外部からの振動や環境の温度変化など種々の外乱が作用し、さらに切削に伴って発生する切削力、切削熱などが作用し、加工精度が劣化する。特に工作機械は設置されている環境の温度変化、工作機械の駆動によって発生する損失熱、あるいは切削熱など、様々な熱的な負荷（温度変動）にさらされ、熱膨張（収縮）による変形が生じる。これは工作機械の熱変形と呼ばれ、特に高精度が要求される場合には問題となることが多い。工作機械の加工精度を決定する要因と精度決定のプロセスをまとめて図 7.15 に示す。

また工作機械には表 7.2 に示すように、機械の自重や工作物の重量、運動に伴う慣性力、切削に伴って発生する切削力など、多様な静的・動的力が作

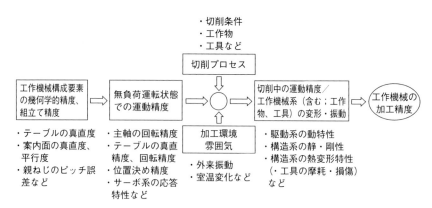

図 7.15　工作機械の加工精度を決定する要因と加工精度決定のプロセス

用する。いま機械に作用する力 F（N）に対して変形 x（μm）が生じたとすると、コンプライアンス G（μm/N）は以下のように定義される。

$$G = x/F \tag{7.1}$$

コンプライアンスの逆数すなわち $1/G$（N/μm）は剛性と呼ばれ、力による変形のしにくさを表す。当然ながら工作機械にはできるだけ剛性が高いことが求められ、特に工具と工作物の間の相対的な剛性は、直接加工精度に影響を及ぼすため重要である。

工作機械には時間とともにその大きさ・方向が変化しない静的な力の他に、切削力の変動成分やフライス加工における変動切削力のように、時間とともに大きさ（方向）が変動する動的な力や振動が作用する。そこで剛性も静的な剛性（静剛性）と並んで動的な剛性（動剛性）が重要となる。特に高能率切削を志向した重切削では、切削力の動的な変動が工作機械系の振動の原因となり、さらにその振動によって切削力の変動が誘発されるというように、切削プロセスと工作機械系の振動が相互に影響を及ぼし合いながら振動が持続して切削を継続することが不可能になることがある。このような振動は（自励）びびり振動と呼ばれ、工作機械の加工限界を支配する重要な現象である。加工限界や加工能率を支配する要因はこの他、モータの馬力や、工具の強度（耐摩耗性、耐欠損性など）がある。このような観点から工作機械の加工限界・加工能率に影響を及ぼす要因をまとめると図7.16のようになる。

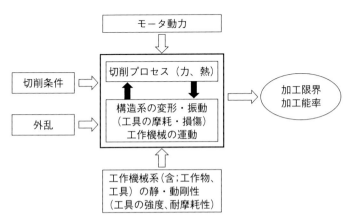

図7.16 工作機械の加工限界・加工能率に影響を及ぼす要因

工作機械の熱変形やびびり振動に関しては、第 14 章において、その対策も含め詳しく述べる。

日本工業規格である JIS B 6190（工作機械試験方法通則）は工作機械の試験総則について規定しており、各種の精度試験、運動精度試験、位置決め精度試験、熱変形試験、円運動精度試験、幾何精度試験について記述している。JIS B 6191（工作機械-静的精度試験方法及び工作精度試験方法通則）では、真直度、平面度、平行度、等距離度および一致度、直角度、回転精度の静的精度試験の定義と測定方法および許容値が定められている。また JIS B 6201（工作機械-運転試験方法及び剛性試験方法通則）は工作機械の運転性能、剛性試験に関する基本事項、試験方法などについて規定している。これらの詳細についてはここでは省略する。

7.4 工作機械の自動化と制御

切削加工において工作物の形状を創成する送り運動は、従来のアナログ式の機械的な送りから 1952 年にアメリカ MIT（マサチューセッツ工科大学）で発明された数値制御（NC、Numerical Control）によって大きく様変わりした。NC 制御工作機械とは工具と工作物の相対運動を位置、速度などの数値情報によって制御し、加工に関わる一連の動作をプログラムした指令によって実行する工作機械であると言える。テーブルの送り運動を例に取って、NC 制御方式の代表的な例を図 7.17 に示す。

▶ 7.4.1 オープンループ方式（Open loop）

移動指令を電気パルスの形で制御装置からパルスモータ（あるいは電気油圧パルスモータ）へ送り、電気パルスの数に応じてモータを回転させる方式で、実際にテーブルがどれだけ移動したかという情報がフィードバックされないため、簡便ではあるが精度が保証されないという欠点を有している。こ

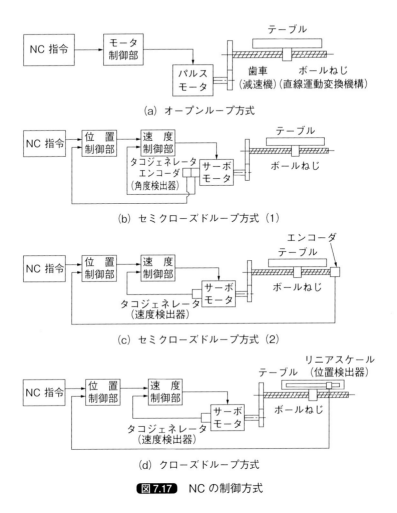

図7.17 NCの制御方式

の方式は初期のNC工作機械に採用されたが、現在では後述するサーボモータ駆動に取って代わられたためほとんど利用されていない。

▶ 7.4.2 セミクローズドループ方式（Semi-closed loop）

制御指令をサーボモータに伝えてモータを回転させるとともに、移動速度をサーボモータの速度検出器（タコジェネレータ）で検出し、移動距離をサーボモータあるいはボールねじに取り付けた回転角検出器（ロータリエンコ

ーダ）によって検出し、その情報を制御装置にフィードバックする方式である。実際のテーブルの位置を検出しているわけではないので、位置決め精度や運動精度は後述のクローズドループ方式には劣るが、制御系が構成しやすくまた不安定になりにくいという特性を有しているため、多くの NC 工作機械で採用されている。

▶ 7.4.3　クローズドループ方式（Closed loop）

　制御対象となるテーブルなどの実際の位置情報をリニアスケールなどで検出して位置決め情報にフィードバックする方式である。テーブルの位置を直接検出しているため、高精度の制御が可能となる。しかしながらリニアスケールなど計測装置が高価であること、および制御系のゲインなどをうまく調整しないとフィードバック系特有の不安定現象を招くおそれがあるなどの問題を有している。超精密工作機械や一部の高精度 NC 加工機に採用されている。

　NC 工作機械では上述の移動距離と移動速度の他にどれだけの分解能で位置決めあるいは移動を行うことができるかが問題となる。主として制御系および検出器の性能によって決まるが、一般的には 0.01 mm〜1 μm 程度が採用されている。最も精度が高い超精密加工機では 0.1 nm オーダーの分解能で運動制御が行われている。

　今ここである点 P1 から P2 まで、一定の速度でテーブルを駆動する場合を考える。この場合の時間に対する理想的な移動距離と速度は**図 7.18**(a) のようになるが、これは実現できない。なぜなら瞬間的に移動速度を一定にしたり、またゼロに戻すためには、図に示すように点 P1 および点 P2 において加速度が無限大になるからである。実際には有限の加速度で加速・減速するため、同図(b)に示すようにテーブルは理想とは違う軌跡を描いて移動する。また加速度も一定の大きさになるまでに時間が掛かることから、加速度の微分、すなわち加加速度は図に示すようになる。ここでテーブルをできるだけ高速で正確に駆動させようとすると、送り駆動モータが発生することができる最大加速度を大きくする必要がある。加速度が十分大きくなければ、テーブルは理想的な軌跡に近い運動をすることができない。このことは特に頻繁に正逆の送りを繰り返すオシレーション運動において問題となる。テー

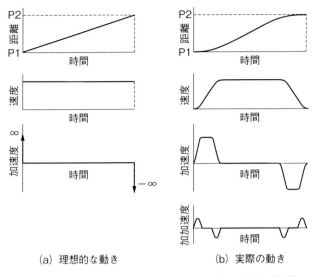

(a) 理想的な動き　　　(b) 実際の動き

図7.18　一定速度の移動（理想的な場合と実際の比較）

ブルの送り速度はカタログ上の最高速度に至るまでに時間が掛かることを認識しておかなければならない。特に大形の工作機械やテーブル上の工作物重量が大きい場合には、駆動系の最大加速度が重要となる。現状では送り駆動系の最大加速度は1～2G程度である。またサーボ系の応答性を上げるために、制御系のゲインを大きくしすぎるとオーバーシュートしたり、系が不安定になることもあるため、工作機械メーカーではゲイン調整をはじめ、サーボ系の制御に工夫を凝らしている。

　NC制御においては、例えばX軸、Y軸あるいはZ軸に沿った1方向の運動制御だけでなく、XY面内で任意の運動軌跡を描くように同時に2つの軸の運動を連携して制御することが行われる。このように2つ以上の軸に沿った運動を連携して制御することを同時制御といい、その時の制御の軸の数を同時制御軸数という。送り運動の同時制御は以下のように行われる。すなわち今**図7.19**に示すようにX-Y平面内で、原点O（始点）からX軸に対してθの角度をなす方向に、速度Vで距離Lだけ進んだ点P（終点）に工具が移動するものとする。ここでX方向に$V\cdot\cos\theta$の速度で、またY方向に$V\cdot\sin\theta$の速度で、それぞれ$L\cdot\cos\theta$および$L\cdot\sin\theta$だけ同時に移動する指令を

161

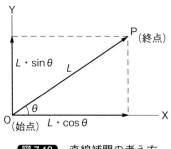
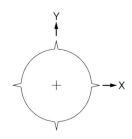

図7.19　直線補間の考え方　　　図7.20　XY同時2軸制御における象限突起

出せば始点Oから終点Pに移動することができる。これを直線補間という。XY面内で任意の軌跡のカッタパスを創成するには、所期のカッタパスを小さな線分に分割して、直線補間を繰り返せばよい。その場合、分割する線分を短くするほど軌跡の精度は向上するが、NCプログラムはその分複雑になる。実際には円弧や放物線など特定の軌跡に対しては、一々プログラムするのではなくNC装置内に補間機能が用意されていて、簡単なパラメータを与えるだけでプログラムができるようになっている。直線運動や回転運動を含む2軸以上の同時制御についても同様に考えればよい。多軸制御加工法に関しては第11章で詳しく説明する。

　通常の工作機械では例えばY軸方向に移動するテーブルの上にX軸方向に移動するテーブルが積載されるというように、積み重ねの構造をしているものが多い。そのためそれぞれの軸に関して特性が異なることから、完全に同時制御の特性を一致させることは難しい。テーブル駆動などに用いられるボールねじや減速歯車には機械的な遊び（バックラッシ）が存在するため、特に移動方向を反転させる時点でロストモーションが発生する。例えばXY同時2軸制御によってテーブルに円運動をさせた場合、X軸およびY軸に近いところで運動が反転するため、完全な円運動が実現されないで、**図7.20**に示すようないわゆる象限突起が発生することがある。工作機械メーカーではこのような問題をできるだけ解決するため、種々の工夫を凝らしている。

7.5 最近の工作機械

　初期の NC 装置には専用の制御装置（ハードワイヤード）が用いられていたが、現在では最先端の CPU を搭載した制御装置（ソフトワイヤード）が使用されている。このような数値制御装置をコンピュータ数値制御（CNC、Computerized Numerical Control）という。工作機械は常に最先端のコンピュータ技術を取り入れ、CNC 工作機械は格段の進歩を遂げた。CNC 装置の基本構成を図 7.21 に示す。プログラマや CAM（Computer Aided Manufacturing）システムなどの自動プログラミングシステムを用いて作成された NC プログラムは、通信回線を通じて CNC 制御装置に転送される。またオフラインで作られた NC プログラムはフロッピィディスクやメモリカードを用いて入力することもできるし、オペレータは直接制御盤のキーボードを操作してプログラムすることもできるようになっている。CNC 装置では基本的な工作機械の運動制御だけでなく、例えば切削油の供給・停止、工具の交換など付随した作業も制御盤の操作やプログラミングで行われるようになっている。代表的な制御盤の例を図 7.22 に示す。写真に見るように、制御盤は各種キーボード、スイッチおよび表示パネルから構成されており、作業者

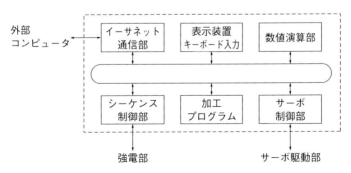

図 7.21　CNC 装置の基本構成

図 7.22 マシニングセンタの制御盤の例(DMG 森精機)

はハンドルやレバーを操作する代わりに、表示パネルを見ながらキーボードを介して各種の指令を入力したり、スイッチやつまみを操作して工作機械を制御する。

以下に最近の工作機械と加工システムについて、代表的な例を紹介する。

▶ 7.5.1 ターニングセンタ (Turning Center, TC)

まず代表的な NC 旋盤の例を図 7.23 に示す。汎用の普通旋盤では作業者が刃先を見ながら作業しやすいように、刃物台は作業者側に設置されていたが、NC 旋盤ではその必要が無くなったため、刃物台は工作物の取り付け取り外しが容易になるように、作業者に対して反対側に設置されることが多い。また更に多くの NC 旋盤では切りくずの排出が容易になるように、ベッド上面が斜めになったスラント形のベッドが採用されている。

さて旋盤加工では工具を固定した刃物台を、主軸回転軸(Z 軸)方向、切込み方向(X 軸方向)あるいは同時に両者を組み合わせた方向に沿って運動制御することにより任意の回転面を加工するのが基本である。このような基本切削機能に加えて、図 7.24 に示すように時代とともに新たな機能が追加され、NC 旋盤は大きく進歩している[4]。具体的な付加機能としては、

(a) 第 2 刃物台
(b) 第 2 主軸(対向型、並列設置型)(サブスピンドル)

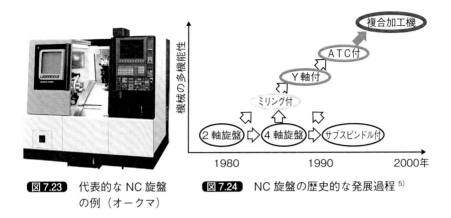

図7.23 代表的なNC旋盤の例（オークマ）

図7.24 NC旋盤の歴史的な発展過程[5]

(c) 刃物台に取り付けた小型のフライス主軸
(d) 工具の自動交換装置（ATC）
(e) C軸（主軸の割り出し機能）
(f) Y軸（フライス主軸のY方向移動）
(g) B軸（フライス主軸の旋回）

などである。具体的な効果としては、

(a) 複数の刃物台を搭載し、複数の刃物で同時に切削（同時4軸制御）することによって生産性が向上するとともに、カウンタ切削することにより切削力をバランスさせて安定な切削を実現する。

(b) 刃物台に小さな回転主軸を装備し、Y軸方向の運動制御も付加して、エンドミル加工によってキー溝やその他の複雑な形状を加工することができる。またホブ主軸やスカイビング主軸を取り付けて歯車加工を行う機能を有するものもある。

(c) 心押台の代わりに第2の主軸を搭載し、左の主軸で加工された面を右の主軸でつかみ、一度旋盤に工作物を取り付けた後に両端を含む全面を加工することができる。また長尺工作物を対向する2つの主軸でつかんで旋盤加工を行うこともある。

(d) 後述する工具の自動交換装置を有し、一度工作物を取り付ければ全ての加工を行うことができる。

などである。このような進化した旋盤をターニングセンタ、あるいは複合タ

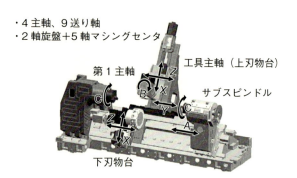

図 7.25 代表的な複合ターニングセンタの軸構成 [5]

ーニングセンタと呼んでいる。複合ターニングセンタの軸構成を示す例を**図 7.25** に示す[5]。

▶ 7.5.2 マシニングセンタ (Machining Center, MC)

フライス盤加工ではテーブル面に工作物を取り付けた面以外の 5 面を加工して製品に仕上げることが多い。一般にこの場合、1 つの工具で加工が終わることは少なく、正面フライス、各種エンドミル、ドリルなど多種類の工具を使用することが多い。そこで 1958 年にアメリカの Kerney & Trecker 社によって工具を自動交換する装置、すなわち自動工具交換装置（ATC、Automatic Tool Changer）を具備した NC フライス盤が開発された。これをマシニングセンタという。マシニングセンタでは一度工作物を取り付けると、工作物の取り付け替えを行うことなく、ほとんど全ての加工が自動的に行えることから、加工能率が高く、また工作物の取り付け替えや工具の位置設定などに伴う誤差が無くなるため加工精度も向上する。現在では NC フライス盤はほとんどがマシニングセンタで置き換えられていると言っても過言ではない。代表的なマシニングセンタの例を**図 7.26** に示す。

マシニングセンタの X、Y、Z 直交 3 軸に加えて、回転 2 軸（A、B、C 軸の内 2 軸）を同時制御軸に加えた 5 軸マシニングセンタ（あるいは単に 5 軸加工機）はインペラなど極めて複雑な形状の工作物を加工し得る工作機械として注目を浴び、その利用が広がりつつある[6]。例えば**図 7.27** に示す 5 軸マシニングセンタにおいて、付加する 2 つの回転軸をどのように選ぶかに

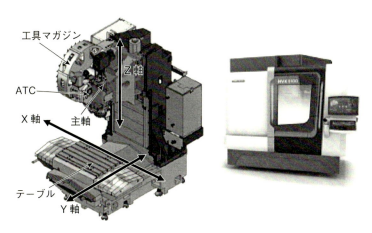

図 7.26 代表的なマシニングセンタの例（DMG 森精機）

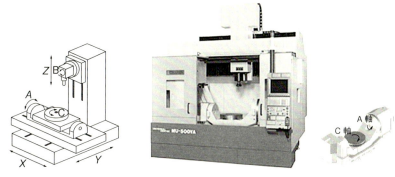

図 7.27 回転運動軸を付加したマシニングセンタの構成

図 7.28 代表的な 5 軸加工マシニングセンタの例（オークマ）

よって様々の形態があり、用途に応じた機械が開発されている。代表的な 5 軸マシニングセンタとして C 軸の回転テーブルに A 軸の揺動機構を具備したトラニオン形マシニングセンタの例を図 7.28 に示す。この他、航空機用の大型構造物などを加工する大型の 5 軸加工機では工作物を搭載するテーブルが大きいため、主軸頭に回転軸を具備しているものもある（図 7.29）。5 軸加工については第 11 章で詳しく述べる。

（主軸部詳細）

図 7.29 大型の5軸マシニングセンタの例（牧野フライス）

▶ 7.5.3 複合加工機

　ターニングセンタやマシニングセンタは既に多くの加工機能を具備した複合加工機であるが、さらに切削加工以外の加工機能を具備した複合加工機も開発されている。具体的な例としては、機上計測機能、レーザ焼き入れ機能、研削機能など具備した複合加工機がある。また金属などの積層造形（AM、Additive Manufacturing）と組み合わせた工作機械もある。積層造形とは切削加工のような除去加工とは逆に、様々な方法で材料を薄い層状に積み上げて3次元形状の工作物を作成する方法で、3Dプリンティングなどとも呼ばれている。この方法は積層に時間が掛かるが、3Dの部品形状データから直接複雑な形状の工作物を造形することが可能で、特に少量生産に適している。現状では積層造形では切削加工に匹敵するような加工精度や良好な仕上げ面が得られないため、ある程度の積層を行った後、エンドミルなどを用いて仕上げ切削を行い、さらに積層を重ねるという工程を繰り返して最終的な製品を加工する複合加工機もある（**図 7.30**）。この機械を用いれば、通常の切削加工のみでは不可能な形状を創成し、しかも積層造形では得られない精度と仕上げ面性状を兼ね備えた部品加工が可能となる。

▶ 7.5.4 加工システム

　マシニングセンタでは加工に先立ちテーブル上の決まった位置に正確に工作物を取り付ける必要がある。そこでパレットと呼ばれる取り付け板にあら

自動交換可能なレーザユニット

図 7.30 積層造形（AM）機能を付加した複合加工機の例（DMG 森精機）

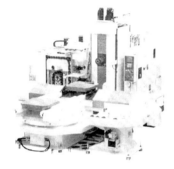

図 7.31 パレットチェンジャを装備したマシニングセンタの例（安田工業）　　**図 7.32** 工作物搬送用ガントリシステムを具備したターニングセンタ（ヤマザキマザック）

かじめ工作物を取り付けておき、パレットをテーブル上に正確に位置決めして固定する機能を付加すれば、マシニングセンタに工作物を固定する時間が節約できる。このようにパレットを自動的にマシニングセンタに固定し、加工後に取り外す装置、すなわち自動パレット交換装置（APC、Automatic Pallet Changer）とパレットをストッカから自動的に供給する装置を具備したシステムが開発されている。代表的な例を**図 7.31** に示す。特に大形の工作物で加工時間が長いものについては、複数のパレットを収納することができるパレットストッカを用意することにより、長時間の無人運転が可能となる。作業者が昼間にパレットに工作物を設置しておけば、夜間は無人で加工が行われるため、生産性の向上につながる。

　NC 旋盤やターニングセンタも同様で、**図 7.32** に示すように、工作物を

図 7.33 工作物ストッカとロボットを有する FMC の例(オークマ)

自動供給するガントリ搬送システムを具備したターニングセンタがある。このシステムでは多品種少量生産の様々な工作物の長時間稼動に対応するために、ガントリロボットの爪を自動で交換するオートグリッパチェンジャ(AGC)や主軸チャックの爪を自動で交換するオートジョーチェンジャ(AJC)を搭載している。また、さらに図 7.33 に示すように工作物のストッカからロボットを用いて工作物を自動的に機械に供給するとともに、加工された部品を同様にロボットにより工作物ストッカに収納するようにしたシステムもある。このように NC 工作機械と工作物の自動供給装置を組み合わせて、多数の工作物に対して無人で加工を行うことができる比較的小規模の加工システムをフレキシブル加工セル(FMC、Flexible Machining Cell)と呼んでいる。

さらに規模の大きなシステムとしてフレキシブル生産システム(FMS、Flexible Manufacturing System)がある。FMS の多くは無人加工を行う工作機械群に加えて、自動倉庫と、搬入・搬出ステーション、パレットへの工作物取り付けなどを行う段取りステーション、検査ステーション、洗浄ステーションなどを有し、素材を投入すると無人で全ての加工が行われる。自動倉庫と各ステーションの間は無人搬送車(AGV、Automated Guided Vehicle)や有軌道台車などの搬送手段でつながれており、工作物や工具などが無人で配送されるようになっている。このような FMS は中種・中量生産の

第 7 章　切削加工用工作機械

図7.34　横形マシニングセンタ群からなる大物工作物用 FMS の例（オークマ）

切り札として登場し、多くのシステムが開発され実用に供されている。図 7.34 に横形マシニングセンタ群からなる大物工作物加工用の FMS の例を示す。最近では FMS による夜間や週末の無人運転から、週単位、月単位の長期無人運転が実現され、生産性向上に貢献している。

　FMS において最も自動化が難しいとされるパレットへの工作物の取り付けも、ロボットを利用した無人段取りの技術が開発され、さらには部品箱にバラ詰めされた工作物をカメラを用いて自動認識して取り付けるなどの技術も開発されつつあり、完全に近い無人加工システムの開発が進んでいる。

参　考　文　献

1) 水本洋：静圧軸受のおもしろさ、精密工学会誌、73-5（2007）537.
2) 日本機械学会編、機械工学便覧、デザイン編、β3、加工学・加工機械（2006）
3) 内田裕之、曽我部正豊：精密工学におけるリニアモータ、精密工学会誌、75-2（2009）242.
4) 清水伸二、岡部眞幸、坂本治久、伊藤正頼：トコトンやさしい工作機械の本、日刊工業新聞社（2011）29.
5) M. Nakaminami et.al.：Optimum Structure Design Methodology for Compound Multiaxis Machine Tools, International Journal of Automation Technology, 1-2（2007）78.

6) T. Moriwaki : Multi-Functional Machine Tool, Annals of the CIRP, 57-2 (2008) 736.

第8章

切削加工条件

　実際に切削加工を行うに当たっては、安定して能率よく切削を行うために、また良好な仕上げ面を得るために、切削速度、切込み、送りなどの切削条件を適切に選択する必要がある。特に荒加工において高能率切削を目指す場合には、加工中にびびり振動と呼ばれる振動が発生し、能率を落とさざるを得なくなることが多い。さらに高精密・超精密切削などの高精度切削を志向する場合においては、工作機械の熱変形が精度劣化の原因となることが多い。切削加工に伴うこのような現象を正しく理解して、適切な対応を行うことは重要である。また切削加工に限らず、ものづくりにおいては加工の経済性を考慮する必要がある。ここでは簡単な場合を例に取って、切削条件と加工コストの関係について考察する。

8.1 切削条件設定の基本的な考え方

　切削加工において切削条件を決定するプロセスは一般的に図 8.1 のように表される。まず素材の形状と加工形状（加工図面）から、基本的な加工法と加工機械が選択される。具体的には旋盤加工（回転対称体の加工、いわゆる丸物加工）とフライス盤加工（いわゆる角物加工）に分けられ、使用する工作機械が決められる。ここでターニングセンタやマシニングセンタのように複合加工を行う工作機械が選択されることもあるが、基本的には工作物を回転させて加工するか、回転工具を用いて加工するかによって加工法が分かれる。また加工精度や加工個数を考慮して加工機械が決められることもある。特に超精密な加工は特殊な超精密加工機によって加工する必要があるが、超精密加工については第 10 章において詳しく述べることとし、ここでは省略する。

　次に荒加工か精密加工（仕上げ加工）かによって、切削条件は大きく異なる。荒加工ではできるだけ短時間で能率よく切削することが求められる。すなわち単位時間当たりの金属除去量（金属除去率、MMR、Metal Removal Rate、通常 cm^3/min で表される）をできるだけ大きくすることが求められる。

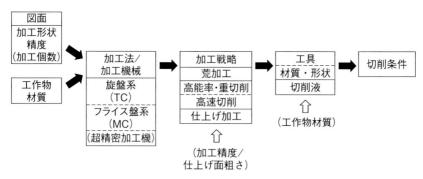

図 8.1　切削条件決定の一般的な流れ

この場合、金属除去率を大きくするためにできるだけ瞬間的な金属除去量を大きくする重切削を志向するか、瞬間的な切削量は小さくても高速切削を志向するかによって、切削条件は大きく異なる。重切削か高速切削かは、主として工作機械の能力にもよるが、加工する工作物の材質とそれに適合する工具の材質が大きく影響する。

　例えばニッケル基合金やチタン合金あるいは焼き入れ鋼などのいわゆる難削材では、切削速度の上昇に伴う発熱が大きくてこれら材料の高速切削に耐えられる工具材種が無く、比較的低速で切削せざるを得ないため、切込みや送りを大きくした重切削が行われる。その一方でアルミニウムやアルミニウム合金のような軟質材料では超硬合金工具などで十分高速切削に耐えられるため、高速切削、超高速切削が行われる。荒加工では工作機械や工作物に作用する負荷が大きくなるため、びびり振動が発生しやすく、切削条件を決定するに当たっては、工作機械、工作物および工具を含む工作機械系の動剛性が問題となることが多い。

　他方、仕上げ加工では加工能率よりも正確な形状・寸法精度、良好な仕上げ面が求められ、また場合によっては加工変質層など仕上げ面下の特性が問題となることもある。特に高精度が求められる場合には工作機械の熱変形による加工精度の劣化が問題となることが多く、熱変形対策が重要となる。また工具の材質に関しても、できるだけ工作物と親和性が低い工具材質の方が、構成刃先や凝着物が少ないため良好な仕上げ面を得やすい。各種工具材料の特徴と工具材選定における一般的な指針をまとめて表8.1に示す。

　以上述べた加工戦略の決定に当たっては、当然既に述べたように工作物材質、候補となる工具材質が考慮されるが、戦略決定後に具体的な工具の材質（コーティングなども含む）、工具形状などが決められ、さらにその加工に適した切削油およびその供給方法などが選定される（第4章および第6章参照）。最後にこれらを全て考慮した上で、具体的な切削条件が決められる。以下、荒加工および仕上げ加工に分けて、旋盤加工とフライス盤加工を中心に切削加工条件の決定法について述べる。なお、具体的な切削条件の選定に当たっては、工具メーカなどから推奨条件が提示されているので、それらを参照することとして、ここでは以下に基本的な考え方を述べる。

表8.1 工具材の特徴と工具選定における一般的な指針

工具材質	一般的な工具材の特徴と選定指針（注意事項）
高速度鋼	・高温硬度が低いため、高速切削には不向きで、低速切削に使用 ・靱性が高いため、断続切削には有利 ・複雑な工具形状も容易に作成することができ、成形工具に向いている
超硬合金	・P種は鋼切削向き（耐溶着性に優れる） ・K種は鋳物、難削材切削向き（耐摩耗性に優れる） ・各種コーティング工具が主流となっている
セラミックス	・白セラミックスよりも黒セラミックスが靱性、耐熱衝撃性が優れる ・鋳鉄、耐熱合金、高硬度材の切削に適している ・耐摩耗性に優れ高速切削に適している ・工作物材料との溶着・拡散が少なく仕上げ面が良好 ・靱性が低いため、断続切削には不向き
サーメット	・超硬合金よりも硬度が高く、耐衝撃性に優れ、高速切削向き ・鉄との親和性、溶着性が低く、鋼の仕上げ面粗さが良好
CBN	・ダイヤモンドに次ぐ硬度を有し、熱伝導率も高い ・焼入れ鋼や耐熱合金の切削に適している ・人工的に作られ、ダイヤモンドに次いで高価
ダイヤモンド	・材料中最も硬度が高く、耐摩耗性に優れている ・アルミニウムや銅などの軟質金属の高速、超精密切削に最適（特に単結晶ダイヤモンド） ・極めて脆く、衝撃に弱い（特に単結晶ダイヤモンド） ・鉄と反応するため、鋼などの鉄系材料の切削には不向き ・天然、人造（PCD）共に高価

8.2

荒加工における切削条件の決定

　荒加工における切削条件を決定する考え方を説明するにあたり、旋盤加工とフライス盤加工に分けて考えるものとし、まず旋盤加工について述べる。図8.2に示す外周旋削において設定すべき切削加工条件は、基本的に切込み t (mm)、送り f (mm/rev) と切削速度 v (m/min) の3つである。ここで

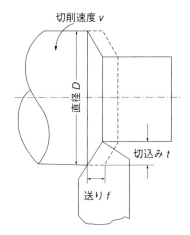

図8.2 外周旋削における切削条件

切削力 F(N)は、3.2.2項でも述べたように、経験的に切削断面積 S(mm²)に比例し以下の式で与えられる。

$$F = \kappa \cdot S = \kappa \cdot t \cdot f \tag{8.1}$$

ここで比切削抵抗 κ(N/mm²)は、工作物材質および工具形状によって異なるが、一般的には硬度の高い材料ほど大きな値を取る。切削断面積は正確には工具のノーズ半径 R(mm)および横切れ刃によって異なるが、一般的には切込み t と送り f の積で与えられる。

切削によって発生する熱、したがって切削温度 T(℃)は基本的に切削速度よって異なり、当然のことながら切削速度が高いほど切削温度は高くなる。比切削抵抗 κ は高速切削の場合には材料が高温で軟化することにより低下することが知られているが、一般的には切削速度によってあまり変化しないと考えられる。すなわち高速切削では、工作物の軟化による切削抵抗の低下よりも、切削温度の上昇が工具の摩耗に大きな影響を及ぼすため、工作物と工具の材質を勘案して、切削速度が決められる。

ここで金属除去率 V(cm³/min)は、切削速度を v に対して、

$$V = S \cdot v = d \cdot f \cdot v \tag{8.2}$$

で与えられることから、重切削を志向する場合には、切削力 F が過大にならない範囲で、切削断面積 S を大きくすればよいことになる。ここで S を

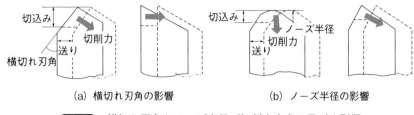

図 8.3 横切れ刃角とノーズ半径が切削力方向に及ぼす影響

決定する切込み d と送り f に関しては、工作物の剛性が十分大きい場合には、一般的に切込み d を大きく取り、送り f を小さくする。これは同じ大きさの切削力が相対的に長い切れ刃に作用するため、切れ刃からみれば切削力の集中が避けられて、工具摩耗が少なくて済むことによる。

次に工具切れ刃形状に着目すると、図 8.3 に示すように相対的に横切れ刃角が大きい場合、またノーズ半径が大きい場合には、切れ刃に直交する方向に作用する切削力成分を積分すれば、切削合力は半径方向成分が大きくなる。逆に横切れ刃角が小さい場合やノーズ半径が小さい場合には切削合力は半径方向成分が小さくなり、軸方向成分が大きくなる。一般に外周旋削される丸棒は半径方向にたわみやすい、すなわち剛性が低いので、半径方向の切削力が大きいと工作物が半径方向に変形して加工精度の低下につながり、また半径方向の振動（びびり振動）の原因ともなる。特に直径が小さく細い丸棒を切削する場合には、このびびり振動が問題となることが多く、工具形状の選択が重要になる。

びびり振動については第 14 章で詳しく述べるが、丸棒の旋削、あるいはボーリングバーによる中ぐり加工では、切り込みがある一定の値を超えると、びびり振動が発生する。この場合の限界切込みは、切削力だけでなく、丸棒やボーリングバーの動特性、および主軸の回転数によって決まる。ここでは詳細を省略するが、特定の条件において外周旋削加工を行った場合の限界切込みと主軸回転数の関係を求めた結果（安定線図と呼ぶ）の例を図 8.4 に示す（CutPro によるシミュレーション結果）。図は中炭素鋼を外周旋削した場合の安定線図を示しており、縦軸は切込み、横軸は主軸回転数である。図中の不安定領域とは、この範囲の切削条件（切込みと主軸回転数）を選択すると、びびり振動が発生して正常な切削が行えない領域を示しており、安定領

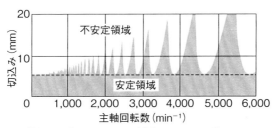
(a) 工具横切れ刃角：15°、ノーズ半径：0.2 mm、送り：0.2 mm/rev

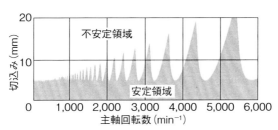
(b) 工具横切れ刃角：15°、ノーズ半径：0.2 mm、送り：0.6 mm/rev

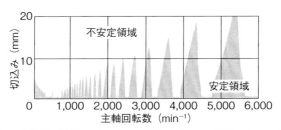
(c) 工具横切れ刃角：15°、ノーズ半径：0.8 mm、送り：0.2 mm/rev

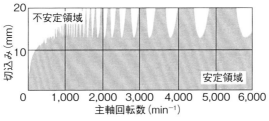
(d) 工具横切れ刃角：10°、ノーズ半径：0.2 mm、送り：0.2 mm/rev

図 8.4 中炭素鋼の長手旋削におけるびびり振動安定線図の計算例（CutPro による）

域とはびびり振動が発生せず、安定して切削が行われる範囲を示している。同図(a)から分かるように、切込みが約 5 mm（絶対安定限界）以下ではどの主軸回転数でもびびり振動が発生せず安定して切削が行われることが分かる。ここで主軸回転数が 4,300 min^{-1} 近傍では、安定限界切込みは絶対安定限界の約 4 倍になることが分かる。安定限界が大きくなる主軸回転数の範囲は、主軸回転数が大きいほど広がる。そこでアルミニウムなどの軟質材料の切削においては、切込みを大きくしてもびびり振動を発生しない高速切削領域を選んで切削することにより、金属除去率を大きくすることができる。

　安定限界が広がる主軸回転数範囲は、切削系の動特性によって決まる。旋盤加工では主として工作物（中ぐりの場合はボーリングバー）の動剛性が低いため、工作物（ボーリングバー）においてびびり振動が発生する。そこであらかじめ工作物（ボーリングバー）の動特性を求めて安定線図を計算し、安定な切削速度範囲を知って、適切な切削条件を選ぶことができる。図 8.4(b)から分かるように、旋盤加工では安定限界は送り速度の影響はあまり受けない。他方、図 8.3 で説明したように、合成切削力の方向はノーズ半径および横切れ刃角によって大きく異なる。図 8.4(c)および図 8.4(d)はそれぞれノーズ半径を 0.2 mm から 0.8 mm に変更した場合と、横切れ刃角を 15 度から 10 度に変更して安定線図を求めた結果を示しており、ノーズ半径と横切れ刃角によって安定限界が大きく影響されることを示している。すなわち荒切削では工具のノーズ半径および横切れ刃角は小さくする方がよいと言える。なおノーズ半径に関しては、小さくしすぎると刃先先端に過度の切削力が集中することもあるので注意を要する。

　耐熱合金などいわゆる難削材の切削においては、切削速度を自由に選ぶことが困難で、低速で切削せざるを得ないことが多い。一般に切削速度を低下させるとびびり振動の発生が抑えられることは経験的に知られており[1]、びびり振動が発生すると現場ではまず切削速度を低下させることが行われる。そのため難削材の切削においては、切削速度を犠牲にして切込みと送りを大きく選定することによって、金属除去率を向上させることが行われる。低切削速度においてびびり振動に対する安定性が増加する理由として、切削過程における減衰効果（プロセスダンピング）によるとされているが、低速における安定性の増大については、フライス加工の例を取って以下に説明する。

なお外周旋削において高能率切削を実現する方法として、工作物に対して対称な位置に2つの工具を設定し、同時切削を行う方法もある。

フライス盤切削における金属除去率 V（cm³/min）は、軸方向切込みを d（mm）、半径方向移切込みまたは切削幅を b（mm）、送り速度を v_f（mm/min）とすると、以下の式で与えられる（式 (3.46)）。

$$V = \frac{b \cdot d \cdot v_\mathrm{f}}{1000} \tag{8.3}$$

フライス切削においても旋削や中ぐり加工と同様に重切削を志向する場合には、びびり振動の発生が問題となることが多い。ここでフライス切削の例としてエンドミル加工を考えると、エンドミルを含む主軸系の動剛性が相対的に低い場合と、薄物工作物のように工作物系の動剛性が相対的に低い場合がある。また動剛性を測定する上においても、送り方向と、送り方向に直角な方向、さらには工具の軸方向の動剛性を考慮する必要がある。さらにフライス切削における切削力は時々刻々とその大きさと作用方向が変化するため、びびり振動の安定線図を求めるのは容易ではない。

フライス切削におけるびびり振動の安定線図を求める基本的な理論は専門書[2]に譲るとして、ここでは以下にエンドミルを含む主軸系の動剛性の測定結果（送り方向および送り方向に直角な方向の動剛性）をもとに、既述のCutProを用いてびびり振動の安定線図を求めた結果について紹介する。直径 19 mm の超硬合金製エンドミルを用いて、アルミニウム合金を切削する場合のびびり振動安定線図を求めた例を**図 8.5** に示す。ここで図(a)は4枚刃のエンドミルを用いて、半径方向切込みを 19 mm とした場合（すなわちスロット削り）の安定線図で、送りは 0.2 mm/刃としている。図 8.4 の場合と同様に、びびり振動が発生しない軸方向切込み（安定限界）は主軸回転数によって大きく変化することが分かる。超硬合金工具でアルミニウム合金を切削する場合、切削速度にはほぼ上限が無いことから、この場合主軸回転数が 15,000〜24,000 min⁻¹ の範囲で適切な主軸回転数を設定することにより、金属除去率が大きい高能率切削が可能となる。

図 8.5(b) は半径方向切込みを約半分の 9 mm に設定し、下向き削りを行った場合の安定線図を示している。図(a)に比較して、びびり振動に対する安定限界切込みはほぼ2倍になっているが、この場合半径方向切込みが約半分

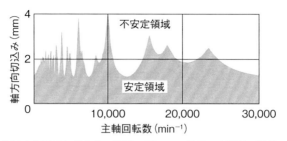

(a) 超硬合金製4枚刃エンドミル、直径：19 mm、スロット削り、送り：0.2 mm/刃

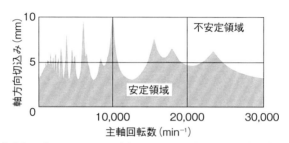

(b) 超硬合金製4枚刃エンドミル、直径：19 mm、下向き削り、半径方向切込み：9 mm、送り：0.2 mm/刃

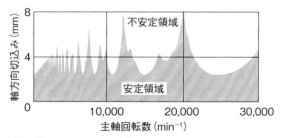

(c) 超硬合金製2枚刃エンドミル、直径：19 mm、スロット削り、送り：0.4 mm/刃

図 8.5 アルミニウム合金のエンドミル切削におけるびびり安定線図の計算例（CutPro による）

であるため、金属除去率はあまり変わらない。エンドミルの刃数を半分にした2枚刃エンドミルでスロット削りを行う場合の安定線図を図(c)に示す。ここで図(a)と同じ金属除去率となるように、送りは 0.4 mm/刃と倍増している。図(a)に比較して、安定限界切込みは大きくなっている。このように刃数を減らすと、一般的に安定限界切込みは大きくなる。

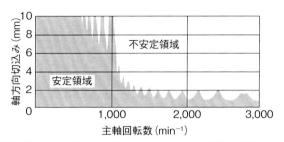

（超硬合金製4枚刃エンドミル、直径：19 mm、スロット削り、送り：0.2 mm/刃）

図 8.6 チタン合金（Ti6Al4V）のエンドミル切削におけるびびり安定線図の計算例（CutPro による）

　図 8.5 と同様の設定で、直径 19 mm の超硬合金エンドミルでチタン合金（Ti6Al4V）を切削する場合のびびり振動に対する安定線図を求めた結果を**図 8.6** に示す。図から明らかなように、びびり振動に対する安定限界切込みは主軸回転数によって変化するが、主軸回転数が 1,200 min^{-1} 以下では、プロセスダンピングによって安定限界切り込みは、主軸回転数の低下とともに急速に大きくなっている。これより難削材の切削においては、切削速度を低く設定し、軸方向切込みを大きくして重切削を行い、金属除去率を高めることが有利であることが分かる。なお安定限界切込みが増大する主軸回転数の範囲は、主軸系および工作物系の動剛性によって決まるため、安定線図を求めるに当たっては、あらかじめ特定の場合に対応した動剛性を測定する必要がある[3)〜6)]。

　金型加工のように、エンドミルを用いて複雑な形状を加工する場合、カッタパスや軸方向切込みは、あらかじめ CAM ソフトなどで決められることが多い。この場合、金属除去率を上げて高能率切削を行うためには、送り速度を修正する必要がある。CAM ソフトにより作成された NC プログラムに基づいて切削加工のシミュレーションを行って切削力を推定し、あらかじめ設定された一定の負荷（切削力やモータ馬力など）を超えることなく、びびり振動が発生しない範囲で、送り速度を修正する例として、MACHPro[注] と

（注）MACHPro はブリティッシュコロンビア大学で開発され、MAL（Manufacturing Automation Laboratories Inc.）から販売されているソフトウェア。

呼ばれるソフトウェアの計算結果を図8.7に示す。図の上半分は加工形状とカッタパスを示しており、下半分には当初の切削条件で切削を行った場合の金属除去率と、送り速度を最適化した後の金属除去率の推移を示している。これよりシミュレーションによって求めた切削力に応じて送り速度を最適化することにより、金属除去率を向上させることができ、同時に切削時間を短縮することができることが分かる。計算の詳細は省略するが、このプログラムでは、各方向の切削力の他に、主軸トルク、主軸動力と消費電力、工具に作用する曲げモーメント、加工形状誤差などを計算し、送り速度の最適化のための制約条件を設定することができるようになっている。

なお高能率の穴あけ加工法として、図2.18に示したヘリカル加工が採用されることもある。この方法は特に炭素繊維強化プラスチック（CFRP）などの難削材の穴あけ加工に利用されることが多い。当然のことながら、上述したようなエンドミル切削ではプログラミング時におけるカッタパスの選定が加工能率に大きく影響する。ここでは詳細は省略するが、多軸・複合加工

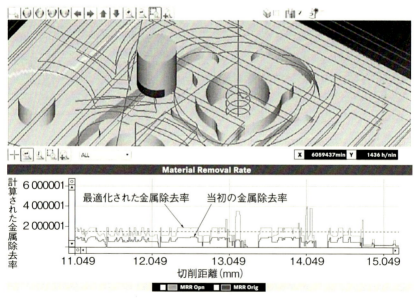

図8.7 シミュレーションに基づく加工条件の最適化結果の表示例
（MACHPro による結果、MAL 社）

については第 11 章で詳しく説明する。

8.3 仕上げ加工における切削条件の決定

　仕上げ加工では、まず加工寸法精度や加工形状精度など幾何学的な精度（あるいは誤差）が問題となる。こうした寸法・形状精度は、基本的に工作機械の精度および加工法によって決まる。また特に工作機械の加工精度は熱変形によって大きく影響を受けることが多いため、熱変形による誤差を発生しないように配慮することが肝要である。工作機械の精度や熱変形についてはそれぞれ第 7 章、および第 14 章で紹介する。

　仕上げ加工で次に問題となるのは、仕上げ面の粗さと仕上げ面表面下の特性である。この内仕上げ面粗さについてみれば、まず外周旋削における仕上げ面の幾何学的最大粗さ R_{max} は式 (3.47) に示したように、工具のノーズ半径を R、送りを f とすると以下の式で与えられる。

$$R_{max} \fallingdotseq \frac{f^2}{8R} \qquad (8.4)$$

この関係は、外周旋削のみならず、単刃工具による端面旋削や中ぐり加工にも当てはまる。これより旋盤加工における仕上げ面粗さを小さくするためには、送り f を小さくするか、工具のノーズ半径 R を大きくすればよいことが分かる。実際には送り f を小さくすると切削時間が長くなるため、一般的にはノーズ半径 R を大きくする方法が採用される。ただし、実際の加工において得られる仕上げ面粗さは理論粗さよりも大きくなることが多い。その理由として、構成刃先など付着物の存在や、工具の境界部摩耗などによるかえりの発生などが挙げられている。特に鋼の切削においては、中・低速で構成刃先が発生しやすいため、比較的高速で切削することによって良好な仕上げ面を得ることができる。また良好な仕上げ面粗さを得るためには、鋼と親和性が低いサーメット工具を使用することが推奨されている。一般に仕上

げ切削においては切削油として油性切削油が使用される。なお、最終仕上げ切削では切込みや送りを小さくすることが行われるが、そうした条件で切削する場合には連続型の細い切りくずが発生し、それが仕上げ面を傷付けることが多い。そのため工具メーカーでは例えば図4.8に示すようにインサート型工具の表面にチップブレーカを設けることが行われている。

正面フライス切削における幾何学的最大粗さ R_{max} は、式(3.51)に示したように、1刃当たりの送りを f_c (mm)、前切れ刃角を C_e、横切れ刃角を C_f とすると以下の式で与えられる。

$$R_{max} = \frac{f_c}{\cot C_e + \tan C_s} \tag{8.5}$$

また平フライス切削の場合の幾何学的最大粗さ R_{max} は式(3.52)に示したように、フライスの直径を D (mm) とすると

$$R_{max} \fallingdotseq \frac{f_c^2}{4D} \tag{8.6}$$

で与えられる。以上よりフライス工具の寸法・形状が与えられている場合には、仕上げ面粗さを小さくするためには1刃当たりの送りを小さくすればよいことが分かる。

インサート型の正面フライスなどでは各切れ刃の軸方向の出入りを完全に一致させることは事実上不可能であるため、実際には幾何学的最大粗さよりも、切れ刃の出入りによって仕上げ面状に残される粗さが問題となることが多い。そこで特に良好な仕上げ面粗さが要求される場合には、切れ刃を1つだけにした、いわゆるフライカッタで仕上げ加工を行い、切れ刃の出入りによる粗さを回避する方法が取られることが多い。特に良好な仕上げ面が問題となる超精密切削においては、フライカッタによる平面加工が一般的に採用されている。

8.4 切削加工の経済性と切削条件

これまで主として技術的な観点から切削条件の決定法について述べたが、当然のことながら切削条件は加工の経済性を考慮して決定されなければならない。ここでは以下に最も単純化した場合を例に取って、経済性を考慮した切削条件決定の考え方を紹介する。

図 8.8 に示すようにある部品の加工費用 C_m（¥）は、切削費用 C_c（¥）、工具費用 C_t（¥）および間接費用 C_n（¥）から構成される。切削費用は切削単価 c_0（¥/min）に切削時間（実切削時間 t_m（min）と非切削時間 t_n（min）の和で与えられる）を乗じて与えられる。また工具費用については、工具寿命を T（min）とすると実切削時間 t_m（min）分だけの費用で済む。以上より、以下の式が成立する。

$$C_m = C_c + C_t \frac{t_m}{T} + C_n = c_0 \times (t_m + t_n) + C_t \frac{t_m}{T} + C_n \tag{8.7}$$

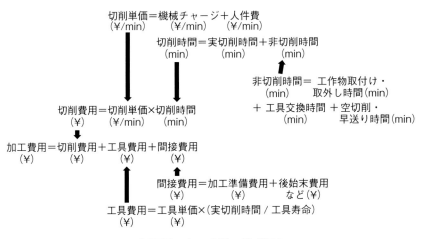

図 8.8 加工費用の構成要素

表8.2 工作機械の年間利用時間の構成

時間帯	内容		具体的な内容例
休止時間	休日、（夜間）		
稼働時間	準備時間		機上プログラミング、プログラムチェック 工作物の取り付け（含む確認）、取り外し 工具交換（取り付け）
	実加工時間		実切削
	非加工時間		原点設定、早送り、位置決め、機上計測
非稼働時間	正常		工作物待ち、オペレータ待ち、定期点検・保守、消耗品（切削油など）の補充、交換
	異常		修理のサービス待ち、トラブルからの回復（異常のある工作物、工具の取り出し・交換など）、機械故障による修理・部品の交換

ここで切削単価 c_0 は単位時間当たりの機械チャージと人件費の和で与えられる。この内機械チャージは基本的に

（機械チャージ）＝（機械コスト＋金利）／（年間の稼働時間×償却年）

をもとに計算され、各社それぞれの機械ごとに機械チャージを設定している。最近の工作機械は従来機に比べて高価であるため、年間を通じて稼働率を上げることが極めて重要になる。工作機械の年間利用時間は**表8.2**に示す項目から成り立つが、特にNC工作機械など、自動化が進んだ工作機械では、夜間や休日に無人運転を行ったり、ロボットの利用や自動ローダを設置するなどして、実加工時間を増やす工夫がされている。人件費に関しても自動化を進め、無人運転を行ったり、一人で複数の機械を担当することにより、切削単価を低くする工夫がされている。機械チャージは工作機械の種類や稼働状況によっても異なるが、一般には人件費も含め、1時間当たり数千円程度に設定されていることが多い。

切削速度に対して、式 (8.7) の各項目は定性的に**図8.9**のように表される。すなわち、切削速度を高くすると切削時間が短くなり、結果として加工費用は低下する。その一方で、切削速度を高くすると工具寿命が短くなるため、工具費用が上がって加工費用は高くなる。間接費用は切削速度には関係なく一定と考えられる。ここでは以下、式 (8.7) に基づいて加工費用を最低にす

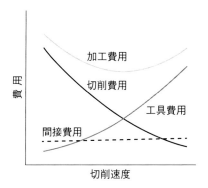

図8.9 切削速度と加工費用の関係

る切削速度を求める。今最も単純な例として、直径 D (mm)、長さ L (mm) の丸棒を長手旋削する場合を考える。切削速度を V (m/min)、送りを f (mm/rev) とすると

$$t_\mathrm{m} = \frac{\pi DL}{1000 Vf} \tag{8.8}$$

で与えられるから、式 *(8.7)* は

$$C_\mathrm{m} = c_0 \frac{\pi DL}{1000 Vf} + c_0 \cdot t_\mathrm{n} + C_\mathrm{t} \frac{\pi DL}{1000 VfT} + C_\mathrm{n} \tag{8.9}$$

となる。ここで

$$A \equiv c_0 \frac{\pi DL}{1000 f}、B \equiv c_0 \cdot t_\mathrm{n} + C_\mathrm{n}、E \equiv C_\mathrm{t} \frac{\pi DL}{1000 f}$$

と置き、工具の寿命方程式として、式 *(4.2)* に示したテーラーの工具寿命方程式 $VT^n = C$ を用いると、

$$T = \left(\frac{C}{V}\right)^{1/n} \tag{8.10}$$

であるから、式 *(8.9)* は以下のようになる。

$$C_\mathrm{m} = \frac{A}{V} + B + \frac{E}{V} \cdot \left(\frac{V}{C}\right)^{1/n} \tag{8.11}$$

式 *(8.11)* を速度 V について微分し、最小加工費用 C_mmin を与える切削速度 V_cmin を求めると以下のようになる。すなわち

$$\frac{\partial C_\mathrm{m}}{\partial V} = -\frac{A}{V^2} + \left(\frac{1}{n}-1\right)\frac{E}{C^{1/n}}\,V^{1/n-2} = 0 \qquad (8.12)$$

と置くと、これより

$$V_\mathrm{cmin} = C\left(\frac{c_0}{C_\mathrm{t}}\right)^n \frac{1}{\left(\dfrac{1}{n}-1\right)^n} \qquad (8.13)$$

またこの時の工具寿命 T_cmin は

$$T_\mathrm{cmin} = \frac{C_\mathrm{t}}{c_0}\left(\frac{1}{n}-1\right) \qquad (8.14)$$

で与えられる。ここで式 (8.14) における C_t (工具費用) と c_0 (切削単価；時間当たりの機械チャージと人件費) を比較すると C_t/c_0 の値が比較的小さい場合には加工費用が最小となる工具寿命は短くなり、結果として高速切削が有利であることが分かる。

なお上述したように最近の工作機械は機械チャージが高いため、実際の加工現場でも工具費用を無視して、できるだけ高速、高能率切削を志向することによって生産性を上げ、結果として利益を上げようとする傾向が強い。このことは切削電力の観点からも説明することができる。すなわち**図 8.10** に示すように、工作機械は電源投入と同時に、制御装置、油空圧ポンプ、切削油ポンプなど付属装置の駆動に必要な電力が消費され、加えて切削に必要な電力が消費される。切削加工に必要な総電力量は基本電力と切削電力を加えて時間積分して与えられることから、高速・高能率切削を行う方が結果的に

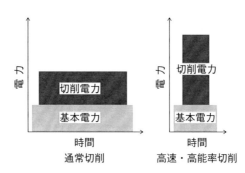

図 8.10 通常切削と高速・高能率切削における電力比較の概念図

総電力量は少なくて済むことが分かる。またこの場合、切削時間も短縮されることから有利であると言える。

参 考 文 献

1) 鳴瀧良之助、森脇俊道：低切削速度におけるびびりの安定性、精密機械、37,8（1971）593.
2) Y. Altintas : Manufacturing Automation, Cambridge University Press（2012）
3) 星鐵太郎：びびり無し加工条件設定の手順、第1部　荒加工におけるびびり無し条件、機械と工具（2017年6月号）57.
4) 星鐵太郎：びびり無し加工条件設定の手順、第2部　仕上げ加工におけるびびり無し条件、機械と工具（2017年7月号）79.
5) 星鐵太郎：びびり無し加工条件設定の手順、第3部　難削材の高能率加工（その1）、機械と工具（2017年8月号）86.
6) 星鐵太郎：びびり無し加工条件設定の手順、第2部　難削材の高能率加工（その2）、機械と工具（2017年9月号）113.

加工計測

　加工された工作物は設計値、図面に対して幾何学的に適合しているかを見極める必要があり、長さ、厚さ、表面粗さ、真直度、平面度、真円度、円筒度、平行度、直角度、同心度、同軸度など、企画どおりに加工できたかを検査する目的で測定を行う。さらには加工した後に計測を行い、目標値、設計値に対する誤差量（ずれ量）を認識し、その定量的な値に基づいて補正加工を実施することもある。このプロセスは極めて重要で、計測することができる精度まで補正加工、修正加工を行うことができることを意味し、「計測精度」＝「加工精度」となっている。人類は太古の昔より様々な計測法を発明し、補正加工を行ってきており、加工技術と計測技術を共に向上させ組み合わせることで、加工技術の高度化を図ってきたと言える。

9.1 加工精度と加工面特性

▶ 9.1.1 SI単位と測定精度

　物理量を定量的に表現するには単位が必要であり、その単位系は国際単位系（略称はSI、仏語のLe Système International d'Unités）が望ましいとされている。日本では、1991年に日本工業規格（JIS）が完全に国際単位系準拠となり、JIS Z8203（国際単位系（SI）及びその使い方）に規定され、計量法でも一部の例外を除き計量単位に国際単位系を採用している。

　国際単位系（SI）では7つの基本単位、2つの補助単位を組み合わせて組立単位の定義を行う。基本単位は時間（s）、長さ（m）、質量（kg）、電流（A）、熱力学温度（K）、物質量（mol）、光度（cd）である。基本単位の名称と記号、および定義を**表9.1**に示す。これらは一定で不変であること、高精度で測定可能なことなどをもとに、国際度量衡総会（CGPM、仏語のConférence Générale des Poids et Mesures）で採択され、維持されている。質量以外の単位は物理法則を用いて定義されているが、質量はキログラム原器を基準としている。そのため質量は物理法則を用いて定義する方法が現在も検討されている。

　補助単位は平面角ラジアンと立体角ステラジアンであり、前者は記号radで、円の周上でその半径に等しい長さの弧を切り取る2本の半径の間の角、後者は記号srで、球の中心を頂点としその球の半径を1辺とする正方形の面積と等しい面積をその球の表面上で切り取る立体と定義されている。なお、1998年に補助単位は次元1の組立単位として分類され、日本の計量法においては組立単位と定義されている。

　計測器を利用するためには計測器の性能についての正確な知識が不可欠であり、精度や誤差に対する理解が重要である。

　計測器が測定量の変化に反応する度合いを「感度（静的感度 Sensitivity）」という。このときの測定可能な最小変化量が「分解能（Resolution）」

第9章 加工計測

表9.1 国際単位系（SI）の基本単位

量	基本単位 名称	基本単位 記号	定　義
時　　間	秒	s	セシウム Csl33 原子の基底状態の2つの超微細準位（F=4、M=0 および F=3、M=0）間の遷移に対応する放射の周期の9 192 631 770 倍の継続時間
長　　さ	メートル	M	光が1秒の 1/299.792.458 の時間に真空中を進む距離
質　　量	キログラム	kg	国際キログラム原器の質量
電　　流	アンペア	A	無限に長く、無限に小さい円形断面積を持つ2本の直線状導体を真空中に1メートルの間隔で平行に置いたとき、導体の長さ1メートルにつき 2×10^{-7} ニュートンに流れる電流の大きさ
熱力学温度	ケルビン	K	水の三重点の熱力学温度の 1/273.16。温度間隔も同じ単位
物　質　量	モル	mol	0.012 kg の炭素 12 に含まれる原子と等しい数の構成要素を含む系の物質量。モルを使うときは、構成要素が指定されなければならないが、それは原子、分子、イオン、電子、その他の粒子またはこの種の粒子の特定の集合体であってよい
光　　度	カンデラ	cd	周波数 540×10^{12} ヘルツ（Hz）の単色放射（緑色可視光）を放出し、所定方向の放射強度が 1/683 ワット毎ステラジアン（W/sr）である光源における、その方向における光度

と定義される。感度限界、あるいは出限界と呼ばれることもある。測定できる範囲を「測定範囲（Measuring range）」と言い、最高目盛り値と最小目盛り値の差を「スパン（Span）」と呼ぶ。測定値の入出力関係に直線性がある場合は取り扱いが容易であるが、入出力関係が直線から外れる量が非直線性であり、ずれ量の最大値に対する「入力スパンとの比（%）」で多くの場合表現される。時間に対して変化する対象量の場合は追従性が求められ、測定器が動的に応答しうる最大入力と最小感知入力（動的分解能）との比を

195

「ダイナミックレンジ（Dynamic range）」と称し、通常「デシベル」で表記される。また、ステップ入力に対する出力誤差が規定値以下に収まるまでの時間を「応答時間」と言い、計測器の応答性の指標となる。ある定められた条件の下で計測器が表示する値の誤差限界を「確度（Accuracy）」と言い、測定器の性能表現に限ってこの言葉が使われ、測定値の精度と同じ内容である。

ある計測対象に対して複数回測ることによって誤差の大きさが検討できる。得られた測定値から平均値を求め、平均値からのばらつきが「分散（不偏分散）」、「標準偏差」として定義される。真の値と平均値との差を「偏り」という。「誤差」、「精度」という言葉が産業界の各分野でまちまちに使用されており、国際的にも標準化されていなかったことから、国際的ガイドラインが提案され、導入されつつある。「誤差」という考えから離れ、「不確かさ」という概念が使用されている。

▶ 9.1.2　工作物の代表的な測定項目

工作物は設計値、図面に対して幾何学的に適合しているか否かを見極める必要があり、その代表的な値として、長さ、厚さ、表面粗さ、真直度、平面度、真円度、円筒度、平行度、直角度、同心度、同軸度などがある。仕上がった工作物が企画どおりにできたかを検査する目的で測定を行う。

加工精度とは、例えば図9.1の部品では、面の平面度、隣接面間の直角度などの形状の精度、部品あるいは穴の寸法精度、さらに部品表面の表面粗さ、加工変質層などの仕上げ面性状を考える必要がある。これらの形状精度、寸

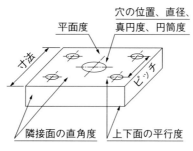

図9.1　部品の幾何学的評価内容

法精度、仕上げ面性状を評価することは最終的な製品の機能として重要であるとともに、加工工程における加工精度の発生要因を検討する上でも役立つ。ここでは、加工精度の基本的な内容について述べる。

▶ 9.1.3 寸法精度・公差の定義（ISO）

ある部品を加工する場合、寸法が 100 mm と指定され、例えその数値が線分であったとしても、どこまで計測可能かが問題となり、さらに前節の形状精度で明らかなように、面間の寸法・距離を指定どおりに加工するのは一般に極めて困難である。若干の製作誤差は必ず生じる。したがって、誤差の発生を前提にして、部品としてそれぞれの工程で製作されることから、組立てあるいは部品の機能に支障がなければ誤差は問題とはならない。

例えば「若干の製作誤差」という表現は曖昧であり、ほとんどの場合部品には互換性が要求されることから、誤差は寸法許容差（誤差範囲）としてJIS で規定されている。寸法許容差は穴と軸のはめあいのように機能的に相互関係が重要な場合と、単に工作精度のように製作上の誤差として許容される場合がある。前者は表 9.2 に示すような基本公差として、組み合わせる両者の間の最大許容寸法（上の寸法許容差）と最小許容寸法（下の寸法許容差）との差、すなわち寸法公差（単に公差）がその精度の等級に応じて定められている。後者ははめあい関係のような寸法許容差に重要な意味はないが、

表 9.2 IT 基本公差の数値

単位 μm

寸法の区分 (mm) を超え	以下	IT 5 (5級)	IT 6 (6級)	IT 7 (7級)	IT 8 (8級)	IT 9 (9級)	IT 10 (10級)	IT 11 (11級)	IT 12 (12級)	IT 13 (13級)	IT 14 (14級)	IT 15 (15級)	IT 16 (16級)
18	30	9	13	21	33	52	84	130	210	330	520	840	1300
30	50	11	16	25	39	62	100	160	250	390	620	1000	1600
50	80	13	19	30	46	74	120	190	300	460	740	1200	1900
80	120	15	22	35	54	87	140	220	350	540	870	1400	2200
120	180	18	25	40	63	100	160	250	400	630	1000	1600	2500
180	250	20	29	46	72	115	185	290	460	720	1150	1850	2900

備考　18 mm 以下および 180 mm を超え 500 mm 以下の寸法区分に対する数値は省略した。
　　　IT 5～IT 10 の基本公差は主としてはめあわされる部分、IT 11～IT 16 の IT 基本公差は、主としてはめあわされない部分の寸法の公差として適用される。

表9.3 粗い寸法の区分に対する普通許容差

単位 mm

寸法の区分 \ 等級	12級	(13級)	14級	(15級)	16級	(17級)	18級	(19級)	20級
0.5 以上　　3 以下	±0.05	±0.05	±0.1	±0.2	—	—	—	—	—
3 を超え　　6 以下	±0.05	±0.1	±0.1	±0.2	±0.2	±0.6	±0.9	—	—
6 を超え　 30 以下	±0.1	±0.15	±0.2	±0.4	±0.5	±1	±1.6	±2.5	±4
30 を超え 120 以下	±0.15	±0.25	±0.3	±0.7	±0.8	±1.8	±2.8	±4.5	±7
120 を超え 315 以下	±0.2	±0.4	±0.5	±1	±1.2	±2.5	±4	±6	±10
315 を超え1000 以下	±0.3	±0.7	±0.8	±1.8	±2	±4.5	±7	±11	±18
1000 を超え2000 以下	±0.5	±1.1	±1.2	±3	±3	±8	±11	±18	±30

備考　括弧を付けた等級は、なるべく使用しない。

目安として**表9.3**のようにJISに規定されている。

▶ 9.1.4　形状精度

図9.1に示したような部品の幾何学的評価内容として、**表9.4**に示す幾何偏差の種類が規定されている。また代表的な幾何偏差の定義を**表9.5**に示す。

表9.4 幾何偏差の種類（JIS B0021）

種　　類		関連する形体
形状偏差	真直度 平面度 真円度 円筒度	単独形体
形状偏差	線の輪郭度 面の輪郭度	単独形体または関連形体
姿勢偏差	平行度 直角度 傾斜度	関連形体
位置偏差	位置度 同軸度および同心度 対称度	関連形体
振れ	円周振れ 全振れ	関連形体

表9.5 幾何偏差の定義（JIS B0021）

項 目	説 明 図	定　　義
真直度（一方向）		2つの平行平面ではさんだときの両平面の最小間隔
平面度		2つの平面ではさんだときの両平面の最小間隔
真円度		2つの同心円の幾何学的円ではさんだときの2円の最小の半径差
円筒度		2つの同軸の幾何学的円筒ではさんだときの2円筒の最小の半径差
平行度（一方向）		2つの平行平面ではさんだときの両平面の最小間隔

▶ 9.1.5　表面粗さ

　加工部品の表面は微視的に観察すると、幾何学的な凹凸があるとともに、表面および表面近傍は加工時における変形の影響を受けている。前者を表面粗さ、後者を加工変質層と言い、これらを合わせて仕上げ面性状と呼ぶ。特にはめあいや摺動面として利用する場合には摩擦・摩耗、部品の疲労強度や耐食性などの機械的特性に大きな影響を及ぼす。

　部品表面は遊離砥粒による研磨加工、鋳造あるいは放電加工などでは方向性のないランダムな表面となるが、表面粗さが特に問題とされる切削加工や研削加工では**図 9.2** のように工具の動きの痕としてのカッタマーク（筋目方向）や、それに基づく粗さとともに長周期のうねりを有する。さらに詳細にはカッタマークの凹凸には切りくず生成機構や切れ刃稜の粗さに起因する細

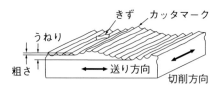

図 9.2 切削加工した工作物表面の例

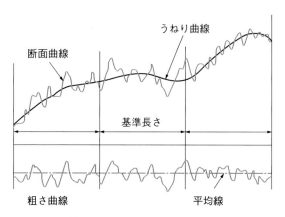

図 9.3 断面曲線と表面粗さ曲線

かな凹凸が含まれている。

　表面粗さの評価は表面の断面曲線に基づいて行われる。図 9.2 の場合、切削方向あるいは送り方向のどの方向の断面曲線を求めるのかも重要となる。断面曲線からうねり成分の除去したものが粗さ曲線と言われ、図 9.3 にその様子を示す。表面粗さの表示方法はこれまで種々提案されているが、JIS 規格では最大高さと算術平均粗さが定められ、その他 2 乗平均粗さなどが用いられる場合もある。さらにどのようなうねり成分を除去するかということもカットオフ値として、また部品表面は広いが、どの領域で測れば良いかも計測対象物の表面粗さにより基準長さとして定義されている。なお、基準長さの抜き取りに際しては、局所的な傷とみなされる高い山や深い谷は除外される。

（1）最大高さ Rz（旧 Ry、Rmax）

　基準長さの区間における最高の山頂と最低の谷底との距離で表したものである。最大高さ粗さは直感的で比較的容易に求められ、広く利用されている。

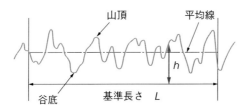

図 9.4 表面粗さ曲線

(2) 算術平均粗さ Ra

粗さ曲線を $y(x)$ と定義すると、平均線 h は次式で与えられる。

$$h = \frac{1}{L}\int_0^L y(x)\,dx \tag{11.1}$$

ここで L は基準長さである。この値 h は図 9.4 に示すように表面粗さ曲線の平均線となり、平均線からの平均的な値として算術平均粗さ Ra が以下の式で定義されている。

$$Ra = \frac{1}{L}\int_0^L |y(x) - h|\,dx \tag{11.2}$$

一般に Rz や Ra は μm 単位または nm 単位で表示される。

▶ 9.1.6 加工変質層

切削加工時には切削油が使用される場合があり、また切削温度は数百度以上の高温になる場合がある。このことから、加工表面は生成直後には化学的に活性な状態にあり、汚染物、吸着ガス、酸化物などで覆われるとともに、内部方向には加工変質層が形成される。したがって、表面の化学的性状を把握し、表面内部の変形状態を知ることも重要となる。表面状態の評価はサーフェイス・インテグリティ（Surface integrity）と呼ばれ、疲労強度、耐腐食性、製品寿命を決定する重要な要因となる。加工表面の変質層の状態を模式的に示すと図 9.5 のようになる。表面汚染物などで覆われているが、その内部の極く表面層はベイルビー層と呼ばれる厚さ数 μm 以下のアモルファス層であると言われている。その下部は微細化結晶層、流動結晶層、粒内変形層、弾性変形層となり、母材とは異なる組織・材質を有している。さらに切削加工時には塑性変形を受けるとともに熱も発生していることから、硬度、

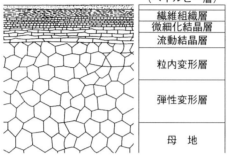

図9.5 加工変質層の模式的構造

残留応力がどのようになっているかを評価する必要がある。

9.2 寸法形状の測定法と測定器

▶ 9.2.1 寸法（長さ）の測定

「長さ」と「距離」は共によく使われる言葉であるが、使い分けはあいまいである。ここでは、空間上のある2点間の間隔を「距離」、その2点に挟まれた物の大きさを「長さ」とし、生産現場において最も頻度の高い計測値として「長さ」について主に述べる。

（1）ノギスとマイクロメータ

長さの測定方法は、直接法と間接法に分けられ、目盛りの付いた標準尺と比較するのが前者であり、長さと一定の関係を持つ物理量を測定するのが後者である。間接法の代表的な例としては、光、電磁気、空気などを利用した非接触測定法がある。典型的な測長機の例として、ノギスとマイクロメータを**図9.6**に示す。ノギスはバーニヤを利用して目盛りを拡大しており、目盛方法としては50等分、最小目盛り0.02 mmのものもある。マイクロメータ

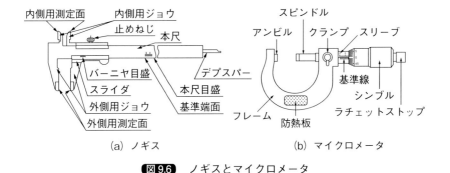

図9.6　ノギスとマイクロメータ

表9.6　代表的な測長機の最小目盛りと測定範囲の性能

種　　類	最小目盛り (mm)	測定範囲 (mm)	目盛りの拡大方法
直　尺	1 (0.5)	0〜1,000	
ノギス	0.05	0〜1,000	バーニア
マイクロメータ	0.01	0〜25	ねじ送り
ダイヤルゲージ	0.01	0〜10	歯車
ミニメータ	0.001	±0.03	てこ
オプチメータ	0.001	±0.1	光てこ
電気マイクロメータ	0.0005〜0.005	±0.015〜0.15	電気的増幅
空気マイクロメータ	0.001	±0.015	空気圧
測長機	0.001	0〜1,000	顕微鏡

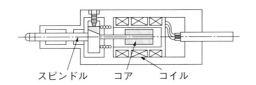

図9.7　作動変圧器式電気マイクロメータの構造

はねじのリードを利用してより精密に測定するものである。その他、代表的な測長機を最小目盛りと測定範囲の性能とともに表9.6に示す。

(2) 電気マイクロメータ

　作動変圧器式電気マイクロメータの構造を図9.7に示す。この他原理とし

て電気抵抗、電気容量に基づくマイクロメータもある。空気マイクロメータも同様であるが、機械的変位を電気量に変換していることから、動的な動きの測定も可能である。図の電気マイクロメータではスピンドル（測定子）が被測定物と接触するが、空気マイクロメータでは非接触の測定となる。非接触測定では接触圧による被測定物の変形による誤差もなく、さらには測定子で対象物を傷付けることもない。

（3）限界ゲージ

製造現場では機械部品の寸法が許容限界内にあるかどうかが検査され、そのために図9.8に示す限界ゲージが用いられる。図中の通り側が入り、止まり側が入らなければ合格とするもので、穴用限界ゲージ、軸用限界ゲージが規定されている。さらにブロックゲージと呼ばれる直方体のブロックもある。ブロックの一対の端面が極めて平坦、平行で測定用に使用され、基準の長さの検定などに用いられる。JIS B7506 に寸法の許容差．平面度の許容差、呼び寸法、寸法測定法などが規定されている。

（4）3次元測定機

3次元測定機とは、被測定物に接触させるプローブを互いに直角をなすX、Y、Z軸方向に移動させ被測定物のX、Y、Z座標を同時に測定する装置である。3次元測定機の例を図9.9に示す。被測定物のX、Y、Z座標、すなわち、ガイドと、各軸の移動量を示すスケール、被測定物に接触させるプロ

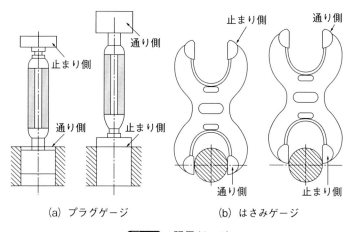

(a) プラグゲージ　　　(b) はさみゲージ

図9.8　限界ゲージ

ーブなどから構成される。測定機の最小目盛は 0.0005〜0.00001 mm と高精度であり、また測定能率が高いため、自動車のエンジンブロックや金型、歯車、プロペラなど複雑で立体的な工作物の測定に適している。構造から分類すると基本的なものとしてカンチレバー形、ブリッジ形、ジグボーラ形があり、構造により運動性能、操作性が異なる。被測定物とは接触しない非接触式の3次元測定機もある。図 9.10 は代表的な接触式のタッチプローブとその構造を示しており、接触子が被測定物表面に触れると瞬時に電気信号を出

図 9.9 3次元測定機（ZEISS）

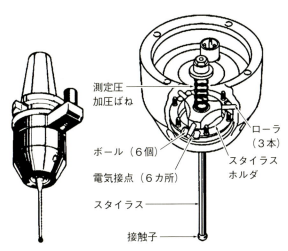

図 9.10 接触式のタッチプローブとその構造（レニショー）

すようになっている。

　3次元測定機は作業者がプローブ部を動かすマニュアルタイプと、モータにより全自動で動くCNCタイプがある。3次元座標測定機測とも呼ばれ、測定されたデータから種々の演算により、円の中心座標、曲率半径などが求められたり、形状の作図、NCプログラムの作成もソフトウェアにより可能である。

　CNC機の出現はプローブとソフトウェアの進歩を促し、測定の高精度化、高速化、さらには測定機の低価格化が進んでいる。また、X、Y、Z軸方向の移動による真直度、直角度、位置決め精度の保障が重要であり、機械本体に使用される構造部材も変化している。スピンドルやそれを支えるビームの材質は、これまで鋼材、石材、セラミックスなどが使われてきたが、近年では高速化、高精度化のため軽量なアルミニウム合金が主流になっている。アルミニウム合金はセラミックスよりも比重が軽く、各部が移動する時の慣性が小さく、位置決め精度が向上するという利点もある。

　表面性状の評価に関しては、1980年代のデジタル技術の進展とPCの普及を背景として、表面性状評価規格が大きく変化している。各国から表面の機能に関連する表面性状の解析方法が種々提案され、ISOおよびその翻訳版としてのJIS規格などが制定されている。製品の様々な幾何特性について、製品の文章指示、公差の定義、実形体の特性、パラメータ定義、公差限界との比較、測定装置、校正として規格が制定されており、必要に応じて参照する必要がある。

（5）真円度測定器

　代表的な真円度測定器を**図9.11**に示す。被測定物の被測定面に当てた検出器の先端子とその被測定面とを互いに相対的に同転させ、被測定面の形状に従って先端子を変位させ、その変位量を電気的量に変換し、増幅、拡大記録する。相対的に回転させる方法として検出器を固定して被測定物を回転させるものをテーブル回転形、被測定物を固定し、検出器を回転させるものを検出器回転形と呼ぶ。主に円筒形工作物の外径部における真円度を測定するもので、接触式検出器を使用するものが多い。レーザ光を用いた非接触センサを搭載して計測するものもある。円筒形工作物を搭載したロータリテーブルの回転精度とセンサの精度が計測精度に影響を及ぼす。

図 9.11　真円度測定器（テーラーホブソン製）

9.3 表面形状の測定法と測定器

▶ 9.3.1　代表的な表面形状測定法

　工作物の表面には2次元的、3次元的に微小な凹凸があり、また素材の特性や製造過程に依存した物理的、化学的表面状態の変化が残されている。工作物の表面には、図9.2に示したように低周波のうねり成分誤差と、高周波の粗さ成分誤差が存在する。低周期のうねり成分誤差が形状精度誤差である。図9.3に示したように、高周波の表面粗さ成分を除外すると、低周期のうねり成分が残り、目標とする幾何学的形状との差分を計算すると形状誤差曲線が得られる。表面形状の測定法には大きく分けて、接触式と非接触式があり、それらの特徴をまとめると**表9.7**のようになる。

　接触式測定法の問題点は以下のようにまとめられる。すなわち，
- (1) 接触式であるため、被計測物に傷が付く場合がある。
- (2) 測定プローブ触針の真球度が測定精度に影響する。
- (3) 静圧空気軸受を利用する場合、測定荷重の横方向分力による変形の影響がある。

表9.7 代表的な測定法の特徴

測定法	長所	短所
接触式 (触針式)	・大きなSagでも確実に計測可能	・測定プローブの径の個体差の影響あり ・プローブの摩耗 ・非測定面に傷 ・不連続面の測定困難
非接触式 (干渉方式)	・短時間に計測するため、環境誤差の影響受けにくい	・非球面量が大きいと困難 ・不連続面の測定困難
非接触式 (レーザプローブ走査方式)	・測定プローブの径、摩耗の影響なし ・非測定面に傷なし ・大きなSagでも計測可能	・傾斜角や測定面の表面粗さによる反射率の変動の影響大きい

(注) Sag：高低差。曲面形状において最も深い値と最も上の値の差のこと。

(4) 測定プローブの曲率半径は2μm程度が最小で、微細な形状の測定には適さない。
(5) 測定プローブの摩耗の影響がある。

　他方、レーザ干渉方式は短時間で計測することが可能であるため、環境誤差の影響受けにくいが、平面形状か球面形状に限定されている。また非接触のレーザプローブ走査方式ではそれらの問題点が回避できる場合がある。

▶ 9.3.2 接触式測定法

　一般に形状測定には接触式の測定器が用いられている。従来から用いられている測定原理を**図9.12**および**図9.13**に示す。図9.12の方式は英国テーラーホブソン社で開発されたもので1980年代中ごろから今日まで広く用いられている。てこ式の測定プローブ先端に接着された曲率半径2μmのダイヤモンドスタイラスや数百μmのサファイアスタイラスを被測定物の半径方向に100 mgf以下の低荷重で押し当てながら走査し、その測定プローブの振れ量をレーザで測長し、(X、Z)方向の座標に変換し、設計面形状との差分を算出するものである。他方、図9.13の方式は、静圧空気軸受先端に取り付けた同様のスタイラスの動きをレーザで計測するものである。

　図9.14に、てこ方式の接触式の測定器（テーラーホブソン製 Form Taly-

第 9 章　加工計測

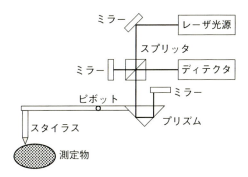

図9.12　接触走査式の測定法

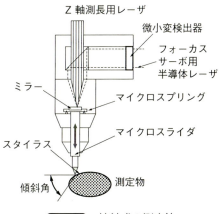

図9.13　接触式の測定法

図9.14　接触式の測定器（てこ方式）（テーラーホブソン製 Form Talysurf）

surf）の外観を示す。スタイラスは1方向に走査し、2軸（X、Z）方向の断面形状を計測することができる。図9.15はスライダ方式の接触式の測定器（パナソニック社製UA3P）である。スタイラスは平面（XY平面）上を走査し、スタイラスの縦（Z）方向の変位を計測し、3次元形状を精密に測定することができる。これらは非球面光学部品を主に測定するもので、一般の機械部品の精密測定も可能である。

▶ 9.3.3　非接触式測定法（干渉方式）

(1)　ニュートン法

　図9.16に示すように、被測定物を上向きに設置し、その上に基準となる平面度の極めて高い透明なガラス板を置く。上方から来た光の一部はガラス

図 9.15　接触式の測定器（スライダ方式）（パナソニック製 UA3P）

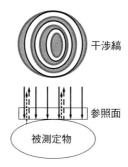

図 9.16　ニュートン干渉法による計測

下面で上方に反射するが、他の一部はガラス板を通過して被測定面で反射し、ガラス板を通過し戻ってくる。これらの2つの光は光路差（ガラス裏面と被測定物までの距離）に応じて、その2倍の距離の光路差が生じて光の干渉が起こり、図のような干渉縞が発生する。これは等高線に該当し、3次元形状が計測できるものである。したがって縞の1次は光の波長の1/2の距離であることが分かる。

(2) フィゾー干渉計

　光学式の平面度の測定装置の一例として、フィゾー型干渉計を図9.17に示す。これは極めて高精度に磨かれた参照平面と、測定対象を互いに向かい合わせて配置し、光の干渉現象を利用して測定対象の形状を測定する技法である。両者が共に理想的な平面形状を有する場合には真っすぐな干渉縞が観察されるが、いずれかが理想的な平面からずれていると曲がった干渉縞が観察される。したがって、干渉縞の曲がり具合を観察することにより、測定対象の平面度を測定することができる。図9.17に示す平面干渉計GPI（ZYGO社製）では、光源として波長655 nmの半導体レーザを備え、測定有効径は120 mm程度（標準器で）で、1～120 Hzの範囲の振動に対する除振能力を有し、被測定物の表面の全面を計測することができる。

(3) レーザプローブ走査式

　レーザオートフォーカス顕微鏡の光路図を図9.18に示す。レーザは顕微鏡鏡筒部に組み込まれており、対物レンズの端から光軸中心に集光し、工作

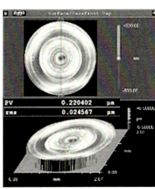

図9.17　フィゾー型干渉計と形状測定例（Zygo製）

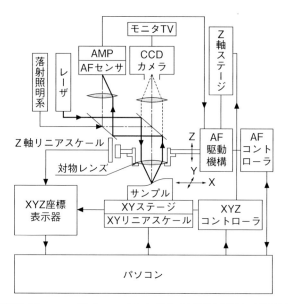

図9.18 レーザプローブ走査式3次元測定装置の原理図

図9.19 レーザプローブ式3次元測定装置（三鷹光器 NH-3SP）

物表面で反射して再び対物レンズを通りAFセンサ上に結像する。この時焦点が合っていないとレーザスポットはセンサ上で位置がずれるので、レーザスポットが常に最小かつ光軸の中心に来るように対物レンズをZ方向に位置決めし、フォーカス点のX、Y、Zの座標値をリニアスケールからコンピ

ュータに取り込む。高精度自動 XY ステージで被測定物を移動させ、焦点が合った各点の X、Y、Z 値から 3 次元形状などを高精度に測定するもので、非接触形状測定法の内では、被測定物表面の色や反射率、角度などの影響による測定誤差が極めて少ない方法である。

レーザプローブ走査式 3 次元測定装置の例を図 9.19 に示す。本装置は測定範囲（X、Y、Z＝150×150×10 mm）、分解能（X、Y＝0.01 μm、Z＝0.001 μm）の性能を有している

9.4 表面粗さの測定法と表面粗さ測定器

本節では、表面粗さ測定の原理と測定方法、ならびに 2 次元および 3 次元形状精度の測定方法について述べる。従来の表面粗さ測定では、表面との接触による触針式表面粗さ計を用い、しかも一方向のみの測定で、10 mm 程度の測定長の中で表面粗さの評価を行っていた。しかしながら加工面は 2 次元的および 3 次元的広がりを有すること、またコンピュータの記憶容量が飛躍的に向上したことから、3 次元粗さ測定器が利用されるようになってきている。さらにレーザ光など光を利用した非接触表面粗さ測定器が開発され、計算機技術の向上、マイクロ部品の製造などと相まって、測定器としては多様な展開を示しており、表面粗さ測定と表面形状測定とは明確な区分が困難になりつつある。

▶ 9.4.1 触針式表面粗さ測定器

図 9.20 は従来から広く使用されている触針式表面粗さ測定器の一例で、基本的に以下の 3 つの部位から構成される。
・微小な凹凸に接触する検出器
・検出器を一定速度で指定距離移動させる駆動部
・得られた信号から粗さパラメータを算出する演算部

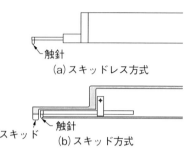

図9.20 触針式表面粗さ測定器
（東京精密）

図9.21 触針の測定方式

測定方式は図9.21に示すように、表面粗さの評価のみを可能とするスキッド方式と、うねりや真直度の評価なども可能なスキッドレス方式の2種類がある．触針の検出器は先端半径、先端角度、形状、測定力などによって異なり、JIS B 0651（2001）では「先端半径 $2\,\mu\mathrm{m}$、先端角度 $60°$ の円錐形状、測定力 $0.75\,\mathrm{mN}$」として標準を定めている。さらに、一般には高倍率で測定を行うため、防振などの測定環境も重要な要素である。

測定では9.1.5項で述べたように、測定方法、粗さパラメータを求めるための「基準長さ」なども理解する必要があるが、実際には演算部での設定で評価値が得られる。

▶ 9.4.2 非接触表面粗さ測定器

非接触表面粗さ測定器は、被測定物の表面形状を高速、高分解能で測定できるものとして、表面形状の評価にも多く用いられるようになっている。形状測定器の項でも述べたように、触針式では触針の接触による被測定物の変形、傷が考えられるが、非接触式では非破壊で高精度の表面粗さ評価が行えることが特徴となる。基本機能は座標測定であるが、被測定物の形状や大きさ、測定内容が異なる。

非接触表面粗さ測定器に利用される原理の内、最も広く用いられているものは光学式で、その他走査型トンネル顕微鏡、空気マイクロメータを利用し

たものもある。この内大きな進展を示したものが光束を極めて細く絞ることができるレーザ光の利用である。光学式測定の具体的な方法としては、表面の凹凸断面を求める光切断法、光波干渉法、全反射臨界角法などがある。

光切断法は被測定面に光帯を投射し、被測定面と光帯との交線上のずれから測定するもので、交線の観察手法にもよるが粗さ $0.2 \sim 3/\mu mRz$ 程度まで測定可能である。光波干渉法によるものの内、広く使用されている 2 光束の干渉計は、縞間隔 $\lambda/2$（λ：光の波長）を基準に測定するものである。したがって、測定し得る粗さの分解能は光の波長に依存し、$\lambda/20$ 程度となる。

この分解能を向上させる方法として、光路差倍増法、ヘテロダイン干渉法、フリンジスキャン干渉法などが開発され、nm オーダから Å オーダまでの測定が可能となっている。全反射臨界角法は反射光の強度変化によって測定するもので、分解能 2 nm 程度以下が可能である。

また、表面の凹凸の大きさではなく、表面粗さパラメータを直接求める手法として、対比光沢度法。鏡面反射率法などがあり、反射光の強度特性の変化から Ra あるいは Rrms（旧表示）を求めている。鏡面反射率法は 1 nm 以下の微細な凹凸に限定されるが、いずれも非接触で測定できる有用な方法である。

走査型トンネル顕微鏡（STM：Scanning Tunneling Microscope）は、導電性試料表面に金属の針を数 nm 以下に近づけると電流が流れる（トンネル電流という）ことを利用したもので。一定電流が流れるように針先端と表面の距離を保ちながら表面を走査することにより、0.1 nm オーダで表面性状を測定することが可能である。トンネル電流の代わりに針と表面の間の原子間力を検出し、絶縁物の表面に対しても適用できるのが原子間力顕微鏡（AFM：Atomic Force Microscope）であり、細胞などの物体に対してはエバネッセント光を検出する走査型フォトン顕微鏡（SPM：Scanning Photon Microscope）が開発されている。

測定原理として走査型白色干渉法を用いた表面構造解析顕微鏡の例を図 9.22 に示す。干渉搞（干渉強度）の収集のために干渉計を光軸（高さ）方向に垂直駆動し、干渉縞解析に FFT を応用して位相データとして求めており、垂直分解能 0.1 nm、水平分解能 0.5 μm（100 倍の場合）、繰返し精度 0.002 nm で、高分解能かつ低ノイズを達成している。同顕微鏡の光学系配置を図 9.23

図 9.22 走査型白色干渉法を用いた表面構造解析顕微鏡（ZYGO 製 New View 6200）

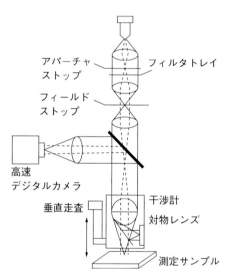

図 9.23 走査型白色干渉法の光学系

に示す。

　測定範囲は直径 22 mm、高さ 15 mm であり、微小な加工部品の形状まで評価することが可能である。**図 9.24** は観察結果の一例で、単結晶ダイヤモンド工具でプレーナ加工した加工面表面における工具の送りマークが明確に現れている。

第9章　加工計測

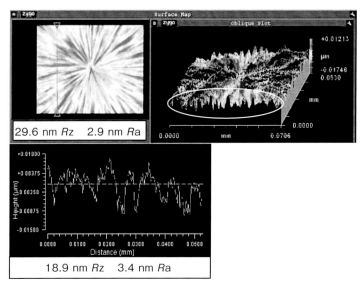

図9.24　表面構造解析顕微鏡による観察結果の一例（ダイヤモンド切削した面の表面粗さ曲線）

9.5
その他の測定項目と測定器

▶ 9.5.1　力の測定

ここでは主として切削力を測定するための測定器について述べる。
（1）ひずみゲージによる測定

ひずみゲージは、力による被測定物の微小な変形（ひずみ）を、それに貼り付けた導体の電気抵抗変化を利用して測定するセンサである。**図 9.25(a)** に示すように、極めて細い金属抵抗線（あるいは金属箔）を薄い絶縁体にジグザグに貼り付けた構造をしている。ひずみゲージを貼り付けた被測定物が変形すると、ひずみゲージも同率で変形し、伸びた場合には断面積が減るとともに長さが長くなり、その結果電気抵抗値が増える。この変形による電気

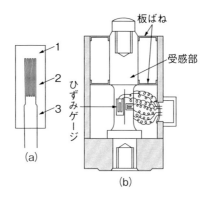

図9.25 ひずみゲージとロードセル

抵抗の変化をひずみ量に換算するが、力の測定では力と電気抵抗の変化の関係をあらかじめ校正して利用する。

　この場合の電気抵抗変化は微小であるため、その検出には通常ホイートストーン・ブリッジ回路が使用され、さらに電流増幅器と組み合わせて使用されることが多い。通常荷重計（ロードセル）、あるいは加工用であれば切削動力計と呼ばれ、加えられた力と電気抵抗の変化による出力との関係が校正曲線として求められている。図9.25(b)はロードセルの例を示しており、ひずみゲージ部が保護されたものになっている。

　同図のロードセルは軸方向の荷重を測定するものであるが、ねじりひずみが測定できるようにゲージを貼ればトルクの測定も可能となる。トルク測定を回転軸で行えば軸の伝達動力を測定することができる。一般的には軸の伝達動力測定において回転機械軸での直接的な測定は困難であるため、回転軸に動力吸収部を取り付け、そこから伸ばされた腕の先端を荷重計で受け、出力荷重の腕の長さからトルクを求めることが多い。

　この他ひずみゲージを利用してドリル加工におけるトルクとスラストを測定するテーブル設置形の動力計、あるいは旋盤の刃物台に取り付けて切削3分力を測定する3分力動力計などもある。ひずみゲージは変形を利用して力を測定するため、電気抵抗変化の検出感度と変形の大きさが問題となり、一般にひずみゲージ式の動力計では数N以下の微小な荷重の測定は困難である。

図9.26 圧電素子を用いた動力計(キスラー)

(2) 圧電素子による測定

　圧電素子は、圧電体に加えられた力を電圧に変換する、あるいは可逆的に加えられた電圧を力に変換する圧電(ピエゾ電気)効果を有する受動素子の1つである。前者の性質を利用しものが力の測定に、また後者の性質を利用したものがアクチュエータに用いられている。圧電素子はセンサとしての利用の他、アナログ電子回路における発振回路やフィルタ回路にも用いられている。

　圧電素子材料としては水晶などの単結晶、チタン酸バリウム、チタン酸ジルコン鉛などのセラミックスがあり、いずれも多結晶体で強誘電体である。水晶圧電素子を用いた代表的な動力計を**図9.26**に示す。切削動力計としては図に示すようなフライス加工用あるいは旋盤加工用の3分力動力計、ドリル加工やフライス加工に用いられるトルクとスラストを測定する2分力動力計などがある。

　圧電素子を用いた動力計はセンサの変形(ひずみ)に無関係に力を測定することができるため、一般に変形が少なく、剛性の高い設計がなされ、高剛性、高感度の動力計として認知されている。また測定器としての剛性が高く、共振周波数も高いので、動的な切削力の測定に威力を発揮する。その一方で長時間静的な力が作用する場合には電荷の漏洩が生じるため、静的な切削力の測定には限界がある。逆にひずみゲージは静的な力の測定には向いており、用途に応じてセンサを選定する必要がある。

▶ 9.5.2 温度の測定

（1） 熱電対温度計

熱電対は工業的に最も広く使用されているセンサで、2種の金属線で閉回路を構成し、接合点に温度差を与えたときに電流が流れるというゼーベック効果に基づくものである。**図 9.27**に示すように基準温度点の温度 T_1 に対して、接点の温度 T_2 が異なる場合にA、Bの2種の金属に流れる熱起電力を測定し、温度 T_2 を推定する。切削加工では工具や工作物の温度を測定したい部位に接点 T_2 を固定して、切削点近傍の温度などを測定することが行われる。

熱電対に使用される金属材料はJIS C1602「熱電対」に規定されており、白金、ロジウム、クロメル（商品名）、アルメル（商品名）、コンスタンタン、銅などが用いられる。

（2） 抵抗温度計

抵抗温度計は、金属の電気抵抗が温度に比例して変わることを利用した温度センサである。金属材料としては金、ニッケル、銅などの抵抗体が利用され、それぞれ使用温度範囲が異なっている。工業的にはサーミスタ測温体が、温度範囲は比較的狭いものの、高感度であることから多く利用されている。

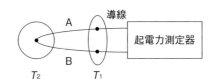

図 9.27 熱電対による温度の計測

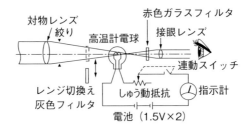

図 9.28 光電形による光高温計による温度の計測

（3）放射温度計

物体から放射される赤外線や可視光線の強度を測定して、物体の温度を測定する温度計である。放射される電磁波を電気的に変換して計測する熱電形と、光子と電子の相互作用を利用する光電形に分けられる。図9.28は光電形による光高温計の例で、光学系を利用して対象物視野中にフィラメントを置き、対象物との輝度差がなくなるようフィラメント電流を調整することにより測定する。

熱電形は光起電力を利用したシリコン放射温度計、電気抵抗の変化を利用したPbS放射温度計、2つの波長における放射の強度比でスペクトルを代表させ、物体の温度を測定する2色温度計などがある。

放射温度計は、直接温度を測定することが困難な切削点近傍の温度を非接触で測定する場合などに用いられる。

▶ 9.5.3 硬度の測定

材料の硬度、すなわち硬さは重要な機械的性質の1つであり、非破壊試験項目の1つとして手軽に測定することが可能で、実用上広く利用されている。通常被測定物に圧子を押し付けたときの材料の抵抗をもとに評価される。使用する圧子の種類、形状、変形の与え方が異なれば、測定される値も変わることから、引張強さなどのように物理的意味はなく、同一測定法による相対的な性質の評価を与えるのみであり、通常〇〇硬度（硬さ）と表記される。材料を限定すれば、硬さの値と引張強さ、降伏応力との関係付けも可能である。

（1）モース（Mohs）硬度

硬さを測定する被測定物試料で標準物質をこすり、ひっかき傷の有無で硬さを測定する。標準物質を表9.8に示す。現実に存在する物質（人工物、天然物）の中で、モース硬さとして最も硬いのはダイヤモンドである。修正モ

表9.8 モース硬度

硬さ1：滑石	硬さ2：石青	硬さ3：方解石	硬さ4：蛍石	硬さ5：リン灰石
硬さ6：正長石	硬さ7：水晶	硬さ8：トパーズ（黄玉）	硬さ9：コランダム（鋼玉）	硬さ10：ダイヤモンド（金剛石）

表9.9 修正モース硬度

硬さ1(1):滑石	硬さ2(2):石膏	硬さ3(3):方解石	硬さ4(4):蛍石	硬さ5(5):リン灰石
硬さ6(6):正長石	硬さ7(7):溶融	硬さ8(7):水晶	硬さ9(8):黄玉（トパーズ）	硬さ10:ざくろ石
硬さ11:溶融ジルコニア	硬さ12(9):溶融アルミナ[2100]	硬さ13:炭化ケイ素[2500]	硬さ14:炭化ホウ素[2750]	硬さ15(10):ダイヤモンド[9000]

ース硬度として、15段階に修正されたものを使うこともある（**表9.9**）。

（2）ロックウェル（Rockwell）硬度

　まず圧子を介して被測定物表面に基準荷重を加え、次に試験荷重を加えた荷重を与えて塑性変形させる。その負荷を基準荷重に戻し、このときの基準面からの永久くぼみの深さの差から硬度を算出する。圧子にはダイヤモンド円錐、鋼球などがあり、また試験荷重も数種類あって、それらの組み合わせにより、Aスケール、Bスケールと区別され、Gまである。硬さ表示としてはHRであるが、使用したスケールも表示され、例えばHRCと表される。

（3）ブリネル（Brinell）硬度

　鋼あるいは超硬合金の球形圧子を押し込んだときの荷重と、残された永久くぼみの面積の比によって求められる。材料の硬さによって圧子の直径と荷重が決められ、HBと表される。

（4）ビッカース（Vickers）硬度

　正四角錐のダイヤモンド圧子を押し込んだときの荷重と、塑性変形したくぼみの対角長さから求められる表面積の比から定義される。くぼみは荷重に対して相似形となることから。試験荷重は任意に選ぶことができ、HVと表される。

（5）ショア（Shore）硬度

　一定の形状と重さを持つハンマを一定の高さから被測定物表面に垂直に落下させ、その跳ね上がり高さから定義され、HSと表される。落下による反発で、動的な衝撃エネルギーの損失が試料の寸法や質量、さらには試料表面の粗さ、平面度などにも依存することに注意が必要である。

9.5.4 表面の観察
（1）光学顕微鏡
　被測定物の表面を観察する光学顕微鏡としては、観察倍率、観察方法などにより以下のようなものがある。
- 実体顕微鏡：低〜中倍率（5〜120倍程度）で観察を行うもので、観察距離が長く、ズーム式が多い。容易に表面観察を行うことが可能であるが、被写界深度が浅い。
- 金属顕微鏡：中〜高倍率（1000倍程度まで）で観察を行う。解像度が良く、種々のフイルターがあって、金属組織の観察に用いられる。しかしながら被写界深度が非常に浅く観察距離が近いため、小さな対象物しか観察できない。
- 倒立顕微鏡：金属顕微鏡とは逆で、試料を下方から中〜高倍率で観察する。
- 測定顕微鏡：金属顕微鏡や実体顕微鏡を鏡体とし、計測用の顕微鏡として開発された顕微鏡であり、ステージの移動量を検出することにより、X、Y、Z方向の形状を1μm程度の測定精度で測定することが可能である。

（2）ノマルスキー顕微鏡
　ノマルスキー微分干渉法は数nm（ナノメータ）レベルの微小な表面粗さや傷などを観察することができる手法である。図9.29にノマルスキー顕微鏡を示す。通常の明視野観察では、対物レンズを通過した光が試料表面で反射して再び対物レンズを通過して像を結ぶ。他方微分干渉観察では、図9.30に示すように、結晶で作られた特殊なプリズム（ノマルスキープリズムと呼ばれる）を対物レンズの後ろに挿入することにより光を分割し、試料表面上で反射した光が凹凸により光路差（位相差）を生じ、これらの光を重ね合わせて干渉させることによって光路差に応じたコントラストが得られる。微分干渉観察では通常の明視野観察では見えにくい試料凹凸を可視化して観察することが可能である。

（3）電子顕微鏡
　電子顕微鏡は、光学顕微鏡で光を用いるのに対して、電子線を利用して試料の観察を行う顕微鏡である。図9.31に示すように、真空中で物質に電子線を照射すると、試料の性質を反映したいろいろな信号が発生する。ここで細く絞った電子線で試料表面を走査し、そのとき試料から出てくる二次電子、

図 9.29 微分干渉（ノマルスキー）顕微鏡
（Nikon、MM-400/U）

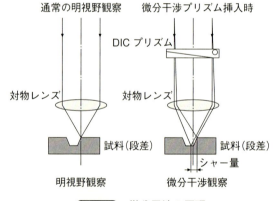

図 9.30 微分干渉の原理

反射電子を検出して表示装置に試料表面の拡大像を表示するものを走査電子顕微鏡（SEM；Scanning Electron Microscope）という。二次電子は試料表面近くから発生する電子で、それを検出して得られた像は、試料の微細な凹凸を反映している。他方反射電子は試料を構成している原子に当たって跳ね返った電子で、反射電子像は試料の組成分布を反映した像になる。

これに対して試料を透過してきた電子を拡大して観察する電子顕微鏡を透

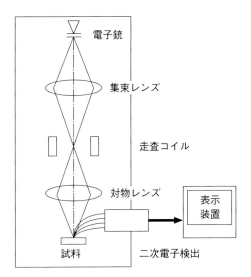

図9.31 電子顕微鏡の原理

過電子顕微鏡（TEM；Transmission Electron Microscope）という。試料を透過してきた電子線を中間レンズなどで拡大し、電子線によって光る蛍光板に当てて試料を観察する。この場合、試料をできるだけ薄く切ったり、電子を透過する薄膜に測定対象を塗ったりして観察する必要がある。一般に透過電子顕微鏡は、走査電気顕微鏡よりも高い分解能が必要とされる場合に用いられる。

　光と異なり電子は真空中でないと飛ぶことができないため、電子顕微鏡の鏡筒内は高真空に保たれなければならない。なお、可視光線の波長が400〜800 nmであるのに対して、電子線の波長ははるかに短く、したがって電子顕微鏡の分解能は光学顕微鏡とは比べ物にならないほど高い。一般に電子線の波長は電子銃の加速電圧が高いほど短く、一例として加速電圧が300 kVのときの電子線の波長は0.00197 nmである。

（4）その他の分析装置

- エネルギー分散型X線装置（EDS；Energy Dispersive X-ray Spectrometry）：電子線やX線を試料に照射した際に発生する特性X線（蛍光X線）を半導体検出器に導入し、発生した電子・正孔対のエネルギーと個数から、物体を構成する元素と濃度を調べる元素分析装置である。

- X線光電子分光分析装置（ESCA；Electron Spectroscopy for Chemical Analysis，またはXPS；X-ray Photoelectron Spectroscopy）：X線を入射し、厚さ数10Åの試料表面からの光電子を検出するもので、光電子の結合エネルギーから元素の種類、量、化学状態の分析が可能である。
- オージェ電子分光分析装置（AES；Auger Electron Spectroscopy、またはSAM；Scanning Auger Microscopy）：電子を試料表面に入射し、厚さ1～2nmの対象試料表面からのオージェ電子をエネルギー分光してエネルギー分布を求め、表面組成の定量分析行う。分解能は電子銃に依存するが50nm以下まで可能で、表面汚染や吸着の解明、表面の酸化、拡散を分析する。またイオン銃によるスパッタリングとの併用で深さ方向の分析も可能である。
- X線マイクロアナライザ（EPMA；Electron Probe Micro Analyzer、またはXMA；X-ray Micro Analyzer）：電子を入射し、厚さ0.3～数μmの試料表面からの特性X線を検出し、微小部（$0.5\mu m$以上）の定性および定量元素分析を行う。非破壊で微小領域の分析が行える。金属固溶体の相、変態、粒界、析出物、介在物などの分析に利用される。この他、地質鉱物の分析や化学分野、生物医学分野などで幅広く利用されている。
- 二次イオン質量分析装置（SIMS；Secondary Ion Mass Spectroscopy、またはIMMA；Ion Microprobe Mass Analyzer）：イオンを入射し、厚さ数Å～数nmの試料表面から得られた二次イオンから質量分析を行い、元素分析を行う。イオン照射密度を低くすると浅い表面の分析が可能で、深さ方向の分布も求められる。

参 考 文 献

1) 谷口修ほか：計測工学（1989）、森北出版.
2) 青島伸治：計測工学入門（1997）、培風館.
3) ツールエンジニア編集部：測定器の使い方と測定計算（2005）、大河出版.
4) 津村喜代治：基礎精密測定（2005）、共立出版.
5) 南茂夫ほか：はじめての計測工学（2005）、講談社サイエンテイフイク.
6) 日本機械学会編：生産加工の原理（1998）、日刊工業新聞社.

第10章

超精密切削

　切削加工技術の高精度化はとどまるところを知らず、現在ではμm（マイクロメートル）はいうに及ばず、nm（ナノメートル）オーダーの加工精度が実現されている。特に光学部品では極めて高精度でしかも自由曲面を含む複雑な形状の加工が要求されている。このような微小な単位の切削では、通常の切削とは異なった切削現象が生じていることを理解する必要がある。またこのような微小単位の切削を可能にする工具は極めて鋭利な切れ刃を有し、高精度に仕上げる必要があり、さらには超精密切削を実現する工作機械も、極めて高精度の運動精度を有し、高度な制御が必要である。ここでは超精密切削の基礎となる切削現象について説明するとともに、最先端の超精密加工技術について説明を行う。

10.1
超精密加工と微細加工

▶ 10.1.1 超精密切削の定義と特徴

　超精密加工とは、加工すべき工作物の大きさに対して、どれだけの精度で加工することができるかによって決まるものであり、また加工精度も時代とともに変遷している。図10.1は故谷口紀男氏が1988年に出版した著書「ナノテクノロジの基礎と応用」にまとめている加工精度の時代的変遷を示している[1]。通常の加工精度に対して、高精密、超精密加工の精度は工作機械や関連加工技術の進歩により、時代とともに向上していることが理解される。この図によれば、西暦2000年には加工精度は1 nmに到達すると予測されており、事実その加工精度は実現されている。現在一般的には、超精密加工の精度は、10^{-6}あるいはそれ以下の分解能の加工精度であるとされている。

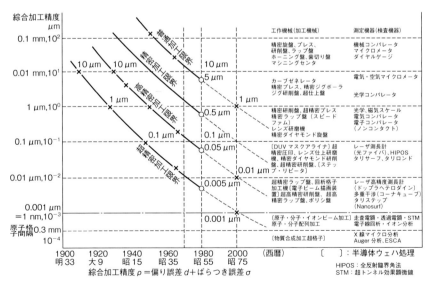

図10.1　到達加工限界精度と年代（谷口紀男：1988年)[1]

超精密加工の対象となる工作物の種類は多く、例えば大型の天体望遠鏡の主鏡に要求される加工精度は、数 m の工作物寸法に対して数十 nm が要求されることもある。

他方、微細加工は加工単位が小さい加工であり、その定義も明確ではないが、一般的な認識として工作物の一辺の大きさが 10 mm あるいはそれ以下であることが多い。微細加工においては加工単位が小さいことから、加工の精度は高いことが多いが、必ずしも工作物の大きさに応じた加工精度が実現されているわけではなく、上述のことから超精密加工と微細加工は同一ではない。

超精密・微細加工法としては、切削加工、研削加工、砥粒加工に代表される機械的な加工法の他に、ビーム加工など種々の加工法があるが、ここでは切削加工に代表される機械的な超精密・微細加工についてのみ考える。代表的な超精密機械加工法としては、超精密切削加工、超精密研削加工、砥粒加工が挙げられるが、これらの一般的な特徴を比較すると**表10.1**のようになる。切削加工や研削加工においては基本的に工作機械の運動精度が加工面に転写されることから、極めて精度が高いいわゆる超精密工作機械が必須となる。その上超精密切削加工においては、工具切れ刃の形状が工作物表面に転写されることから、工具形状が極めて高精度に仕上げられ、しかも刃先が極めて鋭利に仕上げられた工具が必要となる。現状で最も鋭利に刃先を磨くことが

表10.1　超精密機械加工法の特徴比較

加工法	超精密切削	超精密研削	砥粒加工
工具	単結晶ダイヤモンド	ダイヤモンド砥石	ダイヤモンド砥粒
プロセス	剛体工具による除去（工具形状の転写）	固い砥粒が自ら摩耗しながら相手を除去	遊離砥粒による微細加工（圧力切込み加工）
形状創成機能	機械の運動精度と工具の形状精度の転写	機上での工具成型、機械精度の転写	圧力、繰り返し加工回数で決まる
加工可能な形状	ほとんど制限なし	一部制約あり	シャープな形状は不可
加工能率	高能率	高能率	極めて能率が悪い
金型材料	無酸素鋼+NiP めっき（焼入れ鋼、超硬合金）	焼入れ鋼、超硬合金、セラミックス	ほとんど全ての材料
加工機	超精密加工機	超精密加工機+機上計測	各種（加工計測必須）

できる工具材料は単結晶ダイヤモンドであり、広く超精密切削に利用されている。このことから一般に超精密切削は超精密ダイヤモンド切削とも言われることが多い。

超精密ダイヤモンド切削は、加工し得る工作物の材質に制約があるものの、他の加工法と比較して、段差や溝などを有する複雑な形状、あるいは厳密に定義された形状を加工するのに適している加工法と言える。

▶ 10.1.2 超精密切削の応用分野

超精密ダイヤモンド切削は銅やアルミニウムに代表される軟質金属の切削加工には極めて適した加工法であり、こうしたことから当初超精密ダイヤモンド切削は、ハードディスクに使用されるアルミニウム円盤や各種光学機器に使用される銅製／アルミニウム製の各種ミラーの加工に対する需要とともに進歩してきた。現在ではハードディスクのような単なる平面や比較的単純な形状をした部品・製品の加工はポリシングなどの砥粒加工法が主流となっている。液晶画面の背面から光を当てるための導光板には溝やランダムに配置された突起が必要であり、これらの製品を作る金型は超精密切削加工で作られる。特に最近ではマイクロレンズアレイ、フレネルレンズ、シリンドリカルレンズなど自由曲面を含む複雑な形状をした各種レンズや光学ミラーの需要が急増し、そのための金型の加工にも応用されつつある。

現状ではこれらの超精密金型は容易に超精密ダイヤモンド切削を行うことができる銅の上にニッケルリンのめっきを施した上で、ダイヤモンド切削で仕上げ加工を行う方法が取られている。焼き入れ鋼製の金型を超精密切削する必要性も高く、一部ではガラスレンズのホットプレス成型などに必要とされる超硬合金製金型の超精密切削も試みられている。超精密切削の応用例を**図 10.2** に示す。光は電磁波の一種であり、可視光の波長は紫から赤まで380〜750 nm の範囲にあることから、光学レンズやミラーは 10 nm あるいは場合によっては nm の形状精度や表面粗さが要求されることが理解できよう。特に最近では極めて複雑な形状をした光学系が必要とされていることから、超精密切削による金型の製造に対する要求が高まっている。

(a) 大型ヘッドアップディスプレイ用金型
(自由曲面)(寸法80 mm×280 mm、
高さ最大40 mm)(東芝機械)

 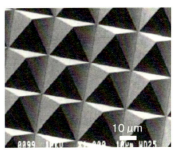

(b) 微細溝加工

トリムタイプ　　　　　レーザマウス用　　　　ラウンドタイプ
プリズム＆レンズ　　　プリズム＆レンズ　　　プリズム＆レンズ

(c) 超精密金型を用いて成形されたコンピュータ用マウスとその光学系(日精テクノロジー)

図10.2 超精密切削の応用例

10.2 超精密切削現象

▶ 10.2.1 超精密切削機構

　超精密切削加工と通常の切削加工の相違点は何か。いずれも原理・原則は同じ物理現象と言える。すなわち、工具刃先近傍で工作物に弾性・塑性変形を起こさせ、最終的に破壊を起こさせる力学的現象であり、工作物の不要部分を切りくずとして分離させ、新生面（仕上げ面）を生じさせるものである。

　図 10.3 は、2 次元切削における切りくず生成ならびに仕上げ面生成を模式的に示したものである。これまでは図に示すような刃先が完全に鋭利な工具によるせん断面モデルを基に切削理論を展開してきたが、超精密切削加工においては、切削力増大による変形誤差、工具の摩耗、切削熱の影響などを極力抑えるため、通常切削に比べると必然的に切込み量が微小となる。ここで通常切削のように切込みが mm オーダであっても、超精密切削のように切込みが μm オーダであっても同じモデルを用いた相似則が成り立つであろうか。言い換えれば、第 3 章で述べた切削理論がそのまま適用できるかという疑問が生じる。一般的には、切削に限らずどこかで相似則は成り立たなくなる。例えば、運動方程式での外力は慣性力と粘性力の和であるが、寸法が

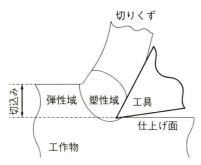

図 10.3　2 次元切削における切りくず生成と仕上げ面生成

小さくなると相対的に粘性力が大きくなる。もし顕微鏡で無ければ見えないほどの小さな船があるとすれば、水の中を進む船のスクリューの抵抗は、粘性力が支配的になるので、水あめの中を進むような状態になる。

　切削加工で言えば、切込み量がある程度小さくなってくると見掛けの比切削抵抗が急激に大きくなり、相似則が成り立たなくなる。比切削抵抗とは、切削力の主分力成分を切削面積で割った値であり、削りやすさの目安となる被削材種固有の特性値であるが、切取り量を小さくしていくと、一定の値を保っていた比切削抵抗の値がある切取り量から大きくなっていく。この現象は寸法効果としてよく知られている。この比切削抵抗の寸法効果は、次のように説明されている[2]。

(1) 切込みが小さくなると、工具の刃先丸みの大きさが無視できなくなり、実質すくい角が減少する。
(2) (1) と同じ理由で逃げ面接触が無視できなくなり、摩擦力が付加され、見掛け上の切削力が大きくなる。
(3) 切込みが小さくなると刃先近傍の切削温度上昇が小さくなり、せん断面せん断応力（あるいは工作物固有の材料強度）および摩擦角が増加し、せん断角が減少する。
(4) 工作物強度の寸法効果による。すなわち、応力場の大きさが小さくなるほど材料欠陥の存在確率が小さくなるため、材料強度は相対的に上がる。

　超精密切削では切れ刃が極めて鋭利なダイヤモンド工具が用いられるが、それでも切込み量が小さくなると相対的な切れ刃丸みは大きくなり、その大きさが無視できなくなる。そのため、超精密切削における切れ刃近傍の切削現象は、**図10.4** のように完全に鋭利な切れ刃ではなく、丸みを持つ切れ刃稜モデルとして表される[3]。切削工具の切れ刃稜は半径 R の等価丸み半径を持ち、半径 R の円筒部で切削するというモデルである。このモデルでは、工具の切れ刃稜による切りくず分離現象、あるいは「切る」作用と新しく形成された表面をこする作用（バニシ現象）によって、仕上げ面が生成される。また、工具の切れ刃稜付近では実質すくい角が大きな負のすくい角になるため、切りくずとして分離されない部分が存在する。すなわち、実際に切り取られた有効切込み深さは、設定した切込み深さより小さくなる。分離されなかった部分は大きな圧縮応力によりバニシ作用を受け、その後弾性的に変形

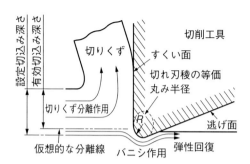

図10.4 切れ刃稜付近における切削現象[3]

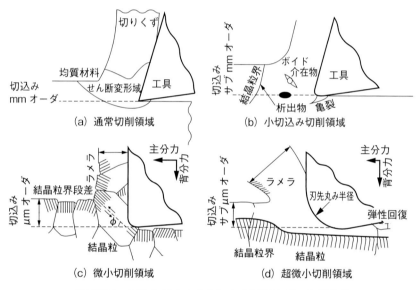

図10.5 切込み量の大きさによる切削モデルの相違[5]

を回復（弾性回復）する。弾性回復量は、正確に予測することは難しく、超精密レベルの加工精度誤差の大きな要因になるとともに、工具逃げ面の摩耗にも大きく影響する。

図10.5は、切込み量の大きさによる切削モデルの相違を示す。切りくず生成機構あるいは切削における諸現象を解明するために、これまでに多くの切削モデルが提唱されている。これらのモデルを切込みのレベルによって分類、整理してみると図のようになると考えられる。切込みがmmオーダの

通常切削領域（同図a）におけるモデルでは、せん断域、すくい面近傍の切削変形場は工作物内部の微視的な欠陥に対して十分大きいため、その領域における工作物は均質であるとみなされ、連続体力学的解析が適用される。また、工具切れ刃は刃先丸みが $R=0$ の完全に鋭利であるとみなされ、切込み、すくい角などの切削条件、工作物の機械的性質などの既知条件を入力として、切削変形域における応力、ひずみ場が決定され、流れ形、せん断形などの切りくず形態はこれらの応力場から説明されている[4]。

切込みがサブmmの切削領域（同図b）では、結晶粒界、介在物、ボイド、析出物などの微視的材料欠陥が切りくず生成に対して無視できないとする領域である。例えば、硫黄快削鋼の切削ではMnS介在物がせん断変形域において応力の集中源となることによりき裂が発生し、見掛け上脆性的な切りくず生成挙動を示すなどして被削性が大きく変化する。

切込みμmオーダの微小切削領域（同図c）では、上述の微視的欠陥に工具が遭遇する確率が低くなり、多結晶材料であっても局部的には単結晶の切削を行っているのと同等に考えられる。結晶の方位、転位の運動などが切りくず生成に影響を及ぼし、せん断角の変化による切りくず厚さの変化と切削力の変動、各結晶の弾性異方性による粒界段差の生成などが加工精度に影響を及ぼす。

工具の刃先丸みが相対的に非常に大きくなるような超微小な切込み条件（同図d）では、「切る」作用よりも刃先丸み部によるバニシ作用の方が支配的になり、「こすり」による塑性変形が主体の仕上げ面が得られる[5]。

超精密切削加工における除去単位（切込み量）は、通常切削のそれに比べて極めて小さいものになる。そのことにより通常切削では無視しえた様々な影響因子が問題となる。超精密切削における除去単位はμmあるいはサブμmとなる。**表10.2**は、切削加工しようとしている工作物内で各加工単位に存在する材料欠陥を示す[6]。通常切削の理論は工作物を連続体として扱っているが、超精密切削加工のレベルでは、**図10.5**で示したように、材料の持つ様々な欠陥が結晶構造や転位レベルで切削現象に影響を及ぼすことになる。

表10.2 各種切削レベルに関与する材料欠陥[6]

加工単位 (mm)	10^{-8}	10^{-7}	10^{-6}	10^{-5}	10^{-4}	10^{-3}	10^{-2}	10^{-1}	1	10
微視的因子	10^{-12} ←原子核	原子半径 バーガースベクトル 原子空孔 格子間原子 不純物原子 (担範囲規則性)		平均転移間隔 マイクロ・ボイド マイクロ・クラック (長範囲規則性)			ボイド 亀裂 介在物 析出物 結晶粒		切欠き	
切削加工のレベル		←……ウルトラ・マイクロ切削……→ (非晶質レベル)		←……………→ (単結晶レベル)		←マイクロ切削→		←マクロ切削→ (多結晶レベル)		

▶ 10.2.2 切りくず生成

　超精密切削加工では、切削力や切削熱による変形を小さくしなければならないことから微小切削にならざるを得ないが、クラックフリーの流れ形切りくずを生成させるという意味でも微小切削でなければならない。どこまで微小に削ることができるかは、使用する工具の鋭利さに大きく依存する。

　図10.6は、単結晶銅をSEM内において極低速（数十μm～百数十μm/min）切削した場合の切りくず生成写真を示す。単結晶の切削方向を変えると、すなわち結晶方位を変化させると切りくず生成状態が変化する例である。切削方向73°では、切削変形域がほぼせん断面に集中しており、すべり変形

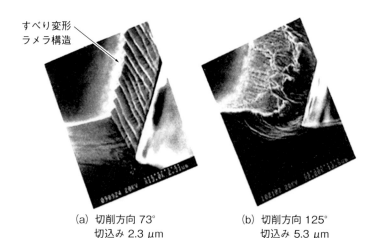

　　　すべり変形
　　　ラメラ構造

　(a) 切削方向 73°　　　　　　(b) 切削方向 125°
　　　切込み 2.3 μm　　　　　　　切込み 5.3 μm
　　工作物：単結晶銅、工具：単結晶ダイヤモンド（すくい角20°）

図10.6 結晶方位による切りくず形態の変化（SEM内切削）

によるラメラ（層状すべり）構造を呈しているのに対して、切削方向125°では、工作物の塑性流動がせん断域前方にまで広がっており、せん断角が小さくなっているのが分かる。このことから、多結晶材料であっても微小切削になると局部的に単結晶切削状態となり、せん断角が変化することにより切りくず厚さの変化が生じる。

　図10.7は、ノーズ半径1.0 mmのRバイトを用いて実加工機（東芝機械製超精密旋盤）で無酸素銅をフライカットして得られた切りくずを示す。切削断面は図に示すように円弧状になり、有効切取り厚さは一定にはならない。工作物自由面側は厚く、仕上げ面が生成される付近では薄くなっていく。切りくず写真では、切りくず厚さが厚い領域で結晶粒の粒界が段差となって現れているが、薄くなる領域では見られなくなっている。また、切りくずに裂け目が生じている。このような領域では、図10.4に示したように工具の刃先丸み部によるバニシ作用が支配的になり、切削作用による切りくず生成が行われていないものと思われる。すなわち、切り取れる厚さの限界が存在すると考えられる。

　図10.8は、単結晶ダイヤモンドの平バイトを用いて実加工機で無酸素銅の板を2次元切削した場合の切りくず写真を示す。切込み1.67 μm で得ら

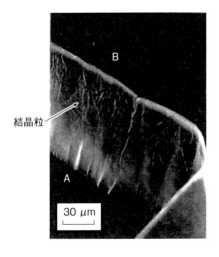
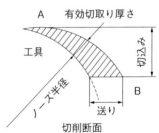

工作物：無酸素銅
工　具：単結晶ダイヤモンド
　　　　すくい角 0°
　　　　ノーズ半径 1.0 mm
切削条件
切削速度：1130 m/min
送り量　：10 μm/rev
切込み　：5 μm

図10.7　Rバイトを用いて切削して得られた切りくずの例

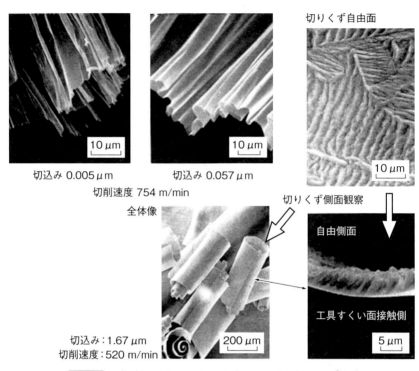

図10.8 単結晶ダイヤモンド平バイトによる切りくず生成

れた切りくずはぜんまい状にカールしており、側面の変形はSEM内切削の切りくずに見られたように層状のすべり構造を伴った流れ形をしている。また、切りくず自由面には結晶の方位に応じたすべり構造が見られる。他方、切込みを57 nmとすると、ぜんまい状にカールすることなく、ひだ状に波打っている。結晶のすべり構造はこの倍率では観察できず、工具すくい面接触側と自由面側の区別がつかない。このような超微小切削においては、図10.5のモデル図に示したように刃先丸み部のバニシ作用が強く現れ、結晶方位の違いが見られなくなると考えられる。この実験においては切込み5 nmにおいても切りくず生成が確認されている。

▶ 10.2.3 仕上げ面生成

仕上げ面は、原理的には工作機械によって与えられた相対運動軌跡に沿っ

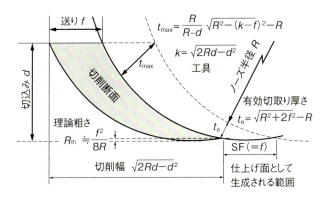

図 10.9 Rバイトによる仕上面の形成

て、工具の輪郭が転写されることによって生成される。したがって、理想的な仕上げ面の幾何形状（Rバイトによる場合）は図10.9に示すようになる。網掛けの断面が1回の切削で削り取られる領域となる。仕上げ表面として残されるのはSF（送りfに相当）の部分であり、切削断面のほとんどの部分は次回の切削により削り取られる。また、2回の連続した切削における切削面形状の干渉により、表面には振幅R_{th}、周期fの凹凸が残される。このR_{th}は理論粗さと呼ばれ、送りfがノーズ半径Rに比較して小さいとき（一般的にfは数μm〜数十μm、Rは1mm前後の値）、近似的に図中の式のように計算される。例えば、$R = 0.8$ mm、$f = 10$ μm とすると、$R_{th} = 0.016$ μm、$t_e = 0.125$ μm となる。仕上げ面生成に関与する有効切取り厚さは切込みの大きさには無関係であり、この場合最大でも0.125 μm 程度の厚さしかなく、極めて微小な切削で仕上げ面が生成されていることになる。

図10.10は、4/6黄銅を単結晶ダイヤモンド工具で切削した場合の仕上げ面粗さと送りの関係を示す。送りの増加に伴って、理論粗さ曲線に沿うように粗さが大きくなっている。しかし、測定された粗さは、理論粗さより大きくなっている。これは、刃先の形状精度や鋭利さ、主軸の回転運動やテーブル送り案内運動の不正確さによるものである。図10.11は、図10.10と同様の実験で得られた4/6黄銅の仕上げ面断面曲線の測定例である。送り40 μmに相当した間隔の送りマークを呈している。断面曲線の形状に不規則な乱れはあるものの、理論曲線に近い粗さが得られているのが分かる。送りを小さ

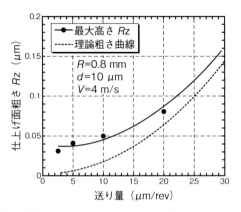

図 10.10　4/6 黄銅を切削した場合の仕上面粗さ

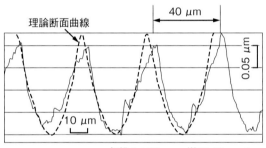

図 10.11　4/6 黄銅の仕上面断面曲線

くすると、粗さの大きさ自体は小さくなっていくが、理論粗さに対する相対的な大きさは大きくなっていく。図 10.9 に示した t_e の値が送りの減少に伴って小さくなるため、工具刃先丸みが有効切込み厚さに対して相対的に大きくなっていく。このような状態では、図 10.5 で述べたようにバニシ作用による切りくず生成が主となり、切れ刃の転写性が悪くなるためと考えられる。

　球面や非球面のように曲率を持った面の加工には、図 10.7 のような円弧形状の刃先を持つ R バイトが用いられるが、平面あるいは円筒面の鏡面加工には直線刃を持つ平バイトが用いられる。図 10.12 は、平バイトによる仕上げ面生成の幾何学的な関係を示す[6]。仕上げ面は、主切れ刃と前切れ刃とが干渉する部分で形成される。このときの幾何学的な表面粗さ Rz は図中に

第 10 章　超精密切削

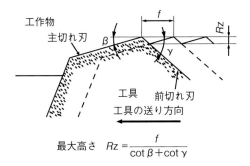

図 10.12　平バイトによる仕上面の形成 [6]

示されるように、送り f、切れ刃角 β と γ で表される。これらの値を小さくするほど表面粗さは小さくなる。例えば、$\gamma = 60°$、$f = 10\,\mu m$ とした場合、$Rz = 0.016\,\mu m$ の粗さを得るためには $\beta = 0.092°$ の角度で工具をセッティングしなければならない。主切れ刃部で切りくずが作られて仕上げ面が生成される。理屈としては切れ刃角 β をうまく設定すると、粗さ Rz をほとんどゼロにすることができる。しかしながら、R バイトの場合と同様に有効切り取り厚さと工具刃先丸み半径との関係から、実際の粗さは大きなものとなる。また、β の僅かな値の変化によって仕上げ面粗さが大きく変動し、工具の適切なセッティングの仕方が大きな影響を及ぼす [6] ので、作業によるばらつきや品質の不安定が大きくなる。

　超微小切削において生成する切りくずの自由表面に各結晶によって異なる向きのすべり構造が見られた（図 10.8）。仕上げ面に対しても同様に粒界部で段差が生じる。この現象は、各結晶粒の方位によって材料定数が異なり（例えば弾性異方性）、弾性回復量の差から結晶粒界段差が生じるものである。**図 10.13** は、4/6 黄銅のダイヤモンド切削面を微分干渉顕微鏡および原子間力顕微鏡で観察した写真である。微分干渉顕微鏡写真において、結晶粒界部における段差と結晶粒内におけるすべり変形の跡が観察される。また、原子間力顕微鏡観察像においても粒界部での段差と粒内の細かな間隔の凹凸が見られる。段差の大きさは、切削条件、結晶粒の寸法、熱処理条件、圧延状態などによって変化する。条件によっては 10 nm オーダの段差が生じるので、仕上げ面品位に大きな影響を及ぼす場合がある。

241

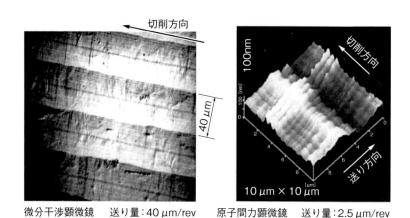

図10.13 ダイヤモンド切削面の結晶粒界段差

▶ 10.2.4 切削力

切削力は所要動力、寸法形状精度、仕上げ面粗さ、加工変質層、工具寿命、切りくず形状など、いわゆる被削性のあらゆる項目に直接、間接に影響を及ぼす。超精密切削では、切り取り量が微小であるため切削力は通常切削に比べて非常に小さく、軟質金属の場合で僅か数グラム〜数十グラム程度である。一般に、機械剛性はそれに比べて十分高いため、計算上切削力の大ききが直接加工精度を大きく低下させる原因にはならないと考えられている感がある。

しかしながら、例えば工具と工作物の静剛性が数 $10 N/\mu m$ のオーダと考えると、切削力が $0.1 N$ 程度といえども $0.01 \mu m$ オーダの弾性変形を生じることになる。超精密切削加工では仕上げ面粗さで $10 nm$ オーダの大きさを問題とするため、軽視することはできない。**図10.14** は、無酸素銅の超精密ダイヤモンド切削における主分力、送り分力、背分力の測定例を示す。主分力が最も大きく、送り分力が最も小さくなるのは、通常切削の場合と同様である。しかし、送りが小さくなると、背分力が主分力を上回る。図10.5 のモデル図で示すように、送り（2次元切削モデルの切込みに相当）が小さくなると刃先丸みが相対的に大きくなるので、局部的には大きな負のすくい角の工具で切削する状態になるため背分力が大きくなると考えられる。

図10.15 は、主分力について比切削抵抗と切込みの関係を示したものであ

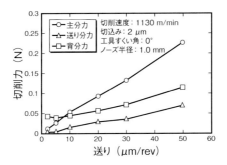

図10.14 無酸素銅のダイヤモンド切削における切削3分力の測定例

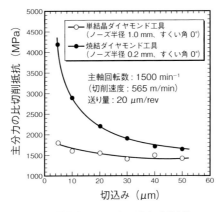

図10.15 主分力の比切削抵抗

る。切込みが小さくなると比切削抵抗が増大しており（寸法効果）、特に焼結ダイヤモンド工具を用いた場合は急激に増大している。単結晶ダイヤモンド工具の刃先丸み半径が数十nm程度であるのに対して、焼結ダイヤモンド工具のそれは10倍以上の大きさがある。切削力の寸法効果という点でも、工具の鋭利さが重要であることが分かる。

図10.16は、単結晶銅の結晶方位が切削力に及ぼす影響を示す。結晶方位によって切りくず厚さが異なることは既に述べたが、このことはせん断角が変化するためであり、せん断角の変化は同時に切削力を変化させる。せん断角が大きくなると切りくず厚さが薄くなり、切削力が減少する。切込み3 μm の条件では、結晶方位の変化に伴って切削力（特に主分力）の大きさが変化

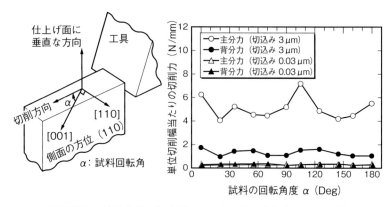

図 10.16 結晶方位が切削力に及ぼす影響(単結晶銅の切削)

しているが、切込み 0.03 μm の条件では、結晶方位によって大きな変化は見られなくなる。

▶ 10.2.5 切削温度

加工誤差の中で、熱変形による誤差は数十%を占める場合があると言われる。工作機械、工具ならびに工作物に熱変形を生じさせる熱源としては、工作機械の各駆動系で発生する熱や切削熱などの内部熱源と、周囲温度や輻射熱などの外部熱源とが挙げられる。超精密切削においては、微小切削であることから切削によって発生する熱は駆動系による発生熱に対して無視できる程度という認識から、通常切削における切削熱あるいは切削温度ほど多くのデータは示されていない。そこで、ここでは切りくずおよび仕上げ面生成の際における工作物の変形・破壊挙動によって発生する切削熱とその影響について述べる。

図 10.17 は、無酸素銅のダイヤモンド切削における切削温度測定の方法を示す。工作物の中にコンスタンタン線を埋め込み、これを切削したときに形成される銅-コンスタンタン熱電対からの熱起電力を測ろうとするものである。図 10.18 は、その測定例を示す。単結晶ダイヤモンド工具で切削した場合、切削温度は 100 ℃ 前後の大きさに達している。また、焼結ダイヤモンド工具を用いた場合は、切削速度の増加に伴って 200 ℃ から 400 ℃ まで増大している。超精密レベルの精度においては、この大きさは決して無視し得ない

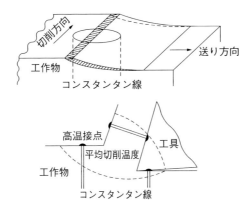

図 10.17 工作物（銅）-コンスタンタン熱電対形成の模式図

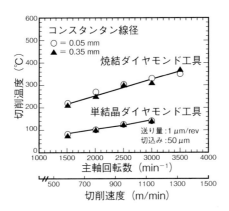

図 10.18 切削温度の測定例（切削速度との関係）

ものである。

　切削変形域で発生した切削熱は、切りくず、工具、工作物に流入してそれらの温度を上昇させる。通常切削においては、切削熱の大部分は切りくずに流入して持ち去られ、工具および工作物への流入は少ない。しかし、理論的検討によれば微小切削においては切りくずへの流入は少なくなり、むしろ工作物への流入が多くなる。**図 10.19** は、無酸素銅をフライカッティングしたときの工作物表面から 3 mm 内部の温度上昇を測定した例を示す。切削の進行に伴って温度が上昇し、単結晶および焼結ダイヤモンドを用いた場合、それぞれ最大 0.5 ℃、1 ℃の温度上昇が見られた。また、**図 10.20** は無酸素銅

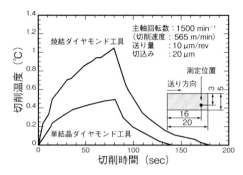

図 10.19 切削中の工作物内部の温度上昇の測定例
（無酸素銅のフライカッティング）

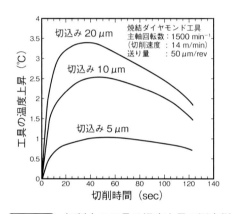

図 10.20 切削中の工具の温度上昇の測定例

円板を外周から中心に向かって正面旋削した場合の工具シャンクの温度上昇を測定した結果である。図に示されるように、条件によっては数℃の温度上昇となる。工具の温度上昇は工具シャンクの熱膨張によって切込みが変化することになり、工作物の形状精度に大きな影響を及ぼす。

図 10.21 は、アルミニウム円板を焼結ダイヤモンド工具により正面旋削した後に、静電容量型の非接触変位計で工作物形状の相対変動を測定した結果を示す。工具を工作物中心部から外周に向けて送った場合、中心部から外周にかけて徐々に変位が大きく、すなわち工具が膨張して切込みが大きくなって、最外周で 0.9 μm の変位が生じている。工具を外周から中心部に送った

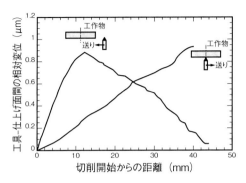

図 10.21 工具シャンクの熱膨張による工作物形状の変化
（アルミニウム円盤の正面切削）
（主軸回転数：1000 rpm，送り量：5 μm/rev，切込み：10 μm）

場合は、切削直後に最大の変位を取り、以後中心に向かって変位は小さくなっていく。最外周で最も切削速度が高くなるので切削温度が最も高くなり、以後切削速度の減少に伴って切削温度が低くなっていくためと考えられる。このように工具の伸び縮みに対応した工作物形状誤差が生じている。工具の送る向きに関わらず、0.9 μm 程度の形状誤差が生じている。単結晶ダイヤモンド工具を用いると温度上昇は低くなるが、0.2 μm 程度の誤差が生じることが確認されている。

10.3
超精密切削用工具

　超精密切削では、良好な仕上げ面を得るために極めて鋭利な切れ刃を有し、しかも切れ刃稜の輪郭が正確である工具が必須であることから、単結晶ダイヤモンドが工具材料として広く用いられている。ダイヤモンド素材としては天然ダイヤモンドと合成単結晶ダイヤモンドがある。これまで主に天然ダイヤモンドが使用されてきたが、最近では良質の合成単結晶ダイヤモンドが多

く使用されている。天然ダイヤモンドの欠点は、形、品質にばらつきがあり、原石の選別、研磨はどちらかと言えば職人芸に頼っていたため、工具の性能にばらつきがあることである。これに対して合成ダイヤモンドは均質で耐摩耗性が高いという特徴がある。また単結晶ダイヤモンドは結晶方位によってその特性が異なり、工具に利用する結晶面によって工具寿命が大きく影響される。そのため結晶方位を選んで工具を作成する必要があり、その点でも合成ダイヤモンドが優れている。

▶ 10.3.1 切れ刃の鋭利さ

切れ刃の鋭利さは、切れ刃稜の丸み半径の大きさで表すことができる。丸み半径が小さいほど刃先が鋭く、より小さな切込み深さまで安定した切削（切りくず生成）が可能となる。**図10.22**は、単結晶ダイヤモンド工具、焼結ダイヤモンド工具、および超微粒子超硬工具の切れ刃稜の観察写真を示す。単結晶ダイヤモンド工具では、研磨によって最終的には切れ刃稜の丸み半径は2nm程度まで小さくし得るとされており、他の工具と比べて極めて鋭利であることが分かる。焼結ダイヤモンドならびに超硬合金はいずれも焼結体工具であるので切れ刃稜の丸みは焼結粒子の粒径（数百nm〜数μm）に依存する。鋭すぎる切れ刃は、逆に強度的には欠損しやすいという問題がある。

▶ 10.3.2 切れ刃稜形状の精度と転写性

超精密切削用工具は、切れ刃の鋭利さと並んで工具の輪郭形状精度が重要となる。ダイヤモンド工具は最終的には研磨によって仕上げられており、研磨技術が工具の特性を左右する。非球面レンズ（あるいは金型）の加工に広く利用されている先端が円弧の形状をした、いわゆるRバイトの輪郭形状精度は0.05μm以下である。**図10.23**は刃先の円弧形状の精度を測定した例を示している[7]。この場合、44.5nmの輪郭度が得られている。

また切れ刃稜の滑らかさも転写性に大きく影響する。理想的には、工具のすくい面と逃げ面を構成する平面が交差してできる直線であるが、実際には曲線となっている。できるだけ直線に近い状態にするには、ダイヤモンドの表面を数ナノメータオーダの表面粗さにまで研磨する必要がある。

さらに工具と工作物との間の物理的・化学的な親和性が高いと、凝着を起

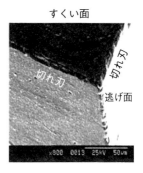

(a) 単結晶ダイヤモンド　　(b) 焼結ダイヤモンド　　(c) 超微粒子超硬

図10.22　各種切削工具の切れ刃の鋭利さ

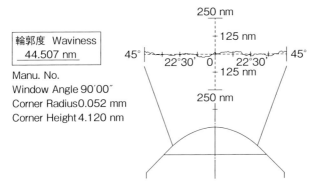

図10.23　Rバイトの輪郭形状精度の測定例（アライドマテリアル）

こしやすくなる。すなわち、切れ刃稜付近ではバニシ作用があるため、工具の逃げ面と新しく形成された工作物表面が大きな接触圧力を受けて、凝着が起こりやすくなる。凝着が生じると、切れ刃稜の輪郭を工作物へ転写する精度が落ちることになる。ダイヤモンドは、金属との親和性が低い材料であるが、鉄系金属との親和性は高いため、これらの切削には向かない。したがってダイヤモンド工具は基本的に銅やアルミニウムなどの非鉄金属の切削に用いられている。

▶ 10.3.3　超精密切削用ダイヤモンド工具の例

　超精密ダイヤモンド切削工具の例を**図10.24**に示す。これは刃先の形状が

円弧形状のいわゆる R バイトと呼ばれるものである。超精密ダイヤモンド切削では多くの場合、非球面レンズ、ミラー（あるいは金型）や各種の溝加工を行うため、バイト形状の工具が多い。その他、液晶プロジェクタ用のレンズ、ミラーなどに用いられるマイクロレンズ（金型）に代表されるような3次元の凹凸形状や自由曲面を加工するためのエンドミルもある。図 10.25 は刃先丸み半径 30 μm のボールエンドミルの刃先の写真を示す。また特殊な例として刃幅 0.9 μm の溝加工用バイトと加工された溝の電子顕微鏡写真を図 10.26 に示す。

▶ 10.3.4 新たな工具材料

　単結晶ダイヤモンド工具は、超精密切削用工具として優れた特性を持つものの、加工できる工作物材料が主として銅やアルミニウム系の軟質金属やプラスチックに限定される。炭素鋼やステンレス鋼などの炭素を含有する金属材料の切削においては、工具摩耗が著しく適用が困難である。また、超硬のような硬い材料に対しては刃先が欠損しやすいという難点もある。後述するようにマイクロレンズ用の超硬金型を切削加工で鏡面仕上げをしたいというニーズが市場にあり、超硬材料の切削が可能な切削工具の開発が望まれている。このような背景から鋭利な刃先を成形することが可能で、耐欠損性と耐摩耗性に非常に優れたダイヤモンド工具が開発された。

　これは、ナノ多結晶ダイヤモンド工具と呼ばれるもので、極めて微細なダイヤモンド粒子（PCD）を結合剤を使わないで焼き固めたものである。数

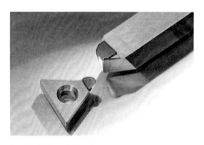

図 10.24　超精密ダイヤモンド切削工具の例（住友電工）

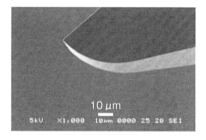

図 10.25　刃先丸み半径 30 μm のボールエンドミルの刃先写真（アライドマテリアル）

十ナノメートルレベルの非常に微細なダイヤモンド粒子が、緻密で強固に結合した組織を持っており、単結晶ダイヤモンドを超える硬さを有している（図 10.27）。またこの他、超微粒子の CBN を同様に結合剤なしで焼結したバイダレス CBN も開発されている。

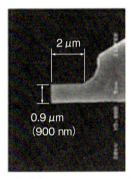

・新開発の Nano groove の刃先
・刃先の突き出し長さをコントロール

図 10.26　刃幅 0.9 μm の溝加工用ダイヤモンド工具と加工した溝の例（アライドダイヤモンド）

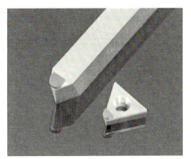
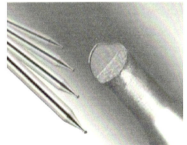

(a) 超精密切削用工具　　　　　(b) 微細加工エンドミル
　（アライドマテリアル）　　　　　（住友電工）

図 10.27　ナノ多結晶ダイヤモンド工具の例

10.4 超精密工作機械

▶ 10.4.1 超精密工作機械要素

　一般に超精密工作機械の主軸には回転精度が高い静圧軸受が採用されている。静圧軸受の作動流体としては基本的に油と空気がある。この内相対的に回転数が低く、高い剛性が求められる場合には油静圧軸受が採用されるが、通常は空気静圧軸受が用いられることが多い。空気静圧軸受の絞りは**表10.3**に示すように自成絞りと多孔質絞りの2つがあり、それぞれの特徴は表中の図に示すとおりである。一般に主軸の高速回転が要求される場合には自成絞りが採用され、高剛性が要求される場合には多孔質絞りが採用される。

　空気静圧軸受の性能を維持するためには供給する空気の管理が重要であり、油分・水分・ゴミを除去した清浄な空気が必要である。そのため各種のフィルタを用いて空気を清浄に保つとともに、供給圧力の変動も極力小さく抑える必要がある。空気静圧軸受は回転中に過負荷が加わったり、空気の供給が止まると、瞬間的に焼き付きを起こす。ゴミの混入によっても同様の現象が発生する。空気は油に比べて粘性が低いため、回転に伴う空気のせん断摩擦による発熱は小さいが、超精密加工では供給する空気の温度制御も必要となる。

　代表的な超精密主軸の例を**図10.28**に示す[8]。本主軸にはラジアル軸受、スラスト軸受共に自成絞りを採用している。また図中右側は直結のビルトインモータで、発熱による影響を除くため、水によるジャケット冷却を採用している。さらに主軸が高速回転する場合における空気のせん断摩擦発熱による主軸の膨張を防ぐために、この主軸の本体は熱膨張係数が通常の鋼よりもほぼ1桁低いインバーで作られている。なおモータの回転に伴う振動を回避するため、モータと主軸の間に特殊なカップリングを使用したり、主軸とモータを切り離して高精度に研磨加工された平ベルトを介して駆動する方法もある。

表10.3　静圧空気軸受に利用される絞りの種類とそれらの特徴比較

絞り方式	自 成 絞 り	多孔質絞り
構　造	圧縮空気／軸受隙間	多孔質層／圧縮空気／軸受隙間
軸受剛性	小	大
空気消費量	大	小
発　熱	小	大

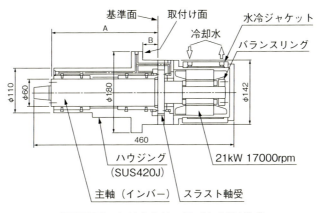

図 10.28　超精密主軸の例（東芝機械）[8]

　超精密工作機械に用いられる送り系の案内方式も主軸と同様に静圧案内を採用することが多い。作動流体としては油と空気の両方がある。テーブルなど直線運動を行う場合の運動速度はあまり大きくないため、案内剛性が高い油静圧を用いることが多いが、特殊な油圧ポンプや温度制御装置など関連の装置は、空気静圧案内の場合に比べて複雑となり、また高価となることが多い。

　この他、V型案内面に厳密に同じ直径に加工したコロを並べたV-V転がり案内も実用されている。この案内方式では、油圧装置や、空圧装置を必要としないため、安価で保守の点でも優れている。運動精度も静圧方式に比べて遜色がなく、分解能1nm以下の位置決めも可能となっている。V-V転がり案内の例を図 10.29 に示す。

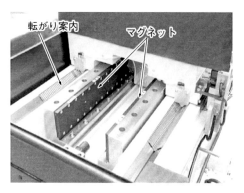

図 10.29 リニアモータ駆動超精密有限形 V-V 転がり案内の例（東芝機械）

　テーブルなどの直線送り駆動装置としては、高精度高分解能のリニアモータが一般的である。ボールねじを用いたテーブル駆動では、駆動系の振動が直接テーブルに伝わらないようにするため、駆動用テーブルを別途用意して、本来のテーブルとの間に空気静圧継手を介して駆動する方式もある。またボールねじの代わりにねじ面に静圧案内を組み込んだ静圧ねじも開発されているが、製作も困難でありあまり一般的ではない。

　超精密切削では工具刃先の微小な位置決めを行ったり、高速で刃先位置を移動させたりする場合がある。例えば、端面旋削において工具を主軸に直角方向に送りながら、主軸回転に同期して高速で刃先の切り込みを制御することにより、プログラムされたパターンを端面に形成する場合などである。テーブルや刃物台を高速・高精度で移動させることは困難であるので、こうした目的のために開発されたのがファースト・ツール・サーボ（FTS；Fast Too Servo）である。FTSは多くの場合、圧電素子やボイスコイル・モータのように動的応答性のよい駆動素子に軽量の工具を取り付ける構造になっており、工具を切り込み方向のみに駆動する1軸駆動のものが大半である。

　FTSの例として、3軸同時駆動可能な3軸FTSの例を**図 10.30** に示す[9]。図は3軸FTSの概念図とFTSを超精密立形旋盤の刃物台に取り付けた状況を示している。この装置を用いてレーザプリンタ用の特殊な自由曲面ミラーを加工する方法を**図 10.31** に示す。結果としてミラーの長手方向の形状誤差 $0.22\,\mu m$（P-V値）、仕上げ面粗さ $0.037\,\mu m$（RMS値）が得られている[10]。

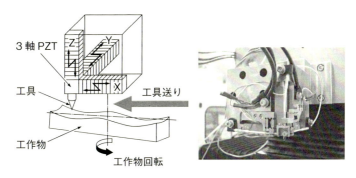

3軸駆動FTSの概念図

図10.30 3軸FTSと超精密立形旋盤への取り付け例[9]

【切削方法】
工作物を回転テーブル上に載せて回転させる。工作物の回転に同期して3軸FTSの運動を同時制御する。

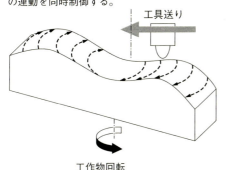

（切削条件）
工作物：アルミニウム
切削範囲：60 mm×4 mm
工具ノーズ R：0.05 mm
主軸回転数：150 rpm
送り速度：0.6 mm/min

図10.31 3軸FTSによる自由曲面加工の例[10]

▶ 10.4.2 超精密工作機械の計測と制御

　最近の超精密工作機械の直線駆動分解能は1 nm あるいはそれ以下に設定されており、また数値制御の指令分解能はその1/10程度である。1 nmの位置決め精度を保証するための計測装置としてはレーザ干渉計や特殊な超精密スケールが使用されている。また主軸や回転テーブルの回転軸制御に利用されるロータリエンコーダの分解能は100万分の5度以下である。
　超精密工作機械のユーザとして重要なことは、防振対策と環境の温度制御

である。超精密工作機械は通常しっかりした防振基礎の上に設置する必要があり、またさらにエアクッションなど各種の防振装置の上に機械を設置するなどして、特に外部からの振動をできるだけ遮断することが重要である。昼間工場が稼働していたり、近くを車が通行している場合に比べて、夜間に加工する場合の方が良好な結果が得られるということはよく経験することである。

振動対策と同様に重要なことは環境の温度制御である。熱変形に関しては第14章で詳しく述べるが、工作機械を構成する鋼の熱膨張係数は$10 \sim 12 \times 10^{-6}/℃$であり、1mの長さの鋼は温度が1℃上昇することによって$10 \sim 12 \mu m$膨張する。したがって熱変形による加工精度の劣化を防止するためには、超精密工作機械は厳密に環境温度が一定に保たれた恒温室に設置しなければならない。精密計測装置が恒温室に設置されるのと同じである。

恒温室に市販のエアコンが設置されている場合があるが、これは好ましくない。通常のエアコンはある程度の設定範囲内で温度が変動しており、工作機械は温度変化に応じて忠実に膨張・収縮する。可能であれば、温度一定の空気を天井からあるいは床下から、フィルタなどを介して万遍なく恒温室に吹き込むのが望ましい。また恒温室の側面から温度一定の空気を供給し、対抗する側面に吸引する方法もある。次善の策として、超精密工作機械を温室のようにビニールで取り囲み、外気温度の変動が直接工作機械に伝わらないようにすることも行われる。こうした観点から、一部の超精密工作機械ではエンクロージャで機械を取り囲み、その中に温度一定の空気を供給する方式を採用している。

一例として市販のエアコンで空調された室内に設置された超精密空気静圧軸受主軸端の軸方向変位を測定した例を**図 10.32**に示す[11]。図中上向きの方向は主軸が膨張する方向、下向きの方向は主軸が収縮する方向を示している。まず主軸の回転と同時に主軸が収縮しているのは、回転に伴う遠心力によって主軸が半径方向に膨張するとともに軸方向に収縮したためである。主軸回転中に周期7〜8分で主軸が膨張・収縮しているのは、エアコンから吹き出される空気の温度変化による膨張・収縮であり、回転中に緩やかに主軸が膨張しているのは軸受内の空気のせん断摩擦発熱に伴う主軸の膨張によるものである。主軸が回転しているときと回転していないときの主軸の周期的

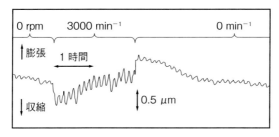

図10.32 市販のエアコンで空調された部屋に設置された超精密主軸の軸方向誤差の測定例 [11]

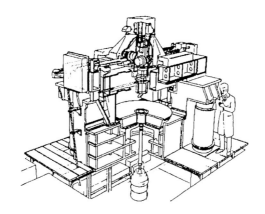

図10.33 ローレンスリバモア研究所（米国）の大型光学ダイヤモンド旋盤

な膨張・収縮を比較すると、回転しているときの方が変位の幅が大きい。これは主軸が回転しているときの方が空気と主軸の間の熱伝達率が高いため、空気の温度変化による影響がより顕著に現れていることによるものである。

究極の温度制御の例として、アメリカの国立ローレンスリバモア研究所（LLNL、Lawrence Livermore National Laboratory）に設置されている、大型光学ダイヤモンド旋盤（LODTM、Large Optical Diamond Turning Machine）について述べる（**図10.33**）。この立形旋盤は熱変形による加工誤差を防止するため、熱膨張係数が小さいスーパーインバーで作られており、3重の恒温室の中に設置されている。超精密旋盤が置かれている部屋の温度は1/100℃の温度制御が行われている。さらに機械構造の温度を一定に保つ

ため、機械自身は1/1000℃に温度制御された水を流しているジャケットで覆われている。

▶ 10.4.3 超精密工作機械の例

特色ある超精密工作機械の例を**図 10.34〜図 10.36**に示す。図 10.34 は油静圧案内を具備した超精密加工機で、比較的初期に開発されたものであり、切削と研削の両方が可能な機械である。そのため研削砥石の機上ツルーイング装置を具備しており、主軸に対抗した回転テーブル（B 軸）上には高速エアスピンドルが装着されている。エアスピンドルの代わりにバイトを取り付けることにより放物面鏡などの端面旋削が可能である。図 10.35 は全ての案内に対して空気静圧案内方式を採用した 5/6 軸超精密加工機の例である。高速回転する主軸はエアタービンで駆動している。この機械は円筒型のベースに設置されたユニークな形をしており、エンクロージャで覆われていることが分かる。図 10.36 は図 10.29 に示した V-V 転がり案内を具備した最近の超精密加工機である。この加工機の直線最小指令単位は 0.1 nm であり、ころ

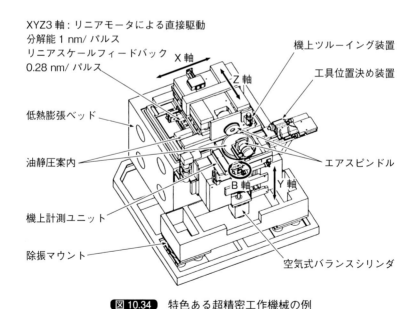

図 10.34 特色ある超精密工作機械の例
（ジェイテクト；AHN05）

がり案内を採用しても nm 以下の精度で移動が可能であることを示している。それぞれの加工機の主な仕様は図中に示すとおりである。

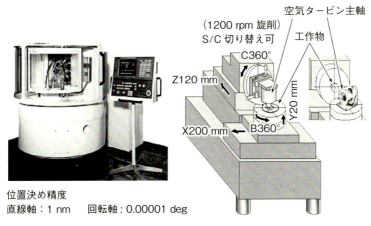

位置決め精度
直線軸：1 nm　　回転軸：0.00001 deg

図 10.35　特色ある超精密工作機械の例
（FANUC；ROBOnanoU*i*）

移動量：
　X軸　300 mm
　Y軸　25 mm
　Z軸　150 mm
主軸回転数：〜1500 min^{-1}
加工送り速度：
　X, Z：〜500 mm/min
　Y：〜300 mm/min
最小指令単位：X, Y, Z：0.1 nm

図 10.36　特色ある超精密工作機械の例
（東芝機械；ULC-100F(S)）

10.5
難削材の超精密切削加工

▶ 10.5.1 超音波楕円振動切削

　超精密ダイヤモンド切削が銅やアルミニウムなどの軟質金属に対しては極めて有効な超精密加工法であることは既に述べたが、ダイヤモンド工具の特性から、基本的には鋼や硬質材料などの超精密加工には適用できない。そこで超音波振動切削が提案され、実用に供されている。超音波振動切削は、一般的にダイヤモンド工具に切削方向の超音波振動を与えながら切削する方法で、平均切削速度よりも最大振動速度が大きくなるように条件を選定する。この方法によれば、切削は超音波振動周波数での断続切削となり、工具が工作物から離れている間に工具すくい面に切削油が供給され、またダイヤモンド工具と工作物の接触時間が短くて両者が反応する時間がないことなどのため、ダイヤモンド工具の摩耗が抑制されると言われている。また断続切削になるため、切削力はパルス状に作用し、平均切削力は通常の切削力よりも小さくなる（ただし、切削力が作用している間の切削速度は、定常切削速度よりも大きい）。

　これに対して超音波楕円振動切削法は超精密ダイヤモンド切削の切削性能を飛躍的に向上することができる加工法である。楕円振動切削法とは、例えば図 10.37 に示すように切削速度方向と背分力方向の面内で、図に示すように工具の振動軌跡が楕円（あるいは円）になるように工具を振動させながら切削する方法である[12]。ここで工具は工作物に食い込んで切削を始めると、切りくず流出方向の振動成分を持ちながら切削を行う。このとき工具すくい面と切りくず裏面の間に作用する摩擦力が低下し、場合によっては（工具の運動速度が切りくず流出速度を上回るとき）摩擦力の作用方向が逆転し、それによって切りくずには切削点から引き出される力が作用する。その結果として、せん断角が大きくなり（結果として切りくずが薄くなり）、切削力、切削温度が低下する。

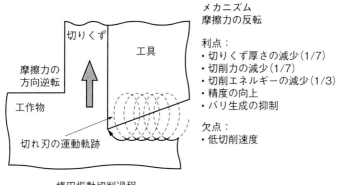

図 10.37 楕円振動切削の基本的な原理と特徴

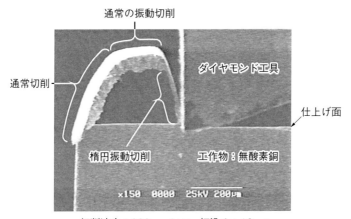

切削速度：260 μm/min、切込み；10 μm
直線/円振動振幅；5 μm、周波数；1.2 Hz

図 10.38 走査型電子顕微鏡内切削で得られた切りくず生成過程の写真
（通常切削、通常の振動切削、楕円振動切削の比較）

図 10.38 は走査型電子顕微鏡内で無酸素銅をダイヤモンド工具で 2 次元切削した状況を写真撮影したものである。最初通常の切削を行い、次いで切削方向に工具を振動させながら切削（通常の振動切削）し、最後に楕円振動（この場合振動軌跡は円）切削を行った結果をまとめている。通常切削と通常の振動切削においては切りくずの厚さはほとんど変化していないが、楕円

振動切削では切りくずが極端に薄くなっており、上述の効果が表れていることが分かる。

同様に走査型電子顕微鏡内で3種類の方法で無酸素銅を切削し、切削力を測定した例を図 10.39 に示す[12]。通常切削では切削力は主分力、背分力共に一定である。通常の振動切削の場合は、断続的に切削が行われるため、切削力は工具が切削しているときのみパルス状に作用している。ここで切削速度が変化しても切削力はあまり変わらないため、パルス状の切削力はその大きさは通常切削の場合と変わらない。その一方で、楕円振動切削では上述の効果により、主分力、背分力共に通常切削の場合に比べて激減している。特に振動切削サイクルの後半では、工具が切りくずを引き出すように運動しているため、背分力は負の値を取っている。切削エネルギーを計算すると、こ

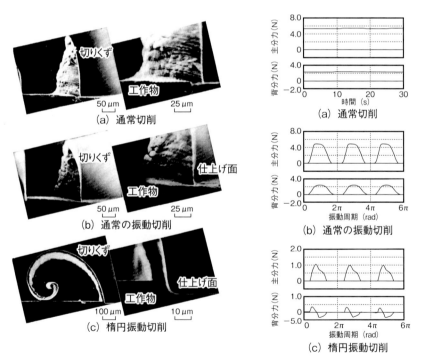

図 10.39 走査型電子顕微鏡内切削の状況と切削力の測定結果
（通常切削、通常の振動切削、楕円振動切削の比較）

の場合通常切削の約1/3になっており、結果として切削温度も通常切削に比較して低く、これらの効果により、加工精度も向上することが分かる。なお加工後の仕上げ面に関しては図 10.37 に示すように、振動振幅の大きさに対して円弧の一部しか残らないため、仕上げ面は良好である。

　単結晶ダイヤモンド工具に超音波の楕円振動を与えながら焼き入れ鋼を超精密切削した例を図 10.40[13]、図 10.41 に示す。図 10.40 は比較的大きな曲面を切削し、図 10.41 はマイクロフレネルレンズ金型を加工したものである。図 10.40 に示すように、焼き入れしたステンレス鋼の鏡面切削が行われていることが分かる。また図 10.41 からは良好な形状精度が確保されていること

図 10.40　超音波楕円振動切削によってダイヤモンド切削された焼入れ鋼の例[13]（工作物：焼入れステンレス鋼 SUS440C、硬度：HRC61、直径：60 mm、工具：単結晶ダイヤモンド、ノーズ半径：1 mm）

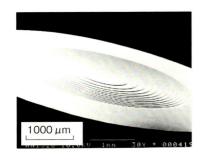 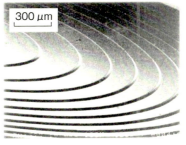

図 10.41　超音波楕円振動切削によってダイヤモンド切削されたフレネルレンズ金型の例（SEM 写真）（工作物：焼入れステンレス鋼、硬度：HRC55、溝深さ：20 μm、溝ピッチ：120～350 μm、仕上げ面粗さ：0.08 μmRy）

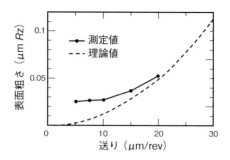

図 10.42 超音波楕円振動切削で得られた仕上げ面粗さの測定例
（工作物：焼入れステンレス鋼 SUS420J、硬度：HRC39、
切削速度：3.4 m/min、工具：単結晶ダイヤモンド、ノーズ半径：1 mm、
すくい角：0°、円形超音波振動振幅：4.25 μm、振動周波数：21.5 kHz）

が分かる。超精密超音波楕円振動旋削において送りを変えて切削し、得られた仕上げ面粗さを測定した例を**図 10.42** に示す。送りが小さい範囲では理論粗さよりも大きくなるが、0.025 μmRz の仕上げ面粗さが得られている。この場合の円形超音波振動の振幅は 4.25 μm、振動周波数は 21.5 kHz であり、最大振動速度は 34.4 m/min である。基本となる切削速度は、振動切削によって工具が確実に断続切削をするように 3.4 m/min に設定してある。このことから理解されるように、図 10.37 に示した楕円振動切削の欠点として挙げたように、現状では振動速度を十分高く設定することができないことから、基本となる切削速度は十分高くすることができない。

　超音波楕円振動旋削によって焼き入れしたステンレス鋼の細い丸棒を切削した例を**図 10.43** に示す。丸棒の直径は 0.22 mm、長さは 4 mm で、切込み 3 μm、送り 3 μm/min の条件で切削している。通常の切削では背分力のために工作物は曲がってしまうが、図 10.39 に示したように、楕円振動切削では背分力が極めて小さいことから、正常に切削が行われている。

　なお、超音波振動子を設計するに当たっては、厳密に 2 軸方向の振動を同期させて持続的に発生させるための注意を要する。また超音波振動子は発熱のために振動子の共振周波数特性が変化することも問題である。こうした問題の解決策は文献 [14] に譲る。

第10章　超精密切削

図10.43　超音波楕円振動旋削によって加工された小径丸棒の例
（工作物：焼入れ金型鋼（SUS420J2）、硬度：HRC44、直径：0.22 mm、長さ4.0 mm、工具：単結晶ダイヤモンドバイト、ノーズ半径：50 μm、すくい角：0°、主軸回転数：380min^{-1}、切込み：3 μm、送り量：3 μm/rev、振動振幅：2.5 μm、振動周波数：21.8 kHz）

▶ 10.5.2　マイクロフライス切削

　光学機器に広く採用されている非球面レンズやフレネルレンズなどの多くは、クロオレフィンポリマー（ZEONEX）樹脂製やアクリル樹脂製で、射出成形により量産されている。これらの樹脂は融点が200℃以下であるため、成形金型には超精密ダイヤモンド切削された無電解ニッケルめっき金型が一般的に用いられている。しかしながら、これらの樹脂はガラスに比べて、屈折率が低い、複屈折が大きい、コンパクト化に限界がある、高温強度が劣るなどの欠点があり、高機能な光学系にはガラスレンズが採用されている。しかしガラスレンズは転移点、屈服点、融点が450〜800℃と高く、プラスチック成形用金型を用いることは困難で、そのため超硬合金、SiCなどのセラミックス金型が必要とされている。

　こうしたマイクロレンズ用超高硬度金型を加工するために、単結晶ダイヤモンドや超微粒のバイダレスCBN、PCDなどで製作されたマイクロフライス工具による超精密金型切削が行われている[15)、16)]。マイクロフライス工具による微小切削は以下の特徴を有している。すなわち、

（1）断続切削であるため工具温度の上昇が抑制される。
（2）そのため旋削バイトほど工具摩耗が大きくならない。
（3）多刃工具であるため実切込みは見掛けの切込み量より十分小さくなり、

硬質脆性材料でも延性モードの切削が実現しやすい。
(4) 工具は回転するため、刃先の輪郭制度の影響を受けず、非球面形状の加工精度が向上する。

単結晶ダイヤモンドを超硬合金製の円筒状シャンクにろう付けし、レーザービームを3次元制御して多数の切れ刃を有するマイクロフライス工具を製作する方法を**図 10.44** に示す。またこのようにして製作された単結晶ダイヤモンド製マイクロフライス工具の走査型電子顕微鏡写真を**図 10.45** に示す。

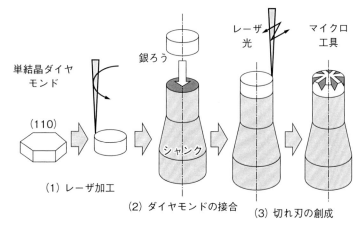

図 10.44 単結晶ダイヤモンド製マイクロフライス工具の製作過程

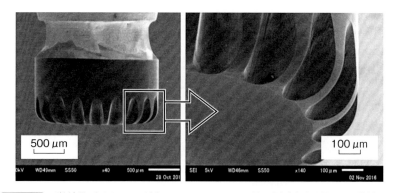

図 10.45 単結晶ダイヤモンド製マイクロフライス工具の例（走査型電子顕微鏡写真）
（外径：2 mm、刃数：20、エッジ先端の曲率半径：0.2 mm、刃幅：0.075 mm）

この工具を図 10.46 に示すように、主軸回転数 50,000 min^{-1} のエアスピンドルに取り付け、主軸を 45°傾斜させて傾斜切削を行い、単結晶 SiC の工作物表面に 9×8 個の非球面アレイの切削を行った。アレイの加工においては切込み 2 μm で 20 回切り込んで加工を行った。加工後のアレイのノマルスキー顕微鏡写真を図 10.47 に示す。加工後に測定した表面粗さは、切削方向（X 方向）で 9.2 nmRz、送り方（Y 方向）で 25.6 nmRz であり、良好な鏡面が得られている。

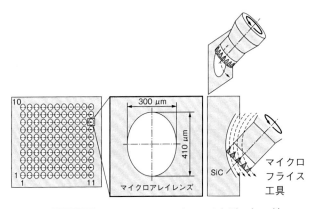

図 10.46　マイクロレンズアレイ金型の加工法

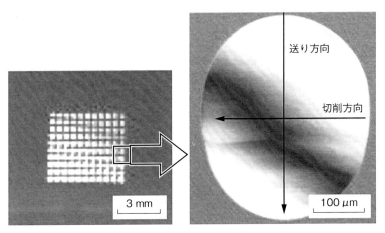

図 10.47　加工後の単結晶 SiC 製マイクロアレイのノマルスキー顕微鏡写真

参 考 文 献

1) 谷口紀男：ナノテクノロジの基礎と応用、工業調査会（1988）
2) 杉田忠彰ほか：基礎切削加工学、共立出版（1984）107.
3) 井川直哉：機械の研究、24（1972）、1545.
4) 岸浪健史ほか：金属切削塑性領域の応力-ひずみ分布、精密機械、38、11（1972）922.
5) T. Moriwaki, et al.：Machinability of Copper in Ultra-Precision Micro Diamond Cutting, CIRP Annals, 38/1（1989），115.
6) 丸井悦男：超精密加工学、コロナ社（1997）
7) 小畠一志：単結晶ダイヤモンドを用いた超精密切削工具、SEIテクニカルレビュー、188（2016）65.
8) 田中克敏ほか：超精密加工機械の高精度化の研究—第1報：自成絞り方式空気静圧スピンドルの高精度化、砥粒加工学会誌、51/5（2007）302.
9) 和田紀彦ほか：超精密加工用3軸制御ファーストツールサーボの開発（第1報）—ファーストツールサーボユニットの試作と基本性能の評価—、精密工学会誌、73/12（2007）1345.
10) 和田紀彦ほか：超精密加工用3軸制御ファーストツールサーボの開発（第3報）—工具の高速制御によるマイクロ光デバイス金型の高速加工—"、精密工学会誌、74/9（2008）971.
11) T. Moriwaki, E. Shamoto：Analysis of Thermal Deformation of an Ultraprecision Air Spindle System, Annals of the CIRP, 47/1（1998）315.
12) 社本英二ほか：楕円振動切削加工法（第1報）—加工原理と基本特性—、精密工学会誌、62/8（1996）1127.
13) E. Shamoto, T. Moriwaki：Ultraprecision Diamond Cutting of Hardended Steel by Applying Elliptical Vibration Cutting, Annals of the CIRP, 48/1（1999）441.
14) 社本英二ほか：楕円振動切削加工法（第4報）—工具振動システムの開発と超精密切削への応用—、精密工学会誌、87/11（2001）1871.
15) 鈴木浩文：超精密マイクロ微細加工の動向、機械と工具、11（2017）8.
16) H. Suzukiほか：Micro Milling Tool Made of Nano-Polycrystalline Diamond for Precision Cutting of SiC, Annals of the CIRP, 66/1（2017）93.

多軸制御加工法

　NC（数値制御）技術の進歩により、加工中に多数の運動制御軸を同時に制御することが可能となり、複雑な形状の工作物を加工することができるようになった。またこのような工作機械を利用すれば、一度工作物を工作機械に取り付ければ多様な加工ができるため、工作物の取り付け・取り外しが不要となり、工具や工作物の再位置決めに伴う加工誤差が無くなって、加工の高精度化と高能率化が期待できる。

　特に近年では、旋盤主軸と工具主軸を共に具備した工作機械が開発され、両者を同時に駆動させて格段の効率化を達成することができるようになってきた。その一方で、多軸制御加工の加工動作は極めて複雑であり、高品質のNCプログラムを生成するための加工支援ソフトウェアの活用が欠かすことができず、その重要性が増している。

11.1
多軸制御加工の背景

　加工中に送り運動を制御することができる運動軸の数が増えることによって、加工し得る工作物形状は大きく変化する。例えば、**図 11.1** に示すように、制御軸数が 1 軸から 5 軸に増えることによって、加工可能な形状は単純なものから複雑なものとなる[1]。理論的には制御軸数は無限に増やすことができるが、7.5 節に記述したように実用的観点からマシニングセンタでは直線 3 軸に回転 2 軸を加えた 5 軸加工機が広く採用されている。

　旋盤加工についてみれば、図 7.24 に示したように時代とともに制御軸数が増加し、それに伴って、**図 11.2** に示すように加工し得る形状が、単純な丸物形状から角物形状、さらには複雑な形状に進化している[2]。代表的なターニングセンタによる加工例を**図 11.3** に示す。

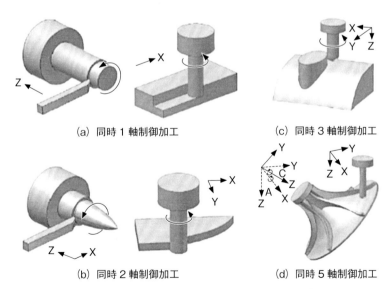

(a) 同時 1 軸制御加工　　(c) 同時 3 軸制御加工

(b) 同時 2 軸制御加工　　(d) 同時 5 軸制御加工

図 11.1　制御軸数と加工可能な形状の関係[1]

第 11 章　多軸制御加工法

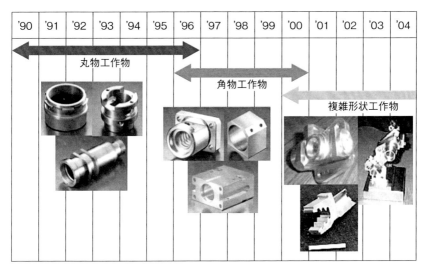

図 11.2　NC 旋盤の進化に伴う加工可能形状の変化

■ 旋盤加工

外周旋削　　　ドリル加工　　　中ぐり加工　　　内径ねじ加工

■ フライス加工

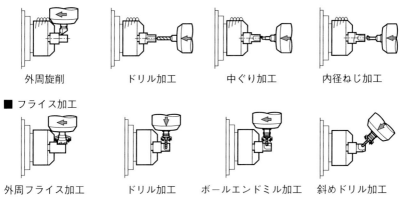

外周フライス加工　　ドリル加工　　ボールエンドミル加工　　斜めドリル加工

■ 第 2 主軸による切削

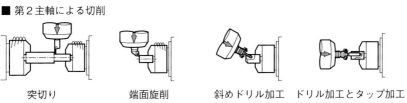

突切り　　　端面旋削　　　斜めドリル加工　　ドリル加工とタップ加工

図 11.3　ターニングセンタによる加工例（森精機製作所）

271

多軸加工機は一度工作物を工作機械に取り付ければ多様な加工を行うことができるため、複雑な形をした工作物を分割して加工した上で組み立てる必要が無くなり、一度に単一の部品として加工することができるという利点がある。そのため機械部品の小型化、高機能化を図ることができる。さらに加工中の工作物の取り付け、取り外しが不要となり、工具や工作物の再位置決めに伴う加工誤差が無くなることから、加工精度も向上するという利点もある。こうしたことから5軸加工機やターニングセンタなどの多軸工作機械の利用は急速に拡大しつつある。しかしながらこのような多軸加工機は一般に高価で、プログラミングも煩雑となるため加工目的に応じた選択が必要となる。

11.2 多軸制御加工法

▶ 11.2.1 多軸制御加工の特徴

工作機械は、機械加工の多様なニーズに応えるために多軸化・複合化による更なる進化を遂げている。その代表例が、マシニングセンタやターニングセンタであり、様々な工具を使い分けながら複数の加工工程を1台で担い、複雑形状を高品質かつ高効率に加工できるようになっている。さらに、制御軸の増加により同時並行で複数の作業ができるようになって加工時間の大幅な短縮に寄与している[3]。

マシニングセンタでは、回転軸を利用することで、工作物の設置面以外の5面を一度の段取りで加工できるだけでなく、工具の突出しの短縮や回転工具の中心軸上での加工の回避により高品質な加工面を得ることが期待できる。このため、今日では回転工具で任意の工具姿勢を取るのに十分な5軸制御マシニングセンタが一般的となっており、図11.4に示すように回転2軸の使い方で加工法は2つに大別される。2+3軸制御や割出し加工とも言われる固定5軸制御加工では、テーブルを割出し時にのみ間欠的に使用することで、

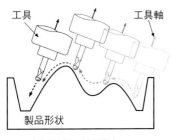 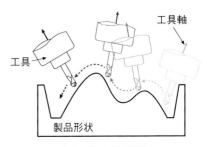

(a) 固定5軸制御加工　　　　　　(b) 同時5軸制御加工

図 11.4　固定5軸制御加工と同時5軸制御加工

図 11.5　航空機部品（インペラ）の加工例（牧野フライス製作所：Webページより）　　**図 11.6**　回転テーブルを利用した旋削（ヤマザキ　マザック：Webページより）

従来の3軸制御加工での工具経路や切削条件などの知見を生かすことができ、また精度が悪化しやすい回転軸の同時制御を避けて高精度な加工が実現できる。他方、同時5軸制御加工では、**図 11.5** に示すように航空機部品などのオーバーハング部を有する複雑形状を、全ての軸を同時に制御して工具の位置・姿勢を決定しながら高速で加工することができる。さらに、回転テーブルの高速化も進み、**図 11.6** に示すように立旋盤での旋削のような高負荷の加工も可能になり、マシニングセンタとターニングセンタの境界はますます曖昧となっている。

　ターニングセンタでは、**図 11.7** に示すように、対向する2つの旋削主軸

図11.7 工作物の切り離しの様子（中村留精密工業：Webページより）

図11.8 2ツールマガジン付きターニングセンタ（中村留精密工業：Webページより）

を使った長尺の工作物の両端把持や両主軸を同時に用いた並列加工、主軸間での工作物を受け渡しによる工作物の全面加工も可能である。特に近年では、5軸制御マシニングセンタの能力をも併せ持ち、一般的な機械加工全てを1台で賄えることで段取り替えの省略によるリードタイム短縮や加工精度の向上、複数の工作機械を置き換えによる占有面積の削減に寄与している。また、素材の自動供給や工作物の自動搬出、さらには図11.8に示すような2つのツールマガジンの具備などにより、非加工時間の短縮による一層の高効率化が進んでいる。

　旋削主軸と工具主軸を同時に回転させることで高効率な加工を達成する特徴的な加工法として、ロータリ切削とミルターニング加工がある[4]。これらは航空機エンジンに使用されるチタン合金や超耐熱合金のように材料強度が高く、熱伝導率が低い難削材に有効であり、従来の旋削加工では切削で生じる熱が刃先に集中して工具が短時間で摩耗してしまうことに対応するものである。ロータリ切削では、図11.9に示すように丸駒工具を工具主軸で回転させながら旋盤加工することで、切削熱と摩耗を刃先全周に分散させて工具寿命を延長することができる。さらに、ミルターニング加工では、図11.10に示すように通常の旋削バイトではなくフライス工具を用いて旋盤加工することで、ロータリ切削と同様に空転時に刃先を冷却して工具摩耗を低減するとともに、切りくずの分断により環境負荷の小さいドライ加工も可能になる。同様の加工法には、図11.11に示すように工具と工作物を同時に回転させて

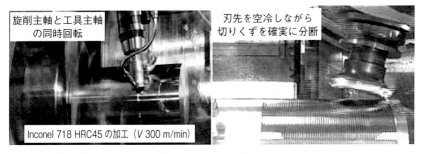

図11.9 ロータリ切削　　図11.10 ミルターニング加工

図11.11 スカイビング加工
（ジェイテクト：Web ページより）

歯車を創成するスカイビング加工があり、複雑形状の工具と高速回転するテーブルを精度良く同期させる NC 装置の開発に伴って実用化されている。

　このように多軸制御が可能で多機能な工作機械も、稼働中にその機能の一部が用いられなければ余剰能力となり、大量生産向けの生産設備としては不向きである。例えば、旋盤加工時にフライス加工用の工具主軸が活用されていないことも多く、その逆もよく見掛けられる。多品種少量生産においては、多機能性を存分に活用できる極めて優れた生産設備であるが、生産リードタイムの中で準備などの非加工時間の占める割合が相対的に大きくなることが懸念される。したがって、マシニングセンタやターニングセンタによる機械加工の効率化を目指すには、加工順序や加工方法、加工条件など数多くの組み合わせに対して、その加工プロセスを予測して適切な工程設計を行うとともに、不適切な干渉の生じない高品質な NC プログラムを素早く生成できるように加工支援ソフトウェアの高度化が必要となる。

▶ 11.2.2　多軸制御加工の支援ソフトウェア

　多軸制御加工の中で最も一般的で、回転工具が任意の工具姿勢を取るのに十分な5軸制御によるフライス加工を例に加工支援ソフトウェアを概説する。このとき、工具軸ベクトルを適切に選択することで、図11.12で示すように切削速度がゼロとなる工具の回転軸上で切削することを避けたり、切削点に対して一定の工具姿勢を保って加工面を均質化したりできる。その反面、工作物やジグと主軸などの機械構造物との干渉の危険性が高まり、この干渉を回避しつつ工具姿勢を決定することは簡単ではない。このため、生成されたNCプログラムに基づいた工作機械の動作や加工形状の確認、干渉の検出に図11.13に示すようなマシンシミュレータの利用が欠かせなくなっている。

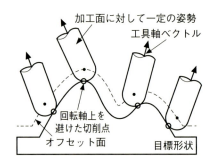

図11.12　5軸制御加工における工具軸ベクトルの選択

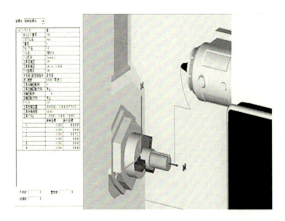

図11.13　マシンシミュレータの例（アイコクアルファ：G-Navi）

さらに近年では、図 11.14 に示すように干渉が危惧される機械構造物などの 3 次元モデルを NC 装置にあらかじめ入力し、実際の機械動作に少し先行してシミュレーションを行い、衝突を検出することで、手動での運転も含めて直前に機械動作を停止させる技術も開発されている。

代表的な加工支援ソフトウェアである CAM システムは、一般にメインプロセッサとポストプロセッサから構成されている。ポストプロセッサの役割は、メインプロセッサで生成された CL (Cutter Location) データを基にして、座標変換により機械座標系における工具経路を生成し、工作機械に対する運動指令に必要な切削条件を含んだ NC プログラムを出力することである。マシニングセンタやターニングセンタでは、ポストプロセッサを利用することが不可欠であり、これにより各工作機械に適合した適切な NC プログラムを用いてオーバハング部を有するような複雑形状も加工することができる。

例として 5 軸制御加工用ポストプロセッサにおける処理の概要を図 11.15 に示す[5]。ポストプロセッサでは、まず CL データに記述された工具軸ベクトルから回転 2 軸の指令値を特定し、その回転 2 軸と工作物（CAD）座標系での 3 次元座標値から工作機械上の座標値に変換する。座標変換は工作機械構造により変化するため、ここでは、特定の工作機械構造によらない一般化座標を用いて汎用化されたポストプロセッサの構成を示している。基本的には、この座標変換後に M コードや F コードなどの切削条件を加えれば、

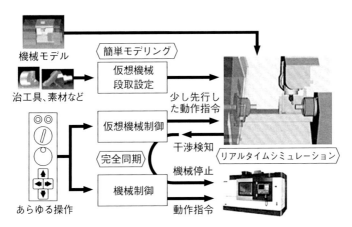

図 11.14 工作機械の衝突防止技術の例（オークマ：Web ページより）

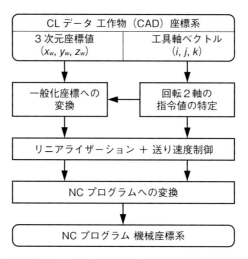

図 11.15　5軸制御加工用ポストプロセッサにおける処理の概要

NC プログラムが生成できる。しかし5軸制御加工では、座標系が回転する補間を含むため、並進運動だけで構成される3軸制御加工とは異なり、リニアライゼーションや送り速度制御といった補正が必要となる[6]。

　曲面の切削など微小ブロック間の補間は、一般に直線補間が用いられる。NC 装置では直線補間指令で現ブロックから次ブロックへ移るとき、それぞれの制御軸が同時に動き始め、同時に止まるように各軸の速度が調整される。これを同時制御という。図 11.16 に示すように、3軸制御の場合、制御軸は並進軸だけであり、座標系が固定されているため、前ブロックから次ブロックへの工具の同時制御軌道は直線になる。他方、同時5軸制御の場合は、回転軸の影響で座標系が連続的に変化する。このため、機械座標系上で円弧状の軌道となるべき軌道も、CAD 座標系上と同じ直線軌道を取ってしまう。これにより、形状のオーバカットやアンダカットが起こり、メインプロセッサで意図していた経路と異なるものとなるおそれがある。これを避けるため、同時5軸制御の場合にはリニアライゼーションと呼ぶ次の処理を行う必要がある。

　機械座標系上での理想の軌道が円弧状の曲線であるとしたとき、一般にブロック間の中点が最も理想位置から離れていると推測される。したがって、

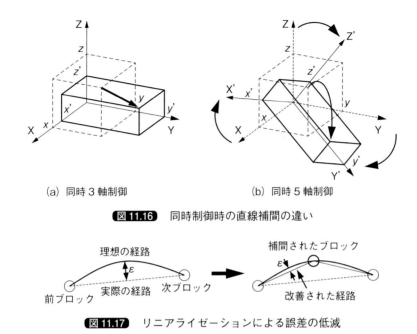

(a) 同時3軸制御　　　　(b) 同時5軸制御

図11.16　同時制御時の直線補間の違い

図11.17　リニアライゼーションによる誤差の低減

図11.17に示すように、CAD座標系上での中点を機械座標系上に座標変換した理想位置と、実際の軌道の中点の空間的な距離を計算し、許容値を超えた場合にはブロックを分割して、これを許容値以内になるまで続ける。実際の軌道の中点は、直線補間であることから前ブロックと次ブロックの機械座標系上の座標値の平均を求めることで得られる。

　送り速度は、前ブロックから次ブロックへ移動する際のCAD座標系上の速度を意味する。他方、NC装置では各軸の移動時間を、各軸の差分の2乗和の平方根を送り速度（Fコード指令値）で割って算出している。3軸制御の場合、制御軸は座標軸と一対一で対応するため、各軸の差分の2乗和の平方根はブロック間の長さと一致し、FコードがそのままCAD座標系での送り速度となる。他方、5軸制御の場合には回転2軸が加わるため、3軸制御とはFコードの持つ意味合いが異なることから、これをCAD座標系上の長さに基づく送り速度に修正する必要がある。なお、特に3次元座標値が移動することなく回転軸の値だけが変化する場合など、並進軸や回転軸の最大速度を超過するときは、その制御軸の最大速度になるように指令値を決定する。

近年では、回転2軸が加わることに起因した上記のポストプロセッサにおける処理をユーザーが意識することなく、高性能なNC装置で代替することが可能になっている。複雑な同時5軸制御加工に対しては、工具先端点制御機能が開発されており、図 11.18 に示すように、工具の姿勢が変化しても、工具先端点が指令された位置を指令された速度で通過するように自動的に制御される。このため、CAD座標系でNCプログラムを容易に生成することができるようになり、工具径や工具長も同時に補正されることから、多様な工作機械で用いる様々な工具に対してNCプログラムを共通化することも可能である。他方、固定5軸制御加工に対しては、傾斜面割出し指令が開発されている。図 11.19 に示すように、3軸制御加工におけるXY平面などの単純な平面上でNCプログラムを生成し、加工対象の面の傾きと位置を指定するだけで、回転2軸により工具姿勢を割り出して傾斜面上に穴やポケットなどを簡便に加工することができる。

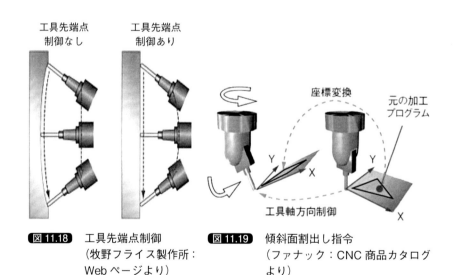

図 11.18　工具先端点制御
（牧野フライス製作所：Webページより）

図 11.19　傾斜面割出し指令
（ファナック：CNC商品カタログより）

11.3 多軸制御加工の事例紹介

以下に代表的な多軸制御加工の例を示す。出典はいずれも(株)牧野フライス製作所：Webページである。

(1) ベベルギヤ（使用工作機械；5軸制御立形マシニングセンタ）

工作物材質	温熱間鍛造型用鋼（YXR33）（62HRC）
工作物寸法	φ142×60 mm
使用工具	φ12×R0.5 ラジアスエンドミル（2本） φ8×R0.5 ラジアスエンドミル（1本） R1〜R3 ボールエンドミル（6本）
加工時間	6時間59分

回転2軸を付加した5軸制御マシニングセンタでは、工具姿勢に自由度があるため工具の突出しを短くすることができ、切削条件を改善して高効率で安定した高精度加工が実現できる。この例では、3軸制御マシニングセンタの使用時と比べて、加工時間を80%以下に削減できている。

(2) ダイカスト部品（使用工作機械；5軸制御立形マシニングセンタ）

工作物材質	DAC MAGIC（50HRC）
工作物寸法	100×70×150 mm
使用工具	R0.5〜R3 ボールエンドミル（4本）
加工時間	13時間1分

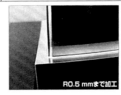

この例のように同時5軸制御加工で精度良く加工するには、工作機械に高い運動精度が要求され、工作機械の運動誤差を事前に測定・評価することは

高精度加工の実現に不可欠である。しかしながら、実際の加工結果を測定した場合には運動誤差以外の要因や、工具摩耗、工具・工作物の把持法などによる加工誤差への影響が含まれるため、一般に工作機械の運動誤差のみを評価することはできない。他方、レーザ干渉測長機やオートコリメータなどによる案内誤差や組立誤差の測定は、作業者の能力に依存しており、省力化も困難である。そこで、工作機械の運動精度を簡便に測定する装置の開発と、それによる5軸制御マシニングセンタの運動精度の保証に注目が集まっている。

（3） チタン合金の同時5軸荒加工（使用工作機械；5軸制御立形マシニングセンタ）

工作物材質	チタン合金（Ti-6Al-4V）
切りくず除去量	230 cm³/min
使用工具	φ80 mmエンドミル（5枚刃）
加工時間	13時間1分

5軸制御マシニングセンタに高出力主軸を搭載することで、この例のような高硬度な合金においても高い切りくず排出量が達成されている。

（4） ブリスク（使用工作機械；5軸制御立形マシニングセンタ）

工作物材質	チタン合金（Ti-6Al-4V）
工作物寸法	φ203.2 mm (8 inch)
翼数	17枚
翼長さ	63.5 mm（2.5 inch）
加工時間	8時間（約28分/枚）

（5）航空機用インペラ（使用工作機械；5軸制御横形マシニングセンタ）

工作物材質	チタン合金（Ti-6Al-4V）
工作物寸法	406.4 mm（16 inch）
加工時間	22 時間

　同時5軸制御加工が最も威力を発揮するのが、この例のような複雑形状の創成である。加工精度に影響を及ぼす要因としては、上述の工作機械の運動精度に加えて、加工プロセスで発生する切削力や熱、室温の変化などにより生じる工作機械の熱変形、びびり振動などが挙げられる。工具摩耗などによる工具の形状や寸法の変化にも留意する必要がある。

参　考　文　献

1) 森脇俊道："5軸・複合って何だ、メリット、ディメリットは"、やさしい5軸・複合、ニュースダイジェスト社（2009.9.30）50.
2) M.Nakaminami, et.al. : "Optimum Structure Design Methodology for Compound Multiaxis Machine Tools", International Journal of Automation Technology, 1/2 (2007) 78.
3) K. Nakamoto, Y. Takeuchi : "Recent Advances in Multiaxis Control and Multitasking Machining", International Journal of Automation Technology, 11/2 (2017) 140.
4) 村木俊之、山本博雅："複合加工機の現状と今後の展望"、月刊 素形材、53/11 (2012) 8.
5) 長坂　学、竹内芳美："形状創成関数に基づく5軸制御加工用一般化ポストプロセサの研究"、精密工学会誌、62/11（1996）1607.
6) 中本圭一："Excelで学ぶ生産加工ソフトウェアの基礎（監修 竹内芳美）"、日刊工業新聞社（2011）63.

難削材の加工

　切削加工が困難な材料を難削材という。一般に高温・高圧環境や、腐食環境下のように過酷な状況で使用される製品は耐熱性、強度、耐腐食性が高い材料が使用されるが、これらの優れた材料はほとんどが難削材であり、近年こうした難削材の利用が増えている。難削材の切削加工では、工具が短い時間で寿命に達するため、切削速度を高くすることができず、結果として生産性が著しく低下して、加工コストが高くなることが大きな問題となっている。

　難削材を高能率で切削するためには、難削性の原因を理解し、工作物の特性が切削加工特性（工具摩耗、切削力、切削温度、仕上げ面粗さ、切りくず処理性など）にどのように影響を及ぼすか知る必要があり、それに基づいて難削材の加工対策を検討しなければならない。

12.1 難削材とは

　難削材とは、文字どおり切削加工が困難な材料のことを総称していう。切削加工が困難であるとは、主として次の3種に分類できる。
　①材質そのものが削りにくい材料である（チタン合金、超耐合金など材料特性によるもの）
　②被削性の不明な材料（切削データのない新素材など）
　③発火・引火しやすい材料（マグネシウムなど）
　表12.1は、工作物が持つ特性とそれによって引き起こされる実際の切削加工における問題をまとめたものである。
　難削材の加工ニーズは、近年急速に増大している。航空宇宙、原子力、燃料電池、ハイブリッド自動車などの分野で、より軽量・高強度・耐熱性の高い素材のニーズが高まっており、これら素材の大半が難削材であるからである。

表12.1 工作物の特性と切削加工における問題

工作物の特性	切削加工における問題
高硬度である	工具寿命が短い
硬くて脆い	表面粗さや寸法精度が出ない
加工硬化が生じやすい	工具寿命の長さがばらつく
工具材料との親和性が大きい	こば欠けやバリが発生する
高温強度が高い	工具欠損やチッピングの発生
熱伝導率が低い	切削熱が上昇しやすい
材料強度が高い	溶着が発生する
アブレシブ物質を含有している	切削力が大きい
延性が大きい	切りくず処理性が悪い
被削性が不明で最適化が困難である	加工が不安定で自動加工できない

12.2
難削性の定義、評価基準

　工作物の切削のしにくさを定量的に示す指標として被削性率がある。この指数は、第5章で示したように、硫黄快削（AISI-B1112）鋼を削り、一定の工具寿命に対する切削速度を100として、比較する工作物材料の同一工具寿命に対する切削速度を百分率で表したものである。**表12.2**は代表的な工作物の被削性率を示す。快削鋼SUM21を100とすれば、マルテンサイト系のステンレス鋼は45〜80、チタン合金は20、インコネルXは15となり、各素材の削りやすさあるいは削りにくさを定量的に表すことができる。

　また、加工の難易度を難削材のピラミッドとして表したものを**図12.1**に示す[2]。同図は、難削性を工具寿命と適用できる加工条件との関連において示したものである。例えばセラミックスは工具寿命が最も短く、また適用できる加工条件の幅も非常に狭く、その結果最も切削しにくい材料であると位置づけてある。実際には、素材の削りにくさの程度は、技術者の技術力や技能、ノウハウの習得レベルで異なってくるので、ピラミッドの上部にある素材でも長年の研究と経験を積み上げて技術力を培うと、底辺側に移動が可能となる。

　上述の被削性指数は、切削速度と工具摩耗との関係に着目した指標と言える。他方、**図12.2**に示すように、工作物のビッカース硬さ、熱特性値、伸び、引張強さを指標にしたレーダーチャートを作って、難削性の評価が試みられている[3]。

　熱特性値（熱伝導率 k ×密度 ρ ×比熱 c）$^{-0.5}$ は、切削変形域での熱のこもりやすさを表し、この値が大きいと切削温度は高くなりやすく、工具と工作物の凝着が生じやすくなる。レーダーチャートの面積が材料の難削性の程度に対応し、レーダーチャートの形から加工時の特徴を予測して加工方針を立案することに役立てるとしている。

　図12.3および**図12.4**に、炭素鋼S45Cの特性を正規化して描いたステンレ

表 12.2 代表的な工作物の被削性率 [1]

材種	JIS番号	被削性指数	材種	JIS番号	被削性指数
硫黄快削鋼	SUM21	100	マルテンサイト系ステンレス鋼	SUS403	45
	SUM1B	113		SUS410	45
	SUM32	82		SUS416	81
ニッケルクロムモリブデン鋼	SNCM431	58		SUS420J1	45
	SNCM630	50		SUS420F	70
	SNCM439	65		SUS431	55
	SNCM220	67	フェライト系ステンレス鋼	SUS405	55
	SNCM815	55		SUS430	48
機械構造用炭素鋼	S10C	73		SUS430F	90
	S20C	73	オーステナイト系ステンレス鋼	SUS302	35
	S30C	70		SUS303	60
	S45C	73		SUS304	45
	S50C	70		SUS316	45
クロム鋼	SCr1	73		SUS317	45
	SCr430	58		SUS321	45
	SCr435	73		SUS347	45
機械構造マンガン鋼	SMn433	61	ねずみ鋳鉄	FC100	55
	SMn438	61		FC150	85
	SMn443	58		FC200	85
クロムモリブデン鋼	SCM432	73		FC250	65
	SCM430	70		FC300	65
	SCM440	67	チタン合金（Ti-6Al-4V）		20
	SCM421	49	インコネル X（70Ni-7Fe-15Cr）		15
炭素工具鋼	SK1	42			
	SK5	42	ステライト 21（Co-3Ni-27Cr-5.5Mo）		6
	SK6	49			
	SK7	51	ステライト 31（Co-10Ni-25Cr-5.5Mo）		6
合金工具鋼	SKD11	30			
	SKD61	48			

第 12 章　難削材の加工

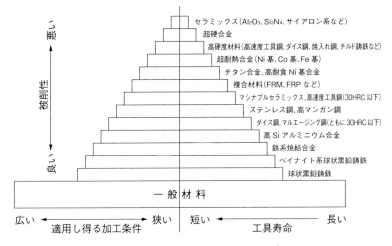

図 12.1　難削材のピラミッド[2)]

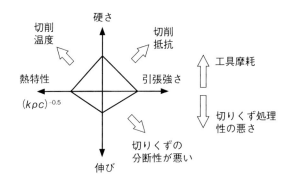

図 12.2　難削性を示すレーダーチャート

ス鋼（SUS304）とチタン合金（Ti-6Al-4V）のレーダーチャートを示す。ステンレス鋼では、硬さと引張強さはS45Cと同程度であるが、伸びと$(k\rho c)^{-0.5}$が大きい。そのため切りくず処理性が悪く、切削温度が高くなると言える。他方、チタン合金では、$(k\rho c)^{-0.5}$が極めて大きくなるため切削温度が非常に高くなると予測される。また硬さと引張強さも大きいことから切削力が大きくなり、工具摩耗が非常に大きくなると言える。

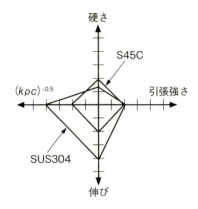 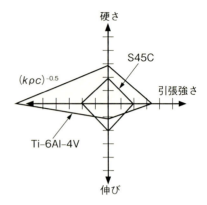

図12.3　ステンレス鋼のレーダーチャート　　図12.4　チタン合金のレーダーチャート

12.3 難削材の加工対策

難削性を示す材料は、主として次のような素材である。

① 展性、延性が大きいために加工しくい材料
純鉄、純ニッケル、純銅、純アルミニウムなどが該当。強度的には問題とならないが、純度が高いために材料の粘質性が高い材料。むしれ形切りくずが生成しやすく、仕上げ面が悪い。

② 工具への切りくずの付着や溶着が起こりやすい材料
軟鋼、ステンレス鋼、アルミニウム、チタン合金などが該当。材料の靭性が高く、工具材料との親和性が高い。切りくずが折れにくいことから、その排出、処理性に問題を起こすタイプの素材。

③ 熱伝導率が小さいため、工具に熱がこもって工具寿命を低下させる材料
ステンレス鋼、チタン合金、耐熱合金、ニッケル合金などが該当。刃先に熱が集中することによって工具の摩耗が激しくなる。

④ 加工硬化しやすい材料
ステンレス鋼、ニッケル耐熱合金、高マンガン鋼、窒化鋼、耐熱鋼など

が該当。切削力が加わることにより表面が硬化しやすい材料。工具のチッピングが起きやすい。
⑤ 高硬度の材料もしくは強度が強いために加工がしづらい材料
超硬合金、焼入れ鋼各種、セラミックス、特殊ガラス、強化ガラス、高張力鋼（ハイテン材）、ダイス鋼、工具鋼などが該当。切削力が大きく、工具の損が生じやすい。
⑥ アブレッシブ物質を含有する材料
高Siアルミ合金・複合材料・ハイスなどが該当。工具の摩耗が激しい。
⑦ 方向性がある
FRM・高Siアルミニウム合金などが該当。仕上げ面が悪くなる。

このように、様々な難削性を示す工作物材料に対して重要な切削条件として、切削工具、工作機械剛性、保持具剛性、切削油（冷却装置）、切削速度などが挙げられる。

▶ 12.3.1 切削工具

切削工具としては、基本的には高温硬度の高いものが適しており、CBN工具はその代表的なものである。近年では、様々なコーティング超硬合金が開発されており、高温硬度および耐摩耗特性に優れているので、工作物の材質の違いによって選択することが望ましい。

インコネルに代表される耐熱合金の特徴は、熱伝導率が低いことである。そのため、刃先に切削熱が蓄積しやすく、熱化学反応により工具摩耗の進展が早い。さらに、工具との親和性が高く、加工硬化しやすいため、刃先への溶着が発生しやすく、チッピングや欠損が起こりやすい。耐熱合金切削用工具としては、加工時の熱発生を抑制し、チッピングや欠損を発生させない工具材料や切れ刃形状を選定することが重要である。

一般的には、高い靭性を有するPVDコーティング超硬合金が適していると言われ、切削時の熱発生を抑制するため、切れ味のよいシャープな切れ刃形状が好ましい。耐熱合金切削用工具としては、硬さと靭性のバランスを考慮して微粒子超硬合金、高硬度・高密着性・平滑性を持つ（AlTi）Nコーティング、大きなすくい角が採用されたものが市販されている。

焼入れ鋼は、焼入れ処理によって、ロックウェル硬度40HRCから60HRC

程度として使用される。非常に硬度が高いため、通常の超硬合金切削工具では摩耗が大きく生産性の高い加工が困難である。そのため、一般的には研削や放電加工が行われるが、近年ではCBN工具を使用することで生産性の高い加工が可能となっている。

▶ 12.3.2　工作機械・保持具の剛性

硬度、引張強さ、高温強度が高い難削材料では、切削力が高くなる。これに対しては、一般的には工作機械の高剛性化で対応される。難削材加工においては、工具寿命の観点から切削速度を上げることは難しく、比較的低速の主軸回転領域での加工が多く、その領域での高い回転トルクが望まれている。そのため、低速回転領域での重切削性能の向上が工作機械に求められる。例えば、2基のモータで主軸を駆動する「2モータトルクタンデム主軸」(安田工業) が開発されている。これは、低速回転領域で2基のモータによって必要となるトルクを得るものである。

▶ 12.3.3　切削油

耐熱合金、チタン合金など熱伝導率の低い材料の切削では、高い切削温度上昇のため工具の摩耗が激しく、切削速度を遅くせざるを得ない。そのため、切削油による切削工具の冷却は極めて重要となる。近年では、高圧クーラントの適用や液化炭酸ガスによる極低温加工が試みられている。これについては、次節で詳しく述べる。

12.4 複合切削による難削材の加工

難削性の内容については、先述のとおりであるが、難削材の切削加工において、多くは工具摩耗が激しく、工具寿命が短いことが問題となる。それを改善するために、刃先での切削熱の抑制と冷却をいかに行うかが重要となっ

ている。また、切りくずが折れずに絡みつくために工具損傷や仕上げ面の劣化を促進し、加工を難しくしている場合には、切りくずをいかに切断するかが重要となる。ここでは、難削材の加工に適用されている複合切削法について述べる。

▶ 12.4.1 振動切削

図 12.5 に示すような方向に工具を振動させながら切削加工を行うことは古くから試みられている。この切削法は、隈部[4]により多くの研究がなされ、その原理や効果、実用装置が明らかにされている。一般的に、バイトによる切削では切削方向（図 12.5 における主分力方向）に正弦波振動が与えられる。このとき、振動の最大速度 $V_f(=2\pi a f)$ を切削速度 V よりも大きくすることにより、切削と非切削とが周期的に繰り返され断続切削となる。すなわち、振動切削を成立させる条件は、$V<2\pi a f$ となる。振動最大速度が切削速度に対して高いほど、この切削法の効果がより顕著になると言われている。近年では、主分力方向と背分力方向を同時に振動させる楕円振動切削も行われている[5]。

振動切削により、切削力低減、構成刃先低減など切削面品位向上、切削温度低減、だれやかえりの低減、切りくず排出性の向上などの効果が一般的に期待される。一方、断続切削となるため刃先のチッピングが誘発されやすい、振動方向によっては切れ刃の逃げ面が切削面と干渉して切削面性状が悪化する、装置コストが高いなど留意しなければならない点もある。チタン合金や

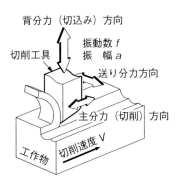

図 12.5 切削工具の振動の向き

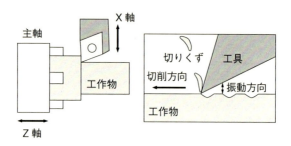

図12.6 NC軸制御による低周波振動付与

インコネルなどの難削材に対しては、切削温度の低減による工具摩耗・溶着の抑制、工具寿命の延長の効果が見られる。また、超音波楕円振動切削では、他の技術では困難な金型鋼の超精密・微細加工や硬脆材料の延性モード加工などが実現されている[5]。通常の振動切削と比較すると、切削力や工具摩耗の低減、加工精度の向上、工作物の工具への凝着やバリ、びびり振動の抑制などの諸効果が大幅に向上すると言われている。

上述の振動切削は、いずれも使用する工作機械とは別に振動装置を用いて工具を振動させている。それに対して、振動を与えるための加振装置（ピエゾ素子などを使用）を用いずに、工作機械（旋盤）のNC（数値制御）によりX軸とZ軸を使って切削軌跡方向に振動させ、その振動を主軸回転と同期させて切削を行う低周波振動切削法が実用化されている（図12.6）。工具すくい面と切りくず接触部に切削油を供給することによる切削性改善や長くつながった切りくずを適度な長さに折断する効果などがある。切りくず凝着の発生が大きな問題となるアルミニウム合金A5056の旋削加工において、また、超硬工具への切りくず凝着が低周波振動切削によって大きく抑制できることが報告されている[6], [7]。

▶ 12.4.2 低温切削

切削熱の発生と温度上昇を抑制するために、切削油などを用いて切削点が冷却される。作業環境の視点から切削油を用いないで、マイナス50℃程度の冷風を用いて冷却する方法が試みられており、切削温度の低下が確認されている[8]。さらに、積極的に液体窒素で切削工具を冷却して切削する方法が

図 12.7　低温加工用エンドミル工具の例 [9]

開発されている。図 12.7 は、冷却されたエンドミルの例である [9]。マイナス 200℃の液体窒素をセンタースルーで主軸からエンドミル内部を通して、切れ刃に直接送るものである。これによって、工具寿命を向上させようとするものである。

▶ 12.4.3　高温切削

切削工具材料としても用いられる超硬合金やセラミックスを工作物材料として切削することは困難である。このような極めて硬度の高い工作物の切削においては、加熱によって工作物の硬さを低下させることを目的に、前述の低温切削とは逆に切削点を加熱して切削することが試みられている。

古くは工作物と工具を電極として通電加熱することによって、切削点を高温にした高温切削が試みられた。また、工具切れ刃から離れた場所の工作物表面をレーザで局所的に加熱し、軟化した部分を切削するレーザアシスト切削加工が試みられた。例えば、セラミックス材を切削するために、YAG レーザでセラミックス表面を加熱する方法 [10] や、図 12.8 に示すように UV レーザで加熱してジルコニアセラミックスを切削することが試みられている [11]。UV レーザは集光レンズを通過し、工具切れ刃から距離 d 離れた場所に照射される。この工具先端・レーザスポット間距離 d が加工温度を決定する重要なパラメータとなる。また、この加工法により大規模クラックの数、比切削抵抗、工具欠損が抑制され、被削性が向上したと報告されている。近年ではファイバレーザの開発により、切削加工機に把持された工作物の加熱が比較的容易にできるようになっているので、このようなレーザアシスト複合加

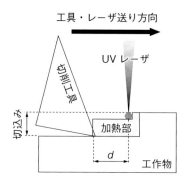

図12.8 UVレーザアシストによる高温切削

工機の実現可能性が高まっていると言える。

　レーザ以外の加熱源としてプラズマを応用し、強靭、硬脆材（高Mn鋼、チルド鋳鉄およびセラミックス）の難削性改善が試みられている[12]。高Mn鋼、チルド鋳鉄の加熱切削では、いずれも切削抵抗は激減することが報告されている。

▶ 12.4.4　ロータリ切削

　ロータリ切削は、**図12.9** の模式図に示すように、円筒状の工具を回転させながら工具の端面部をすくい面として工作物を切削する加工方法である。従来のロータリ切削は、いわゆる丸コマのチップを用いるものであるが、このロータリ工具を駆動する装置はなく、切りくずと工具の摩擦によって丸コマチップを回転させるものであった。それに対して、図に示すものは、ロータリ工具を回転させる機構を持っており、駆動形ロータリバイト（**図12.10**）とも呼ばれる。

　従来のロータリバイトはヘッド部に軸受を内蔵しているので、丸形チップが切削力により回転するが、駆動形ロータリ工具では、ミリング主軸の動力で強制的に丸形チップが回転させられる。チップの回転によって、チップ外周全体を切れ刃とすることが可能となる。すなわち、切削点が常に移動することになる。このため摩耗や加工熱は工具の切れ刃全体に分散し、工具寿命の延長が見込めることから、耐熱合金など難削材の高能率加工の手段として期待されている。

第 12 章　難削材の加工

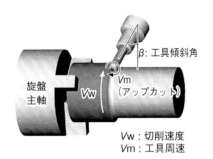

図 12.9　ロータリ切削の模式図 [13]　　図 12.10　ロータリ切削工具の例 [13]

　駆動形ロータリ工具による切削では、ミリング主軸の動力で強制的に回転させるため、丸形チップと工作物の相対的な接触角度や切削位置を自由に設定することでき、また主分力をミリング主軸方向で受けるので高剛性となる。従来形のロータリバイトでは、主分力はバイトを曲げる方向に作用する。

▶ 12.4.5　高圧クーラント切削

　切削油供給の高圧化は以前にも試みられているが、普及しなかった。切削油について本格的な研究が開始された 90 年代は、難削材の切削量が非常に少なく、また工作機械のクーラントの配管系が高圧クーラントに対応していなかったなどが、普及に至らなかった主な理由とされている。しかしながら、近年では工具メーカーによる高圧供給用の工具シャンクの開発、ポンプメーカーによる 7〜30 MPa を超す高圧クーラントシステムの開発、工作機械メーカーによるセンタースルー供給技術の向上など相まって、切削油供給の高圧化の効果が見直されてきた（6.2.2 項参照）。

　高圧クーラント供給による切削方式については、チップブレーカを用いても切りくずが折れにくい切削に対して、切りくず処理性の改善に大きな効果を示すことが知られている。詳細については第 14 章の切りくず処理の節で述べている。切りくず処理性の悪い工作物も難削材料とみなすことができるが、チタン合金やインコネルなどの工具寿命が著しく短くなる難削材料にも適用されている。図 12.11 は、工具刃先に向かって高圧で切削油を吹き付ける吐出口を持った旋削用工具の例を示している [14]。図に示すように、切削油は工具ホルダ内部を通って、チップ先端に向かって吹き付けられる。切削

 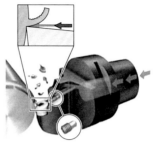

図 12.11 高圧クーラント供給用工具の例

部全体に切削油をまんべんなく掛けるのではなく、工具すくい面と流出してくる切りくずの離脱界面にくさびを打ち込むように供給するものである。

各工具メーカーは切りくず処理性の向上と工具寿命の延長あるいは高速切削化の効果をうたっており、その効果を主として次のように説明している。(1)切削領域に確実に切削油を供給することにより、切削面の熱が大幅に軽減される。(2)高圧で噴射された切削油によって、切りくずが浮き上がるようにすくい面から取り除かれるため切りくず処理性が向上する。(3)切削熱が大きく除去されるので、切りくずが急冷されて硬化、脆化して折れやすくなる。いずれも妥当な考え方と思われるが、具体的な切りくず切断メカニズム、工具摩耗メカニズムが明らかにされているわけではない。どの要因が切削メカニズムにどのように関与するのか、不明な点が多く今後の研究課題である。

図 12.12 の写真は、圧力 7 MPa および 15 MPa の条件で切削後の工具すくい面および逃げ面の摩耗状態を示す。工作物は SCM415、工具はコーティング超硬、切削条件は、切削速度 300 m/min、送り量 0.3 mm/rev、切込み 2 mm である。切削速度 300 m/min という比較的高速の条件においても、顕著なクレータ摩耗は見られない。このことより、高圧クーラントの供給によって、切削温度の上昇が抑制されたと考えられる。また、圧力 7 MPa の場合の方が、逃げ面摩耗が大きくなっており、すくい面の溶着あるいはコーティング層の損傷（断定するにはより詳細な観察、分析が必要）が大きくなっている。

切削油の供給圧力が工具摩耗進行に及ぼす効果を調べた例を図 12.13 に示す。工作物は、ステンレス鋼 SUS304、工具は超硬 P20 種相当である。切削

第12章 難削材の加工

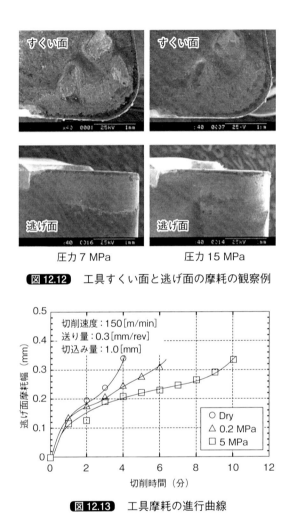

圧力 7 MPa　　　　圧力 15 MPa

図 12.12　工具すくい面と逃げ面の摩耗の観察例

図 12.13　工具摩耗の進行曲線

油を用いない乾切削、通常の切削油供給圧力（0.2 MPa 程度）、高圧での切削油供給（5 MPa）の摩耗進行を比較すると、明らかに摩耗抑制の効果が表れており、工具寿命（0.3 mm を判定基準とする）の延長が見られる。

12.5
代表的な難削材の加工特性

▶ 12.5.1 航空機関連部品材料（チタン合金、超耐熱合金）

　チタン合金やインコネルに代表される超耐熱合金は、その優れた耐熱性のため、航空機エンジンのタービンブレードとして使用されている。チタン合金は、比重が小さく比強度が高いだけでなく、耐食性にも優れているため圧力容器や化学反応機器などに広く使用されている。チタン合金はその材料特性から、切削工具に対して次のような負荷を与える。

① 熱伝導率が小さく切削熱が刃先に集中し、切削温度を上昇させる。結果、工具摩耗が著しい。
② 切りくずが断続的に変動するため（鋸歯状切りくず）、工具刃先に加わる変動が大きくチッピングなどの欠けや損傷が発生しやすい。
③ 弾性係数が小さいため、切削力により工作物が変形し、びびり振動が発生しやすい。

　以上のことから、チタン合金の切削に当たっては切削部の温度を下げる対策と同時に、剛性の大きな切削機械と適正な工具を用いることにより、びびり振動を防止する必要がある。

　一般に切削力が大きくなる材料（高硬度材、高強度材）は削りにくいが、チタン合金の切削力は削りやすいと言われている中炭素鋼より小さいので、切削力がチタン合金を削りにくくしている原因ではないことが分かる。熱伝導率の低さが原因で切削温度が極端に高くなり、その熱が切削工具に蓄積して、摩耗を促進することが問題となる。したがって、チタン合金を切削する場合には、切削速度を遅くして切削温度を下げることが重要である。しかし、それでは生産性を落とすことになるので、耐熱性が高い切削工具の開発や先に述べた複合切削法のように工具刃先部の切削温度を低下させることが必要となる。

　超耐熱合金は、高温強度が高く、高温環境下での耐酸化性、耐腐食性が良

いため航空機のジェットエンジンや発電用ガスタービン、化学プラント、焼却炉などの高温にさらされる構造材に使用される。超耐熱合金は鉄基、ニッケル基、コバルト基の3種類に区分されるが、タービンブレード部材として使用されるインコネルはニッケル基の超耐熱合金である。

　例えば、代表的なニッケル基超耐熱合金であるインコネル718は、ニッケル58％、クロム18.5％が主な化学成分で、残りはモリブデンなどその他の合金元素が占める。ニッケルの含有量が50％を超えるため、ステンレス鋼より更に熱伝導率が低く、また800℃を超える高温での材料強度が非常に高いため、ステンレス鋼に比べて2～3倍ほど切削力が高くなる。そのため、刃先温度は更に高くなって、工具寿命が非常に短くなる。

　一般に工具メーカーが、チタン合金、超耐熱合金難削材加工用工具として市販している工具の共通点は、超硬合金を母材としてコーティングしたもので、コーティング層に様々特色を持たせていることである。TiN、TiCN、TiAlN、TiN/AlN、TiAlN/AlCrNなどがコーティング層として使用され、膜硬度と酸化開始温度が高められ、より耐摩耗性と耐熱性に優れたコーティング工具が開発されてきた。コーティング層は異なる特性を持つ膜を多層にしたものが主流となっており、中には厚さ10 nmレベルの超薄膜を約1000層積層させた超多層膜のものが市販されている。推奨切削速度は、作業内容にもよるが40～70 m/minぐらいとされており、100 m/min近い速度での実用切削も可能になってきている。

▶ 12.5.2　高硬度材料（焼入れ鋼、超硬合金）

　焼入れ鋼は、焼入れ処理を施すことによって、ロックウェル硬度40HRCから60HRC程度として使用される高硬度材料である。これぐらいの硬さになると、通常のコーティング超硬では、工具の摩耗が大きく生産性の高い加工が難しい。そのため、一般的には研削や放電加工によって加工が行われている。しかしながら、CBN工具を用いることで、生産性の高い切削加工が可能となっている。

　CBNは、BN（窒化ホウ素）を超高圧プロセス技術を用いて、ダイヤモンドと似た構造で合成したものであり、天然には存在しない。CBN工具は、このCBN粉末（粒径はサブミクロンから数十 μm程度）と結合剤（セラミ

ックス）を高温高圧で焼結して作られる。硬さはダイヤモンドには及ばないものの、鉄と化学反応しにくく、耐欠損性と耐摩耗性も高いという特徴がある。CBN粒子間の結合強度と焼結体全体の強度向上が焼入れ鋼に対する切削性能に直接つながるが、耐欠損性向上のため刃先の処理（ホーニング、ネガランド）も重要となる。

　コーティング超硬と同様に、CBNに対しても各工具メーカー独自のセラミックスがコーティングされたコーティングCBN工具が開発されている。ノンコーティングCBNをはるかに上回る耐摩耗性を示す。近年では、超微粒子バインダレスCBN切削工具が開発され、さらに優れた性能を示している。これは、ナノ多結晶CBN工具と呼ばれ、非常に微細な粒子がバインダ（結合材）や介在物なしに極めて強固に直接接合されているため、非常に高い硬度と強度を同時に併せ持ち、優れた耐熱性と同時に高精度に成形することも可能であるという画期的な硬質材料となっている。図12.14に焼入れ鋼の切削加工例を示す[15]。

　焼入れ鋼より更に硬度の高い材料である超硬合金の切削加工のニーズが高まっている。スマートフォンなどに搭載されているカメラのガラスレンズ用の金型はその代表と言える。ガラスレンズは金型を用いてプレス成型される際に、400～800℃という高温でプレス成形されるため、金型自身の耐久性が

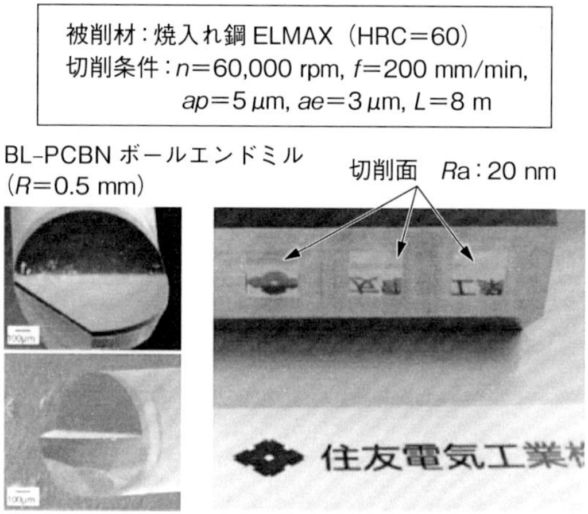

被削材：焼入れ鋼 ELMAX（HRC=60）
切削条件：n=60,000 rpm, f=200 mm/min, ap=5 μm, ae=3 μm, L=8 m

BL-PCBN ボールエンドミル
（R=0.5 mm）

切削面　Ra：20 nm

図12.14　ボールエンドミルによる焼入れ鋼の切削加工例

求められる。そのため、より高硬度な材料として超硬合金が金型材料として用いられてきた。超硬合金は、平面や単純な2次元形状であれば、研削によって比較的容易に加工できる。しかし、複雑な凹形状や微細形状では放電加工と研磨加工によって仕上げざるを得ない。この加工プロセスは、加工時間とコストの面で非常に生産性が悪いため、切削加工による直彫りが求められると同時に研磨工程なしで最終仕上げ精度が達成されることが望まれている[16]。

超硬合金が非常に高硬度（730〜1700 HV）であることから、切削加工を行おうとすると、それより硬度の高いダイヤモンド工具が有力候補となる。しかし、工具摩耗の急激な進行やチッピングの発生により高精細な切削加工を安定して行うことは困難である。実際に超硬合金の切削に使用されるフライス工具としては、軸付電着ダイヤモンド砥石、ダイヤモンドコーティングエンドミル（ダイヤコート工具）、ダイヤモンド焼結体エンドミル（PCD工具）、単結晶ダイヤモンドエンドミルが知られているが、高い加工能率と加工精度、仕上げ面品位ならびに低コストといった要求を全て満たす工具がないため、荒加工から仕上げ加工までの工程ごとに、適正な工具と加工条件を選定しなければならない。

近年開発されたナノ多結晶ダイヤモンドは、数十nmの微細なダイヤモンド粒子からなる緻密な多結晶体である。これは、超高圧高温下で黒鉛からの直接変換により得られたものである。単結晶ダイヤモンドを超える高い硬度を持ち、劈開性や機械的特性の異方性がなく、結合材を含まないため耐熱性も高いとされている。**表12.3**は、ナノ多結晶ダイヤモンドと従来のダイヤモンド材料の特徴を比較したものである[17]。また、ナノ多結晶ダイヤモンドのボールエンドミルによる超硬合金の鏡面切削例を**図12.15**に示す[18]。

▶ 12.5.3　硬脆材料の切削加工

セラミックス、ガラス、シリコンなどは典型的な硬脆材料である。これらの材料は硬さと同時に脆性も高く、クラックが発生しやすい。そのため、切削加工では良好な仕上げ面を得ることができず、一般には研削加工によって仕上げられる。例えば、非球面ガラスレンズは、主にガラスモールド（高温プレス）で量産されているが、プレス成型用の高精度で高価な金型の製作が

表12.3 ナノ多結晶ダイヤモンドと従来材の特徴の比較

材質名	単結晶（SCD）	焼結ダイヤ（PCD）	ナノ多結晶ダイヤ（NPD）
組織またはイメージ	易加工方向／難加工方向（1 mm）	ダイヤ粒子（1〜20 μm）／金属結合材（2 μm）	ダイヤ粒子（30〜50 nm）（100 nm）
ヌープ硬度	△ 70〜120 GPa（方位依存）	△ 50 GPa	○ 110〜130 GPa
等方性	× 方位依存性大	○ 等方的	○ 等方的
強度、耐欠損性	×（111）劈開あり	○	○
耐熱性（不活性雰囲気）	○ 1,600℃	× 600℃	○ 1,600℃
加工精度	○ <50 nm	× <0.5 μm	○ <50 nm

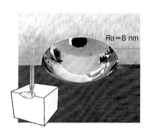

図12.15 超硬材の鏡面加工の例
工作物：超硬合金（92.5HRA）
工　具：ナノ多結晶ダイヤ（R0.5 mm）
切削条件：主軸回転数 40,000 min^{-1}、
送り速度 120 mm/min、
仕上げ代 0.003 mm

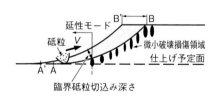

図12.16 単粒による切りくず生成モデル

必要となる。しかし、小量生産に対しては金型を作らず、直接切削加工によって非球面形状を創成できれば、極めて有用である。

　非常に脆性の高い工作物であっても、極めて微小な切込み深さの条件で加工を行うと、金属のように延性的な切りくず生成が行われ、超精密加工面が

得られることが知られている。このことは、延性モード切削として知られており、脆性破壊ではなく、材料の塑性流動によって切りくずが生成される。**図 12.16** は、1つの砥粒による切りくず生成モデル[19]を示しているが、微小切込み切削を行っている切削工具刃先と考えてよい。

砥粒がAからBに向かって工作物を削っていくと、切取り厚さは徐々に大きくなる。切取り厚さが大きいと脆性破壊により切りくずが生成されるので、微小破壊損傷領域（黒く塗りつぶした領域）ができる。しかし、切取り厚さがある値より小さい範囲では切りくずは塑性流動（延性モード）で作られ、損傷領域はできない。この延性モードのみで仕上面が作られるようにすれば、亀裂のない非常に良好な仕上げ面が得られることになる。

延性モードとなる臨界切取り厚さは、工作物材料の性質によって変わってくるが、おおむね 0.1 μm 以下と考えられている[20]。また、理論的には Griffith の亀裂伝播の解析により、延性–脆性遷移臨界押込み深さ d_c は次式で表される。

$$d_c \approx \frac{E}{H_V}\left(\frac{K_{IC}}{H_V}\right)^2$$

ここで、E はヤング率、H_V はビッカース硬さ、K_{IC} は破壊靭性値である。例えば、光学ガラス BK7 は 0.025 μm、SiC は 0.49 μm、溶融石英ガラスは 0.18 μm と計算されている[21]。

延性モード切削を実現するためには、上述のようにサブミクロンの切込みが実現できる工具と工作機械が必要となり、必然的に鋭利な切れ刃を持つダイヤモンド工具と超精密切削加工機が必要となる。しかし、ダイヤモンド工具が高価であることと工具摩耗が激しいことから実用化には至っていないのが現状である。そのため、CBN工具の適用、超音波振動切削などの試みが行われている。

▶ 12.5.4 複合材料

複合材料とは、2つ以上の異なる材料を一体的に組み合わせた材料のことであるが、一般的にはプラスチックを母材として、強化のためのガラス繊維や炭素繊維を複合させた繊維強化プラスチック（FRP；Fiber Reinforced Plastics）のことをいう。この素材は軽量であり、金属材料よりも強度が高

いものもある。そのため、特に軽量化が重視される航空機や宇宙機では多用される。例えば、最新の航空機では、炭素繊維強化プラスチック（CFRP；Carbon Fiber Reinforced Plastics）が機体構造重量の50％にも達している。その加工に関しては、航空機の胴体、翼、それらを補強するビーム材のトリム加工、穴あけ加工が主要なものであり、ドリルなどで切削加工すべき穴の個数だけでも相当数になる。

　CFRPの切削加工において発生する問題点は、炭素繊維の方向と切れ刃の作用方向に起因するものがほとんどである。代表的なものが、デラミネーションと呼ばれる積層された炭素繊維が穴の入口・出口やトリミング時の端面上下で剥離する現象である。また、切削中に生じた炭素繊維の粉末が硬粒子として研磨材のような作用をして、工具すくい面や逃げ面に機械的なすり減り摩耗を発生させる。このように、CFRPの切削においては、仕上げ面の品質劣化と激しい工具摩耗という点で難削材料として位置付けられている。

　デラミネーションの発生を回避するためには、切れ刃の鋭利さを保つことが基本となり、ドリル加工では穴出口で切削力を分散させることが重要となる。工具摩耗が進むと切れ刃が丸まって切れ味が落ちるので、工具は十分な耐摩耗性を有していることが望まれる。そのため、多結晶ダイヤモンド（PCD）工具、ダイヤモンドコーティング工具、ダイヤモンド電着工具などのダイヤモンド工具が必須といってよい。PCD工具は工具形状が複雑になると高価になるのに対して、ダイヤモンドコーティング工具は安価で複雑な形状を製作することが可能であるという特徴を有している。

　CFRP穴あけ用として開発されたダイヤモンドコーティングのドリルの例を**図12.17**に示す[22]。このドリルでは、ダイヤモンドコーティングによって耐摩耗性を向上させるとともに、刃先形状によって切削力の低減を図っている。例えば、先端角は90°がスラストの低減とトルク変動の抑制効果が大きく、デラミネーションとバリの発生が抑制できるとしている。また、切れ味を高めるためドリル溝は強ねじれとし、コーナー部に第3逃げ面を設けている。ダイヤモンドコーティングと90°の先端角、強ねじれ溝は、CFRPの穴あけドリルの多くに共通点として見られる。

　CFRPトリミング加工用エンドミルに関しても、ダイヤモンドコーティングが施されたものが主流である。ねじれ角は、スラスト方向への切削抵抗を

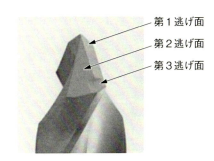

第1逃げ面
第2逃げ面
第3逃げ面

図 12.17 CFRP 穴加工用ドリルの例

抑えるために弱ねじれ角としている。さらに、切削力低減のため多刃化したり、クロスニックの切れ刃形状にしている[23]。

参 考 文 献

1) 三菱日立ツールテクニカルデータ．
2) 狩野勝吉："難削材と難加工材"、大河出版技能ブックス（2007）8.
3) 山根八洲男、関谷克彦："難削指数による難削性の評価"、精密工学会誌、70/3（2004）407.
4) 隈部淳一郎：精密加工振動切削―基礎と応用―実教出版（1979）．
5) 社本英二、鈴木教和：超音波楕円振動切削による難削材の超精密・マイクロ加工、砥粒加工学会誌、54/11（2010）636.
6) 雪永敏志ほか：低周波数域を用いた振動切削加工技術に関する研究、砥粒加工学会誌、57/2（2013）116.
7) 三宅章仁ほか：旋削加工における送り方向への低周波振動の効果、2015 年度精密工学会秋季大会学術講演会講演論文集（2015）421.
8) 柴坂ほか：冷風切削加工における切削温度に及ぼす加工条件の影響、The Proceedings of Conference of Kansai Branch, The Japan Society of Mechanical Engineers, (2002) 3.21.
9) 西部商工株式会社低温加工用ツールホームページ
https://seibushoko.com/products/cutting-tools/carbide-drills-reamers/cryogenic-machining-tools/
10) 松隈博：難加工材のハイブリッド加工技術に関する研究―YAG レーザによるセラミックス材の加熱部の溶融・凝固特性―、佐賀県工業技術センター研究報告書（1996）．

11) 杉田直彦：硬脆材料精密加工のための UV レーザ・切削多軸複合加工システム（平成 22 年度天田財団一般研究開発助成 AF-2010207）
http://www.amada-f.or.jp/r_report2/kkr/25/AF-2010207.pdf
12) 北川武：難削材のプラズマ加熱切削に関する基礎研究 一般研究（B）報告書 課題番号 60460085（1986）.
https://kaken.nii.ac.jp/ja/grant/KAKENHI-PROJECT-60460085/
13) 三菱マテリアルホームページ
http://carbide.mmc.co.jp/magazine/article/cut_vol05
14) サンドビック カタログ High pressure coolant machining, HP
https://www.sandvik.coromant.com/ja-jp/knowledge/featured-articles/pages/benefits-of-high-pressure-coolant.aspx
15) 角谷均、原野佳津子：革新的超硬質材料の創製〜バインダレス ナノ多結晶ダイヤモンド・ナノ多結晶 cBN〜、SEI テクニカルレビュー・188（2016）15.
16) 宮本猛：超硬合金の切削加工と精密切削への可能性、砥粒加工学会誌、54/4（2010）214.
17) 角谷均、原野佳津子：革新的超硬質材料の創製〜バインダレス ナノ多結晶ダイヤモンド・ナノ多結晶 cBN〜、SEI テクニカルレビュー・188（2016）18.
18) 住友電気工業(株)ナノ多結晶ダイヤモンド工具カタログ
http://www.sumitool.com.au/pdf/endmills/bd041-npdb.pdf
19) 丸井悦男：超精密加工学、コロナ社（1997）.
20) 堀内宰：欧米における超精密加工技術の動向、機械の研究、31/2（1993）227.
21) 小倉一郎、岡崎祐一：シングルポイントダイヤモンド旋削による光学ガラスの延性モード切削加工に関する研究、精密工学会誌、66/9（2000）1431.
22) NACHI テクニカルレポート NVol.23B1（2011）1.
https://www.nachi-fujikoshi.co.jp/tec/pdf/23b1.pdf
23) 三菱マテリアル(株)カタログ Solutions for composite（2017）
http://www.mitsubishicarbide.com/application/files/7614/9215/0722/composite_p713j.pdf

切削加工の高度化、知能化

　工作機械のハードウェアおよびNC制御技術の進化に伴って、切削加工の高度化、自動化の進展が著しいが、工作機械を制御するためのより高度なNCプログラムが必要不可欠である。こうしたNCプログラムを生成するにはコンピュータの支援が必須であり、CAM（コンピュータ援用生産）システムが種々開発されている。CAMにおいては加工対象の情報に基づいて、加工する形状とその加工法、加工順序、さらには工具や加工条件、工具経路などの詳細な加工情報を決定する工程設計が重要となる。

　最近のCAMシステムでは、設計を担うCADシステムだけでなく、上述の工程設計システムや各種のデータベース、NCプログラムの最終チェックを行う加工シミュレータなどとの連携により、切削加工の高度化・知能化が進められつつある。

13.1
CAD/CAM 統合

▶ **13.1.1 自動プログラミングの歴史**

1951年にMIT (Massachusetts Institute of Technology) で誕生したNC (Numerical Control：数値制御) 工作機械により、自動で加工が可能なNC加工が一般化し、高い精度と再現性が達成された。このNC加工には、NC装置を介して工作機械を制御するためのNCプログラムが不可欠であり、ますます高精度で複雑な形状の加工が求められる現在ではその重要性が増している。

NC加工の普及に伴い、NCプログラム生成の省力化が早くから試みられており、1950年代後半からAPT (Automatically Programmed Tools) と呼ばれる汎用的なNCプログラミングシステムが開発されている。当初は複雑形状に対する工具経路の計算を目的としていたが、その後APTを基盤として工具の選択や切削条件の設定といった工具経路の計算以外にも加工情報を自動決定することを目指したEXAPT (Extended subset of APT) などが開発され、現在のCAMシステムの原型となっている。

CAMシステムは、図13.1に示すように、一般にメインプロセッサとポストプロセッサから構成されている。メインプロセッサでは、CADデータ

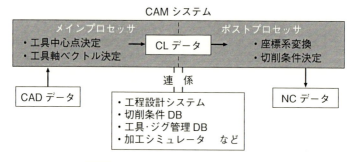

図13.1 CAMシステムの基本的な構成

を入力として、工作物座標系での工具経路、すなわち CL（Cutter Location）データを生成する。さらに、必要に応じて工具中心点での工具軸ベクトルも決定する。近年普及してきた5軸などの多軸制御加工では、工具姿勢に自由度を持つことから、この工程が必要不可欠である。他方、ポストプロセッサではメインプロセッサで生成された CL データを基にして、座標変換後、機械座標系における工具経路を生成し、最終的には工作機械を指令するための切削条件を含んだ NC プログラムを出力する。近年の CAM システムは、設計を担う CAD システムだけではなく、加工箇所と工具、加工順、加工方法などを決定する工程設計システムや、切削条件 DB、工具・ジグの管理 DB、NC プログラムを最終的に確認するための加工シミュレータと連携したり、あるいは内部機能として組み込んだりしている。

メインプロセッサで CL データを生成する場合、穴や平面の加工では1軸や2軸制御で所望の形状が得られるが、自由曲面や複雑な形状の場合には少なくとも3軸制御が必要となる。またこのとき、加工に使用する工具形状も工具経路に大きく影響する。工具先端の切れ刃が半球上に位置するボールエンドミルでは、図 13.2 に示すように、切れ刃のどの位置で加工しても、CL データで指定する工具位置は目標形状から工具半径分ずらした（オフセットした）工具中心点であり、比較的容易に工具経路を生成することができる。また、工具半径に対して曲率半径が大きければ、どのような形状でも加工できるため、自由曲面や複雑な形状に対して非常に有効である。他方、工具先端の切れ刃が円筒上に位置するスクェアエンドミルでは、平面加工を除けば工具中心点を算出することは難しい。

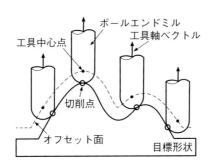

図 13.2 ボールエンドミルでの工具中心点

目標形状からオフセットした工具中心点は、オフセット面と呼ばれる面上に存在し、これを生成する手法として以下の3つの手法がよく知られている。まず、目標形状のCADデータを多数の平面で近似してそれを工具半径分オフセットする手法は、簡便ではあるものの曲率が大きな曲面では近似する平面の数が急増して困難となる。また、近年ではCADシステムの機能を用いて目標形状のオフセット面を直接生成する手法も用いられているが、この成否は使用するCADシステムに依存する。これら2手法は、基本的にボールエンドミルによる加工を想定しており、CADデータから工具半径分オフセットした面を生成する場合に有効である。対照的に、図13.3に示す工具形状を上下反転させて工具中心点を目標形状上に合わせ、そのときの工具の包絡面から近似的にオフセット面を生成する手法は、ボールエンドミル以外の工具形状にも対応できる。

　また、自由曲面を直線補間で加工する場合、目標形状と生成する工具経路の間に差が生じる。これを小さくするためにCLデータで指定する工具位置を増やせば、図13.4に示すようにデータ量が膨大になり、CAMシステムやNC装置での処理に大きな負担が生じるため、適切な許容値（トレランス）を設定する必要がある。これは、図13.5に示す工具送り方向と垂直な送り量であるピックフィードに対しても同様であり、求められる加工面の粗さも考慮に入れながら必要かつ十分な値を設定しなければならない。なお、後述

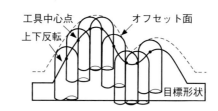

図13.3　逆オフセット法によるオフセット面生成

図13.4　トレランスとデータ量の関係

する NURBS 補間で加工する場合には、工具送り方向のデータ量は極めて小さく抑えられる。

▶ 13.1.2 NC プログラミング

工作機械の持つ座標系は、**図 13.6** に示すように各駆動軸の機械原点を原点とする機械座標系と、プログラム可能な原点を持つプログラム座標系とがある。そして、NC プログラミングではプログラム座標系を利用する。これらの座標系において、座標軸は**図 13.7** に示すように右手系で構成され、各軸において右ねじの法則に従った回転方向を持つ軸を X 軸に対して A 軸、Y 軸に対して B 軸、Z 軸に対して C 軸と定義されている。

NC プログラムは、指令単位であるブロックを機械の動作の順序に並べた集合体によって構成される。またこのブロックは、準備機能、位置情報、送り速度、主軸機能、工具機能、補助機能などで構成される。**図 13.8** に示すように、ブロックはワードの集合であり、さらにワードはアドレスと呼ばれるアルファベットとそれに続くデータで構成される。**表 13.1** に主なアドレ

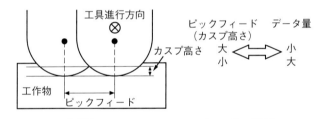

図 13.5 ピックフィードとデータ量の関係

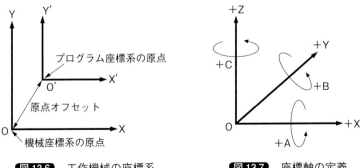

図 13.6 工作機械の座標系　　**図 13.7** 座標軸の定義

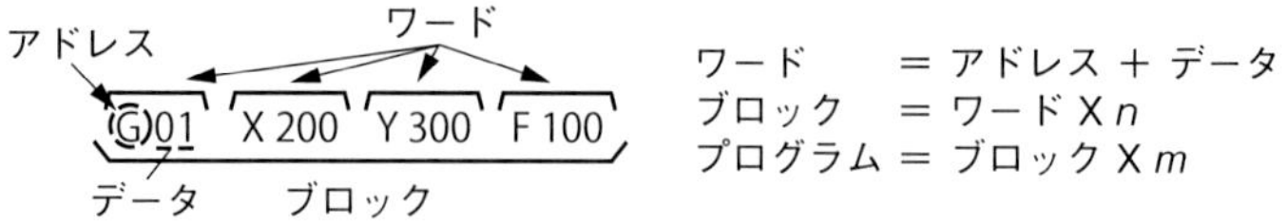

アドレス
ワード
G 01
X 200
Y 300
F 100
データ
ブロック
ワード　＝ アドレス ＋ データ
ブロック　＝ ワード X n
プログラム ＝ ブロック X m

図 13.8 NC ブロックの構成

表 13.1 主なアドレスとその意味

機　能	アドレス	意　味
準備機能	G	動作のモード（直線、円弧など）
位置情報	X、Y、Z、A、B、C、I、J、K など	座標軸の移動、円弧の中心座標や円弧半径の指定など
送り速度	F	送り速度の指定
主軸機能	S	主軸回転数の指定
工具機能	T	工具番号の指定
補助機能	M など	クーラントのオン・オフの指定など

Y
70.0
30.0
⊿X=60.0
⊿Y=−40.0
原点
40.0
100.0
X
インクリメンタル方式の場合
G 91　X 60.0　Y −40.0
アブソリュート方式の場合
G 90　X 100.0　Y 30.0

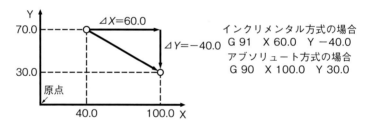

図 13.9 インクリメンタル方式とアブソリュート方式

スとその意味を示す。準備機能は、アドレス G とそれに続く数値によって指定され、そのブロックに含まれる命令の意味を規定する。この G コードには、指令されたブロックのみ有効なワンショット G コードと同一グループの他の G コードが指定されるまで有効なモーダル G コードがある。

モーダル G コードの代表的な例として、各駆動軸の移動量の指令があり、移動する位置座標を与える指令方式として、インクリメンタル方式とアブソリュート方式がある。**図 13.9** に示すように、インクリメンタル方式では前のブロックの終点が次のブロックの始点になる。これに対してアブソリュー

第 13 章　切削加工の高度化、知能化

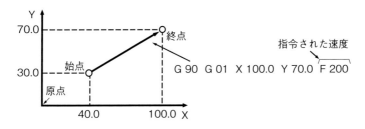

図 13.10　G01 による直線補間

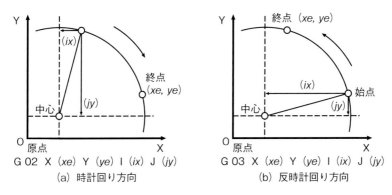

図 13.11　G02 と G03 による円弧補間

ト方式では、工具の移動する点を全て原点からの座標値で与える。

　工具経路は、直線、円弧、放物線などの組み合わせにより構成されており、個々の要素は終点とその他に必要な最低限のパラメータのみが与えられる。また、機械動作時には一定のサンプリング時間ごとに指令を発生するために、始点と終点間を適切に補間する必要がある。

　NC プログラムにおいて、直線補間を指令する G コードには G00 と G01 の 2 種類がある。G00 は工具や機械のテーブルを早送り速度で移動させて位置決めするもので、各軸の早送り速度が異なる場合には、最短経路を一直線で移動するとは限らない。他方、G01 では指令された速度に従って任意方向の直線運動を行わせることができ、**図 13.10** に示すように目標位置の終点に至るまでの位置と速度が制御される。

　円弧補間を指令する G コードには G02 と G03 の 2 種類がある。G02 は時計回り方向、G03 は反時計回り方向の円弧補間である。**図 13.11** に示すよう

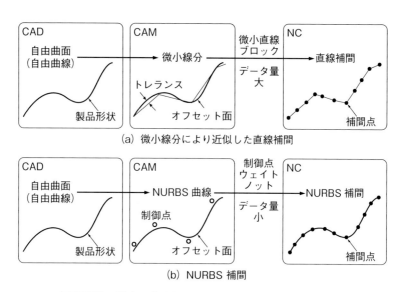

図 13.12　微小な直線補間と NURBS 補間による曲面加工

に、アドレス X、Y 後のデータは円弧補間の終点の座標を表し、I、J 後のデータは視点から見た円弧中心の位置を表す。またこの他に、終点の座標と円弧の半径を指定して円弧運動を行う方法もある。

　自動車や航空機、家電機器など曲面を多用した製品が年々増加しており、それらを生産するための金型や部品にも複雑な曲面が必要となっている。このような曲面を直線補間で加工する場合、曲線を一定のトレランス内で大量の微小線分により近似することになる。しかしながら、線分のつなぎ目の影響で加工面に多面体形状が現れる、また NC プログラムの容量が非常に大きくなるなどの様々な問題が発生する。これに対して曲面から曲線を定義する関数を生成して NC 装置へと入力し、NC 装置内で曲線を補間して機械を動作させるのが NURBS 補間である。

　曲線を微小線分により近似して、直線補間で加工する従来手法と NURBS 補間を用いた曲面の加工手法を 図 13.12 に示す。前述したように、高精度な加工のためトレランスを小さく設定すると NC プログラムの容量が大きくなり、NC 装置へ大量のデータを入力する必要がある。また、サーボ技術の高度化により NC 工作機械が NC プログラムの指令に忠実に追従することで、

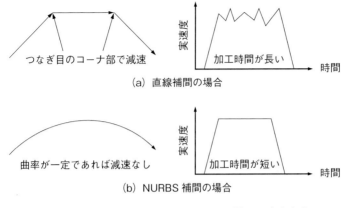

図 13.13 微小な直線補間と NURBS 補間の速度変化

線分のつなぎ目に角ができ、滑らかな加工面が得られなくなることもある。さらに、このつなぎ目で減速処理が行われることにより、加工時間も長くなる。他方、NURBS 補間を用いた場合には、NURBS 曲線を定義する制御点、ウェイト、ノットと呼ばれるデータを NC 装置へ入力するだけであり、NC プログラムの容量は極めて小さくなる。また、NURBS 曲線の補間を行うため滑らかな加工面が得られるとともに、極端な加減速処理がなくなることで図 13.13 に示すように加工時間の短縮も実現できる。

▶ 13.1.3　切削加工の工程設計

　機械部品の加工工程を生産技術面から計画することは、加工コスト、加工時間、加工精度などを決定する上で非常に重要であり、一般に生産設計と工程設計に大別される。生産設計では、設計された機械部品を生産能率や経済性などの観点から修正、変更、補足し、形状、寸法、材質、公差、表面性状などを設計する。他方、工程設計では、加工対象の形状、寸法、材質、公差、表面性状などから適切な加工法、加工順序、加工機の種類・数量など選択するとともに、それらの各加工工程で必要とされる工具、加工条件、工具経路などといった詳細な加工情報を決定する。

　工程設計において、加工法や加工順序を選択し、使用する加工機を選定するためには、保有する機械・設備の能力や性能、使用コスト、負荷状態など

の工程能力を把握する準備が必要になる。また、あらゆる加工法・順序などの可能性を検討しながら、仕様、コスト、納期といった要求項目を満たすように工程を設計することが求められる。近年、CAD/CAMシステムが普及してきたことから3次元形状モデルを活用し、設計の初期段階から生産設計および工程設計を同時並行で作業することが可能となり、設計から生産までの時間短縮とコスト削減に寄与しており、コンカレントエンジニアリングあるいはサイマルテニアスエンジニアリングと呼ばれている。また、工程設計の結果である加工工程の情報を逆にフィードバックしたりすることも可能になっており、コンピュータ援用工程設計（CAPP：Computer Aided Process Planning）の適用範囲の拡大が期待されている。

前述したように、切削加工の工程設計では設計された加工対象の情報に基づいて、加工する形状とその加工法、加工順序を決定する。その後、加工工程を加工機へと割り当てるとともに、工具や加工条件、工具経路などといった詳細な加工情報を決定する。この工程設計の自動化を目指した試みとして、最も有名な手法がグループテクノロジー（GT）であり、1950年代に旧ソ連のS. P. Mitorofanovにより提案されている。GTでは加工対象のグループ化により、ロット数を増やし、これに合わせて生産ラインを改善して量産効果を発揮することができる。グループの分類方法は世界で数十以上提案されているが、図13.14に示すアーヘン工科大学（旧西独）方式では5桁のコードを付与して計算機により処理可能としており、加工対象の特徴を認識するコンピュータ援用工程設計の源流と言える[1]。

加工対象の特徴は、加工フィーチャと呼ばれており、フライス加工や旋盤加工、ドリル加工などにおける形状創成の単位として、素材を目標形状へと変換していく加工工程を決定付ける特徴的な領域となる。近年では、CAD/CAMシステムの普及により、図13.15に示すように、3次元形状モデルを基にした加工フィーチャを加工対象から直接認識し、加工法や加工順序、工具や加工条件などを決定する上で特に重要な情報となる[2]。

認識された加工フィーチャに従って、要求される加工精度や寸法、形状、加工コストを勘案した加工法や加工順序、加工機が選定される。このとき、図13.16に示すように、様々な組み合わせが考えられるため、それに応じて達成できる仕様、コスト、納期は大きく変化する。また、少品種多量生産に

第13章 切削加工の高度化、知能化

第1桁		第2桁		第3桁		第4桁		第5桁	
部品等級		外面形状 外面形状要素		内面形状 内面形状要素		平面加工		他の穴加工と歯切り	
0	L/D≦0.5	0	加工しない	0	加工しない貫通穴なし	0	平面加工なし	0	他の穴加工なし
1	0.5<L/D<3	1	平滑 形状要素なし	1	貫通穴あり	1	平坦なおよび/または一方向に曲がった外面	1	歯切りなし	軸方向割出しなし
2	回転部品	2	一方向に径増大	形状要素なし	2	一方向に径増大または平滑	形状要素なし	2	あるピッチで並ぶ外面	2	軸方向割出しあり
3		3		ねじ	3		ねじ	3	外側の溝および/または切欠き	3	軸方向および/または径方向および/またはその他の方向
4		4	機能を有する突切り部および/またはテーパ(およびねじり)	4	機能を有するテーパ部(径方向突切り部)(およびねじ)	4	スプライン(多角形)外面	4	軸方向および/または径方向の割出しありおよび/またはその他の方向
						5	外側のスプライン溝および/または切欠き	5	平歯車加工 他の穴加工なし
						6	平坦な内面および/または内側の溝	6	歯切りあり	平歯車加工 他の穴加工あり
						7	スプライン(多角形)内面	7	かさ歯車加工
						8	スプライン内面外側の溝および/または切欠き	8	他の歯切り
						9	その他	9	その他

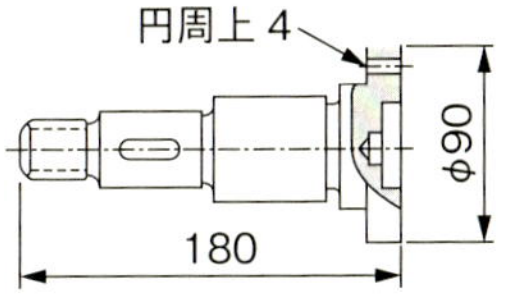

原典：2. Tagung Werkstücksystematik und Teilefamilienfertigung(1965/Verlag W. Girardet), pp457-68

図 13.14 グループテクノロジーの分類例（アーヘン工科大学方式）[1]

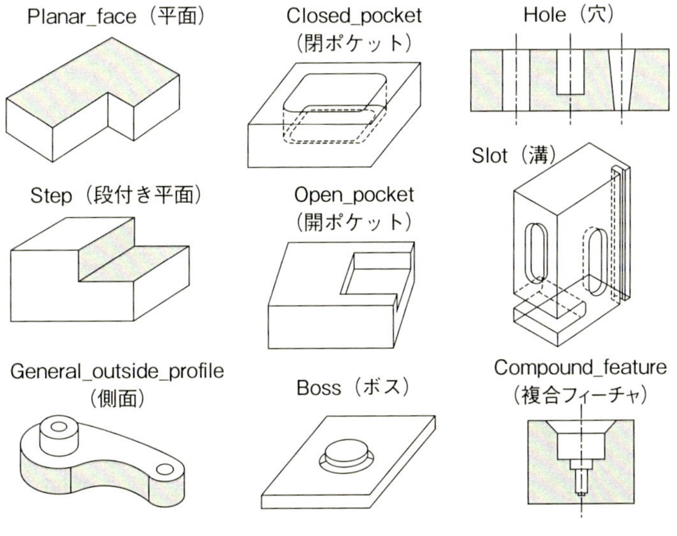

図 13.15 加工フィーチャの例[2]

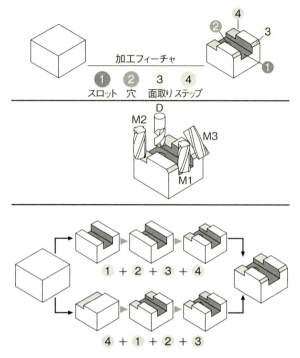

図13.16 認識された加工フィーチャと加工順序の組み合わせ例
（David A. Donfeld, 2008, the PATH of PRECISION より）

おいては生産設備の配置や開発、工具やジグなどの計画や購入も合わせて行われるが、多品種少量生産の場合には現有の加工能力、人的資源などの制約の下で、適切に選択することが求められる。

最後に、加工設備に割り当てられた各加工フィーチャを実際に加工するための詳細な加工情報を決定する。これは狭義には作業設計とも呼ばれ、工具やジグ、加工条件などの選定や、作業者に対する指示書の作成、NCプログラムの生成が含まれる。

国際的な標準データモデルを用いて、既存のCAD/CAMシステムのデータフォーマットに拘束されずに工程設計からNCプログラムまで生成し、また加工技術情報モデルをデータベース化することで工程設計に活用しながら技術伝達を図る取り組みが行われている。ISO14649（Data Model for Computerized Numerical Controllers）に基づいて加工フィーチャの加工方法を

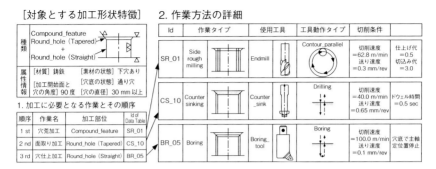

図 13.17 加工フィーチャの加工方法記述の例[2]

記述した例を**図 13.17**に示す[2]。このとき、ISO10303-203 の規格に沿った形状、寸法、表面粗さ、公差などを含む製品形状情報から、ISO10303-224 に従って加工フィーチャ情報を得て、加工順や生産設備などの工程設計結果を ISO10303-240 に準拠した形式で出力している。なお、加工技術情報モデルは、加工法の種類、工具の仕様、工具経路などのデータをまとめたものであり、これと加工フィーチャのデータがあれば、加工フィーチャごとに NC プログラムを生成することが可能になる。

13.2 切削加工の知能化

前節で述べたように工作機械の運動を制御するためのプログラミング機能は長足の進歩を遂げ、CAD 情報に基づいて工程設計から NC プログラムの作成までがほぼ自動的に行われようとしている。しかしながらこのようにして作成された NC プログラムは、例えば要求される仕上げ面粗さや特性を考慮した上で、生産性（加工能率）、加工コストが最適となっているという保証はない。また実際の加工では工具が摩耗して初期の精度が得られないこともあり、加工中にびびり振動が発生して正常な加工を継続することが不可能

となったり、熱変形によって所期の加工精度を維持することができないこともある。さらには工具の突発的な欠損や破損が発生して加工を継続することが不可能となることもある。これらのことは、NCプログラムは工作機械の運動を制御するためのものであって、加工プロセスを直接制御するものではないことを考えると当然であると言える。

そこで加工中にセンサを用いて加工プロセスの状態を検出し、その情報に基づいて切削条件を自動的に修正する制御方式が登場した。これは適応制御（AC、Adaptive Control）と呼ばれ、与えられた拘束条件の下にあらかじめ設定された評価関数に基づいて最適化を行う最適化適応制御（ACO、Adaptive Control Optimization）、特定の状態量を一定に保ちながら加工を行う拘束型適応制御（ACC、Adaptive Control Constraint）、加工精度を保証することを目的とした幾何学的適応制御（GAC、Geometrical Adaptive Control）などが知られている。

拘束型適応制御の例を**図 13.18** に示す。これは加工中に主軸電流を検出してトルクを推定し、加工中のトルクが一定となるように送り速度を制御するものである。一般にドリル加工では加工穴が深くなるにつれてトルクが増し、穴が貫通する直前に急激にトルクが増大する。そのため最大トルクを見極めて送り速度を設定している。これに対してトルクが一定の制御にすれば、トルクの大きさに応じて自動的に送り速度が調整され、しかも最大トルクは設定トルクを超えない。図の場合、最初ドリルが切削を始めるまでは、ドリル

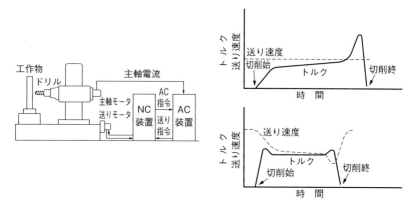

図 13.18 拘束型適応制御の例（トルク一定の制御）

第13章　切削加工の高度化、知能化

は最高速度で送られ、切削開始とともに送り速度が低下し、加工穴の深さが増すにつれてトルクが一定となるように送りが減速される。また最後にドリルが工作物を貫通する瞬間に送り速度が抑えられて、穴が貫通した後はまた最高送り速度に戻るというように送り速度が自動的に制御されている。この結果として加工時間が短縮され、さらに最大トルクを超えることがないためドリル寿命が延びるという利点がある。

　適応制御においては加工中にプロセスの状態を正確に把握することができるセンサが重要な役割を果たす。特に切削プロセスに重要な影響を及ぼす工具の摩耗、欠損などの損傷を検出するセンサに関しては、これまで多くの研究が行われているにも関わらず、ほとんど実用に供されているものは無い。そのため工具寿命に関しては実用上、加工時間を積算して寿命を推定している。適応制御に応用することができる適切なインプロセスセンサの開発が遅れている中で、比較的よく用いられるのは、電流モニタ、加速度センサ、温度センサなどの従来から存在するセンサが多い。また最近ではカメラによる画像処理技術が格段に進歩したことから、画像センサも用いられつつある。

　切削加工で問題になることが多いびびり振動や熱変形に関しては、それらの発生メカニズムの関する研究が進んだことから、理論的な裏付けに基づいた知的な制御が実用化されつつある。例えば図13.19は加工中の振動を主軸に取り付けた加速度センサで検出し、加工中に発生する振動がびびり振動かどうかを判定し、びびり振動が発生していると認識した場合には、後述する

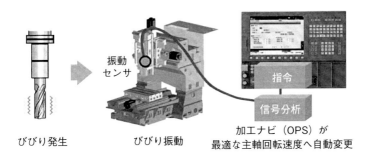

図13.19　びびり振動を回避する最適な主軸回転数を自動選定するシステムの例（オークマ；加工ナビ）

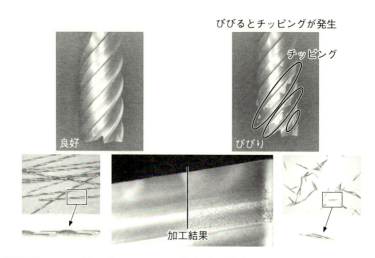

図 13.20 エンドミル加工におけるびびり振動抑制の効果を示す例(オークマ)

びびり振動の理論に基づいて主軸回転数を自動的に最適な値に修正してびびり振動を防止する機能を具備したマシニングセンタの例を示している。**図 13.20** はびびり振動を抑制することによって、仕上げ面が良好になるとともに、エンドミルのチッピングが防止されることを示した例である。またこの他びびり振動に関しては、主軸回転数を変動させてびびり振動の発生を抑制するシステムもある。これらはいずれもびびり振動に関する研究成果を応用した成果であると言える。

切削加工において加工精度を阻害する最大の要因の1つは工作機械の熱変形である。中でも工作機械主軸の運転に伴う発熱による主軸の熱変形は加工精度に直接関係することが知られている(熱変形に関しては、第 14 章で詳しく述べる)。そこで主軸の運転情報と主軸周りの温度情報を基に主軸の熱変形を推定するとともに、工作機械構造の温度情報に基づいて、熱変形による加工誤差を推定し、NC 制御軸の座標情報を修正して最終的な熱変形を抑制することも行われている。**図 13.21** はこうした考えに基づいて熱変形を補正するシステムの例を示す。

最近では工作機械の運動特性や切削加工プロセスに関する知識が深まり、また各種シミュレーション技術が進化したことにより、あらかじめ工作機械の詳細な運動や応答、加工に伴うプロセスの状態量(例えば切削力など)を

第 13 章　切削加工の高度化、知能化

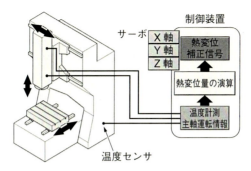

図 13.21　熱変形補正システムの例（オークマ；サーモフレンドリー）

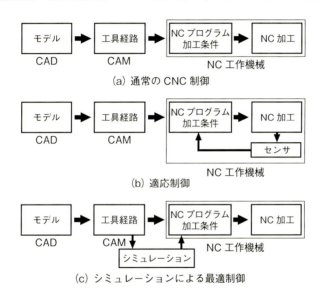

図 13.22　CNC 制御、適応制御、シミュレーションに基づく最適化制御

シミュレートし、最適な結果が得られるように NC プログラムを変更する事前の最適化も可能となりつつある。通常の CNC 加工に対して、適応制御とシミュレーションに基づく最適化制御の関係をまとめると図 13.22 のようになる。

　さらにはコンピュータの処理能力が向上したこともあって、人工知能（AI、Artificial Intelligence）や機械学習の手法を適用して、プログラミング機能の高度化や工作機械のより適切な管理・運転を図ることも行われつつある。

325

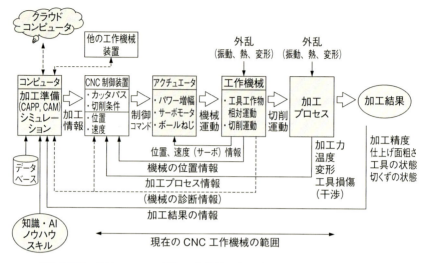

図 13.23 現在の CNC 制御工作機械と知能化された工作機械の概念図

例えば加工結果に基づいて学習を行って NC プログラムを改善したり、IoT（Internet of Things）技術を利用して各種の情報を機械側から取り込み、工作機械の挙動を監視して予防保全を行ったりすることも行われつつある。こうしたことはこれまで経験を積んだ現場技能者の経験や勘に頼るところであった。工作機械システムは次第に知能化し知能化機械（インテリジェント工作機械）へと進化を遂げつつあると言ってよい。工作機械の立場から適応制御を含む現在の CNC 工作機械と将来の知能化された工作機械・加工システムの関係をまとめると図 13.23 のようになる。工作機械の制御は単に機械の決められた運動を制御するだけでなく、工作機械や加工プロセス、加工結果に関する情報を収集して学習するとともに、シミュレーションや理論的な解析に基づく予測も併せてより高度な制御が行われるようになると同時に、機械・設備更には工具の状況も把握して、予防保全や必要に応じて工具や部品の交換なども管理して、加工システムとして最適化が図られると期待される。

参 考 文 献

1) 人見勝人："入門編　生産システム工学"、共立出版（1997）.
2) 坂本千秋："工作機械の制御規格"、精密工学会誌、78/7 (2012) 585.

第14章
切削加工における
トラブルシューティング

　切削加工に限らず、あらゆる加工プロセスにおいてトラブルはつきものである。ここでは代表的なトラブルとして、高速・高能率切削を阻害するびびり振動、加工精度を劣化させる熱変形、自動化・無人化において特に問題となる切りくず処理、良好な仕上げ面を得る上で問題となり、多くの場合人手で解決せざるを得ないバリの問題を取り上げる。これらの問題はいずれも日常的に現場において遭遇するトラブルであり、対策に頭を悩ませることが多い。

　ここでは、こうしたトラブルの原因となる現象を明らかにするとともに、これらのトラブルに対処するための基本的な考え方と、具体的なトラブルシューティングの方法について説明する。

14.1
びびり振動とその対策

　切削加工中に工具、工作物あるいは工作機械に持続的な振動が発生し、その結果として工作物の仕上げ面表面にびびりマークと呼ばれる凹凸が形成される現象をびびり振動という。びびり振動が発生すると、単に仕上げ面性状が劣化するだけでなく、場合によっては工具の損傷や工作機械の劣化につながる。

　びびり振動は一般にその発生原因により、強制びびり振動（振動を発生させる強制的な外乱（振動や動的な力）によって生じるびびり振動）と自励びびり振動（強制的な外乱がなくても、切削加工系が不安定となって発生するびびり振動）の2種類に大別される。この内強制びびり振動は、基本的にその発生源を突き止めて除去することによって回避することができる。このことは逆に、振動源を除くことができなければこの振動を回避することができないので、主に仕上げ切削において問題となることが多い。他方、自励びびり振動は切削そのものが振動を発生させる原因であり、主に切込みや送りを増大して切削する場合に発生するため、高能率切削を目指す上で問題となることが多い。ここでは以下、再生型自励びびり振動について説明を行う。

　切削加工によって発生する（静的・動的）切削力は工具・工作物を介して工作機械に作用し、工具・工作物を含む工作機械系を変形（振動）させる。この変形（静的・動的）によって、工具と工作物の相対的な位置関係が変化し、それによって発生する切削力の変動が再び工具・工作物を介して工作機械系に伝達される。このように切削系と工作機械系が互いに影響を及ぼし合って振動が持続するびびり振動が、再生型自励びびり振動である。

　簡単のために、2次元の突切り加工を例に取って、切削系と工作機械系の関係を図示すると**図14.1**のようになる。ここで安定的に振動が発生しているとして、工作物1回転当たりの送り量を u_0 とすると、見掛けの切込み u_0 に対して時間 t における真の切込み $u(t)$ は、工具・工作物間の相対変位 $x(t)$

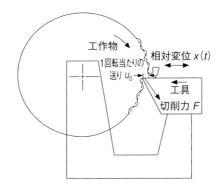

図 14.1 旋盤による突切り切削における切削系と工作機械系のモデル図

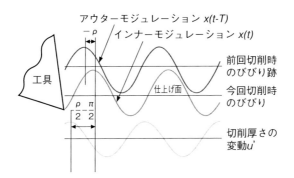

図 14.2 インナーモジュレーションとアウターモジュレーション

（インナーモジュレーションと呼ぶ）だけ少なく、工作物1回転前の相対変位 $x(t-T)$（アウターモジュレーションと呼ぶ）だけ大きく、

$$u(t) = u_0 - x(t) + x(t-T) \tag{14.1}$$

となる。T は工作物が1回転するに要する時間である。この関係を図示すると**図 14.2** のようになる。ρ はインナーモジュレーションとアウターモジュレーションの間の位相差である。

ここで切削幅（紙面に直角方向の工具の厚さ）を b とし、切削力 $F(t)$ が切削断面積に比例するとすれば、

$$F(t) = \kappa \cdot b \cdot u(t) \tag{14.2}$$

となる。ここで κ は比切削抵抗である。切削力 $F(t)$ によって生じる変位 $x(t)$ は工作機械系のコンプライアンスを G とすると、

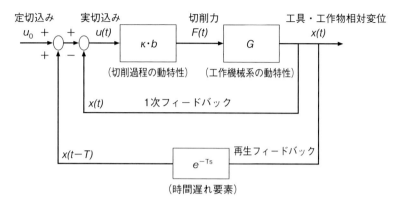

図14.3 2次元突切り切削系のブロック線図

$$x(t) = F(t) \cdot G \tag{14.3}$$

で与えられる。ここで、コンプライアンスとは、工作機械系に加えられた力に対する工作機械系の変形の比を言い、その逆数を剛性という。以上の関係をまとめると、**図14.3**に示すような2つのフィードバックループを有するブロック線図で表すことができる[1]。びびり振動が発生するか否かは、この系の安定判別を行えばよいことになる。

同図より、工具・工作物間の相対変位を小さく、すなわち安定して精度の高い加工を行うためには、直感的にκ、bおよびGの値を小さくすればよいことが分かる。すなわち突切り切削の場合には、工作物のκ（比切削抵抗）が小さく、切削幅が小さい方が安定的に切削できるが、送りは無関係であることを示している。κに関しては難削材よりも、通常の鋼が、また鋼よりもアルミニウムの方が比切削抵抗が低いため、びびり振動を発生しにくいことを意味しており、このことは常識と一致する。また工作機械系に関しても、剛性が高いほどびびり振動は発生しにくい。

機械系のコンプライアンス$G(=x/F)$は工具・工作物間の振動特性によって決まる。すなわち一般に機械構造には共振現象があり、周波数を変えながら一定の振幅で加振した場合に、ある特定の周波数（群）において、振動振幅が大きくなる。加振する周波数を変えながら求めたGの大きさ、すなわち周波数応答は、例えば**図14.4**のように図示される。ここでボード線図とは角振動周波数$\omega(=2\pi f$、fは周波数$)$に対するGの振幅、すなわち$|G(j\omega)|$

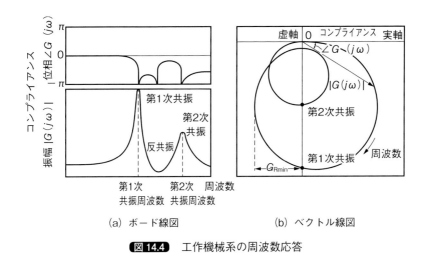

図 14.4 工作機械系の周波数応答

および加振力 $F(j\omega)$ に対する応答 $x(j\omega)$ の位相遅れ $\angle G(j\omega)$ を示している。ベクトル線図は $|G(j\omega)|$ をベクトルの長さに、また位相角 $\angle G(j\omega)$ を基準軸からの角度にとって示したものである。詳細は省略するが、びびり振動が発生する限界はベクトル線図で表したコンプライアンスの最大負実部の大きさ G_{Rmin} が以下の関係を満たすときであることが知られている[2),3)]。すなわち、

$$G_{Rmin} = 1/2 \cdot \kappa \cdot b_{lim} \tag{14.4}$$

ここで b_{lim} はびびり振動が発生する限界を与える安定限界幅であり、b がこの値以下であればびびり振動は発生しない。以上の議論は旋盤による突切り加工を例に取って説明したが、他の加工でも同様に説明することができる。例えばフライス加工の場合では特定の切れ刃で切削した後を次の切れ刃が切削するため、主軸1回転に要する時間 T は（T／切れ刃の数）で与えられ、b は軸方向切込みとなる。なおフライス加工に対するびびり振動の安定限界を求める方法は別途提案されている[4),5)]。

図14.2に示したインナーモジュレーションとアウターモジュレーションの位相差は主軸の回転数によって変化する。これより主軸回転数に対してびびり振動が発生する切込み（切削幅）を求めると**図14.5**のような線図（安定線図）が得られる。図においてびびり振動が発生する限界切込みは主軸回転

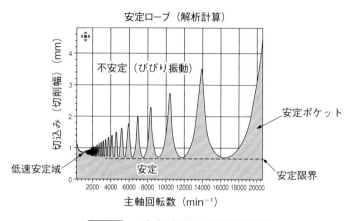

図14.5 びびり振動の安定線図の例

数によって異なり、特に回転数が高い範囲では主軸回転数を適正に選択することによって、びびり振動が発生しないで能率よく切削することができることが理解される。また実際には切削速度が低い範囲では別の理由により、限界切込みが増加することが知られており（低速安定性）[6]、難削材など高速で切削することができない場合に適用される。びびり振動を発生させないでできるだけ高能率で切削するための切削条件を選定する方法については8.2節で紹介したとおりである。

びびり振動を回避する方策としては、基本的に切込み（切削幅）を減らせばよいが、上述の理論を理解した上で、できるだけ生産性を損なわないで切削を行うための方策は以下のようにまとめられる[9]。

(1) 主軸回転数を適当に選択して安定ポケットを利用する（特に高速切削の場合）。
(2) 主軸回転数を低下させ、低速安定性を利用する[7],[8]。
(3) 不等ピッチ、あるいは不等リードの工具を利用するか、切削中に主軸回転数を変動させることによってインナーモジュレーションとアウターモジュレーションの関係が常に変化し、定常的な振動が発生しないようにする（中速切削の場合）。

工具、工作物、工作機械を含む工作機械系の振動特性の観点からは、動的な剛性（動剛性）を向上させ、上述した機械系コンプライアンスの最大負実

部 G_{Rmin} をできるだけ小さくすることがびびり振動を回避する上で最も重要である。こうした機械系の動剛性を高める工夫が種々行われているが、ここではその詳細については省略する。

なお細くて長い工作物の旋削や薄物工作物のフライス切削など剛性が低い工作物の加工においては、適切な振れ止めや保持具を用いて剛性を向上させることが有効である。この場合、振れ止めを設置する位置の選択、薄物工作物を保持する保持具の設計や取り付け方法の決定に関しては、振動特性を十分考慮する必要がある。またびびり振動が発生しやすい中ぐり加工に対しては、高減衰材料を使用したり、ダンパを組み込んだボーリングバーなどが市販されており、効果を発揮している。

14.2 熱変形とその対策

工作機械の構造材料である鋳鉄や鋼の熱膨張係数は $10 \sim 12 \times 10^{-6}/℃$ である。このことは 1 m の長さの鉄系材料は、温度が 1 ℃ 上昇することによって $10 \sim 12 \mu m$ 膨張することを意味している。数 m の大きさを有する工作機械では、温度の上昇、下降に伴う機械の変形（熱変形）は加工精度を阻害する重要な要因となる。特に 1/100 mm や 1 μm あるいはさらにそれ以下の加工精度が求められる精密（超精密）加工においては、熱変形対策が加工精度を確保する上で最も重要であるとも言われている。

工作機械熱変形の原因となる熱源は、**図 14.6** に示すように、工作機械内部で発生するもの（内部熱源）と工作機械外部にあって熱伝達や輻射により工作機械に伝えられるもの（外部熱源）に分けられる[10]。こうした熱源によって工作機械が熱変形を生じ、最終的に加工精度の低下に結びつくメカニズムは**図 14.7** に示すとおりである[11]。びびり振動と異なり、熱変形過程は時定数の大きな非定常の変形過程であり、加工中に熱変形を精度良く測定あるいは推定することは容易ではない[12]。以下、図 14.7 を参照しながら主な

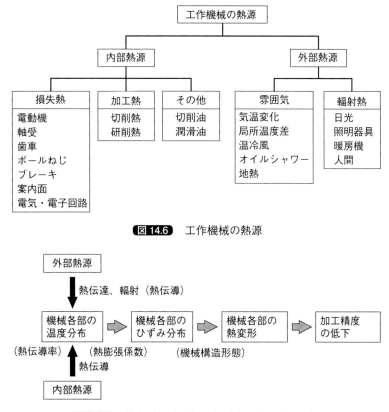

図 14.6 工作機械の熱源

図 14.7 熱変形による加工精度低下のメカニズム

熱変形対策の考え方を述べる。

　まず工作機械においてはできるだけ内部熱源である損失熱を低減することが行われている。最大の損失熱は主軸受の発熱と電動機の発熱である[13]。そのため軸受の潤滑・冷却は工作機械メーカーにとっては最も重要な課題の1つである。最近の工作機械では主軸受の周りに温度制御された油を循環させて冷却し、発生した熱を機外に取り出すことが行われており、主軸周りの温度上昇は数度以下に抑えられているのが普通である。切削油、潤滑油も温度上昇を避け、一定の温度になるように冷却されることが多い。

　外部熱源の影響を避けるため、高精度の工作機械や測定機は温度制御された恒温室に設置される。また直射日光の影響を受けないように窓のない部屋

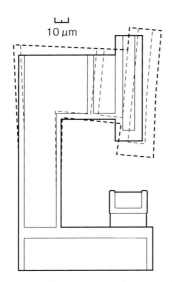

図 14.8 主軸の回転に伴うマシニングセンタの熱変形の測定例
（主軸回転開始 4 時間後の熱変形）

か、部屋の奥まったところに設置されるのが常である。特殊な工作機械ではコラムなど大きな部材の内部に温度制御した液体を循環させて機械構造全体の温度が常に一定となるようにしている。さらに超精密加工では、温度一定の油を加工点近くの全域に供給して熱変形を防止することも行われている（オイルシャワー）。

機械各部に好ましくない温度分布が発生してもそれによるひずみを生じないために、低熱膨張材料（インバーなど）を使用することもある。また機械各部に歪が発生してもそれが加工精度にできるだけ影響を及ぼさないようにするために、工作機械メーカー各社は機械の構造設計に種々工夫を凝らしている。例えば図 14.8 に示す縦形のマシニングセンタでは、主軸部の発熱によって主軸部が熱膨張して傾くとともに、コラムの前方が加熱されてコラムが傾き、そのため加工誤差が発生する[14]。門形の工作機械では、対象に配置されたコラムは傾くことなく伸びるだけであるので、重要な加工誤差の原因とはならない。特に大型の工作機械に門形構造が採用されているのはこのためでもある。

熱変形は非定常の変形が問題であることから、作業開始前にあらかじめ慣

らし運転を行い、機械各部の温度が一定になってから作業することは経験的に知られた知識である。工作機械を恒温室に設置することができない場合には、工作機械外周を枠で取り囲み、ビニールなどを張り付けて熱を遮断するエンクロージャも有効な手段である。切削熱の大半は切りくずに伝えられるため、切りくずはできるだけ早急に機外へ搬出し、熱源とならないように注意すべきである。

熱変形は単に工作機械だけでなく、工具や工作物においても問題となる。このことは特に超精密切削など高い加工精度が要求される場合には重要である[15]。また工具は切削点において高温にさらされて熱膨張するため、それによって加工中に切込みが変化することもあるので注意を要する。対策としては工具に熱膨張係数が低い材料を利用することも考えられる。工作物に関しては、加工中に温度が上がった工作物が加工後の冷却によって収縮し、加工精度の劣化につながることもある。

以上、ユーザーの立場から比較的簡単に行える熱変形対策をまとめて**表14.1**に示す。

表14.1 ユーザーが行える比較的簡単な熱変形対策の例

- 工作機械を恒温室(簡易恒温室)に設置する。
- 工作機械を窓際に設置しない(輻射熱の遮断)。
- 工作機械を扉の傍に設置しない(空気の流れによる影響を避ける)。
- 工作機械をエンクロージャの中に設置し、外気温変化の影響を小さくする。
- 発熱するもの(例えばストーブなど)を工作機械から遠ざける。
- 局所的な空気の流れを避ける(例えば、扇風機を工作機械の傍に設置しない)。
- ならし運転(暖機運転)を行って、工作機械が安定してから加工を行う。
- 切りくずを貯めないでできるだけ早く機外に取り出す。
- 切削油の温度管理を行う。
- 切削点に温度一定の切削油を大量に供給する(オイルシャワー)。

14.3 切りくず処理とその対策

▶ 14.3.1 処理性の良い切りくずとは

　第5章において、切りくず処理性は被削性の評価項目の1つであることを述べた。切削によってどのような切りくずが排出されるかは、工作物の性質、切削条件（切削速度、送り、切込み）、工具形状、切削油の有無などによって大きく変化する。切りくずに関するトラブルとしては、工具、工作物、工作機械への巻き付きやかみ込みなどによる工具、工作機械の損傷、仕上げ面劣化が主たるところであるが、作業の安全性や切りくずの搬送性にも影響する。切りくず処理をいかに最適化するかは、生産の自動化、効率化にとって極めて重要な課題である。

　切削作業において、どのような形の切りくずが良いと言えるだろうか。不連続形切りくずが発生すると、亀裂の進展が仕上げ面下方に及ぶため仕上げ面粗さが大きくなる。また、亀裂の急速伝播と切りくず破断によって切削力の変動が大きくなる。図14.9は、連続形とせん断形切りくず生成時の切削力の変動を定性的に示したものである。切削力は、工具の工作物への食い込

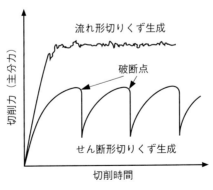

図14.9　切削力の変動

みと同時に増加していくが、定常状態になるとほぼ一定値となる。連続形切りくず生成時には、振動成分を含むもののほぼ一定の状態となるが、せん断形切りくずが生成された場合には、切りくずの破断時に応力が解放されるため切削力が急激に減少する。しかし、すぐに刃先が工作物に食い込んでいくため切削力は増加していく。周期的に切りくずの破断が繰り返される場合には、規則的な変動が生じる。この切削力の変動により、振動が誘発され、工具欠損を起こしやすくなる。

連続形切りくず生成の場合には、大規模な亀裂は生じないため切削力は安定している。したがって、工具寿命と仕上げ面粗さの観点からは、連続形切りくずが生成される条件で作業することが基本となる。しかしながら、切りくずが適当な長さに折れないと、前述のように切りくずの絡み付きのようなトラブルを生じ、いわゆる切りくず処理性が悪くなる。切削のせん断域における応力場を、切りくずの破断強度より大きくすれば切りくずは分断される（切込み、送りを大きくする）。すなわち、切削力が大きくなるような切削条件に変えることで、連続形切りくずを不連続形に変えることができる。

表14.2に示す切削条件などの因子を変化させることで、連続形から不連続形の切りくずに変えることができる。基本的には、切削変形域を大きくすることとせん断角を小さくすることとなる。しかしながら、荒加工でない限りは不連続形切りくずが生成するような切削条件にすることは、工具寿命や仕上げ面粗さなどの点で得策とは言えない。したがって、連続形切りくずの生成・流出時に強制的に処理しやすい長さに折断する必要がある。例えば、

表14.2 切りくず形態と切削条件

切りくず形態	連続形 ⇔ 不連続形
工作物	延性 ← → 脆性
切削速度	速い ← → 遅い
送り	小 ← → 大
切込み	小 ← → 大
すくい角	大 ← → 小
切削温度	高い ← → 低い
摩擦係数	小 ← → 大
工作機械剛性	大 ← → 小

第14章 切削加工におけるトラブルシューティング

自動車、医療機器、OA機器などの精密小物部品は小型自動旋盤で加工されるが、必然的に送りや切込み量が小さくなり、切りくず処理が大きな課題となっている[16]。

切りくず形態は、工作物の延性、脆性の性質によってある程度は決まるが、切削条件によって切削変形域の応力場が変わるので、同じ工作物であっても切りくず形状が変わる。図14.10は、炭素鋼を種々の送りと切込みで切削した場合に生成される切りくず形状を示す。2次元切削で言えば、切込みは切削幅に相当し、送りが切込みに相当する。したがって、切込み（切削幅）の大小は、切りくずの幅の大小となるだけなので、同じ送りであれば基本的には切りくず形状に大差はない。しかし、送りが小さくなるほど切りくず厚さが薄くなって、切りくずは折れずに長く続きやすくなり、逆に送りが大きくなると分断する。一巻前後で折れるD形の切りくずが最適な切りくず形状と言われ、コイル状で長さが50 mm以下あるいは1～5巻程度になるC形の切りくずが良好な切りくず形状と言われる。一巻未満で激しく飛散するE形の切りくずは、切削力の増大やびびりの原因となるため避けなければいけない。

連続形の切りくずが生成されるような条件で切削することが基本であるが、

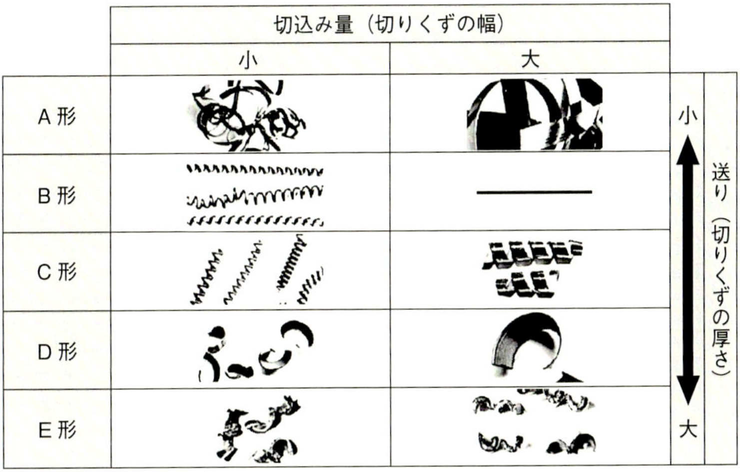

	切込み量（切りくずの幅）	
	小	大
A形		
B形		
C形		
D形		
E形		

（送り（切りくずの厚さ）：小 ↔ 大）

図14.10 切りくず形状

切りくずを分断するために、送りや切込みを大きくすることは、切削力、切削温度が高くなり、加工精度を劣化させ工具寿命を短くするため一般には良い方法とは言えない。したがって、切りくずが折れずに流出した後に、強制的に折る必要がある。

▶ 14.3.2 切りくず折断条件

図 14.11 は、2 次元切削における切りくずの折断条件式とチップブレーカの有無による切りくず生成の違いを模式図で示したものである。連続形切りくずが半径 ρ_0 でカールして、工具すくい面から離れていく場合、切りくず表面に生じるひずみ ε は切りくず厚さ t_c とカール半径 ρ_0 で図中の式のように表される[17]。すなわち、この ε が、切りくず材質の破断ひずみ ε_B より大きければ切りくずが折れることになる。ε_B が小さく、切りくず厚さ t_c が大きく、切りくずのカール半径 ρ_0 が小さくなるほど折れやすくなる。

ε_B を小さくするためには、快削鋼のように脆性元素を添加したり、適当な熱処理をしたりする方法があるが、いずれにしても材料組織を変えなければならない。t_c を大きくするためには、送りを上げる、切削速度を下げる、すくい角を小さくするということで可能であるが、切削作業における様々な制約の中では、簡単に切削条件を変えることはできない。振動切削のように、

$$\varepsilon_B \leq \varepsilon = \frac{t_c}{2\rho_0}$$

切りくず材質の破断ひずみ ≦ 切りくず表面に生じるひずみ

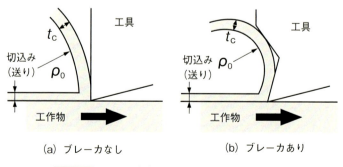

(a) ブレーカなし　　(b) ブレーカあり

図 14.11　チップブレーカによる切りくずの折断

切りくず厚さを変動させ、部分的に t_c が小さくなる弱い部分を作ることで折れやすくなる。近年では、工作機械（旋盤）の NC（数値制御）機能を利用して、X 軸と Z 軸を切削軌跡方向に振動させ、その振動を主軸回転と同期させて切削を行うことにより切りくずを折断する低周波振動切削という技術が開発されている[18]。

　チップブレーカ付きインサートは、主として ρ_0 を小さくするためのものである。図14.11に示されるように、工具すくい面に段差を付けることにより、流出した切りくずを段差に衝突させて、強制的に切りくずカール半径 ρ_0 を小さくすることで折れやすくしている。実際には、カールした切りくずが工作物に衝突した際に、その反力によりカールした切りくずの一部に大きなひずみが生じて破断するものと考えられる。図 **14.12** は、折断条件式中の変数 ε_B、t_c、ρ_0 に対応させて、切りくず折断の方法をまとめたものである[17]。

　切削点から流出した切りくずは、工作物の外周や端面、工具逃げ面、チップブレーカなどに衝突して外力を受ける。また、らせん状に長く続く切りくずでも切りくず自身の重さと回転運動による遠心力を受ける。これらの外力が切りくずに働いたとき、切りくず表面に図 14.11 に示す式のひずみ ε が生

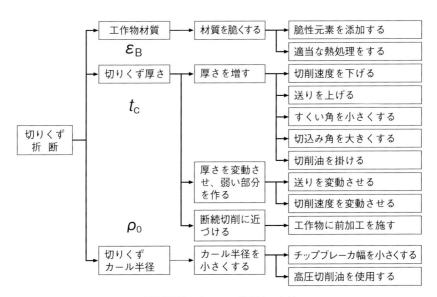

図 14.12　切りくず折断の方法

じる。切削中の切削力変動、工具摩耗、すくい面での摩擦状態の変化により、切りくずの流出方向や衝突の仕方が変わりやすく、切りくずに働く外力が容易に変化するため、切りくず処理を難しくしていると言える。中山[17]によれば、切りくず形状は、基本的にらせん形をしており、上向きカールの曲率、横向きカールの曲率、切りくずの流出角の3因子で決定される。

切りくずカールの曲率の大きさや切りくず流出方向によって、**図14.13**に示すような折断パターンが現れる[17]。工作物に衝突する加工物障害形で、カールした切りくずのどこかで折れる場合である。うず巻き形では、衝突時に折れないでうず巻き状になっていく際に折れる。逃げ面障害型では、らせん状にカールしていく切りくずが工具逃げ面に衝突した際に折れるものである。逃げ面に衝突しない場合は、折れないでコイル状に流出し、ある程度の長さになった場合に折れる。これらの3つのタイプは、いずれも切りくずが上向きカールをする場合である。切りくずが横向きカールをする場合には、サイドカール形と言われるようなパターンで工具逃げ面に衝突して折れる。切りくずをうまく折断するためには、切りくずの流出方向やカールの仕方が重要となるが、従来の単純な溝を付けただけのチップブレーカと切削条件で

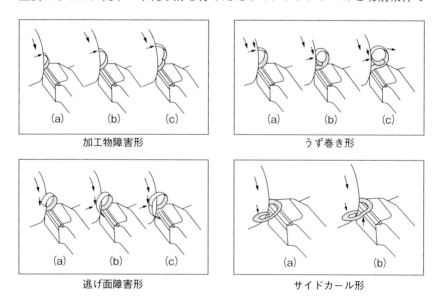

図14.13 衝突による切りくず折断のタイプ

制御できる範囲は限られる。近年では、後述するように工具すくい面に非常に複雑な3次元形状のチップブレーカを成形することが可能となっており、チップブレーカの形状によって、切りくずの流出がある程度制御できるようになってきた。

▶ 14.3.3 切りくず折断のための方策

（1）快削添加物

前節で述べた ε_B を小さくする代表的な例が硫黄や鉛などの快削添加物を加えた快削材料である。低炭素鋼の切削においては、延性が高いため切りくずは非常に折れにくく、チップブレーカが有効でない。**図 14.14** は、硫黄快削鋼（C 0.1％以下、S 0.2％程度）の切りくず生成と介在物の状態を示す。第5章で快削鋼の被削性について述べたように、通常の炭素鋼では流れ形の切りくずを生成するが、図に示すように硫黄快削鋼ではせん断形の切りくずを生成する。添加元素のSは、鋼組織中の不純物であるMnと結合して、母地より硬いMnS介在物（球状、細長い針状がある）を作る。MnS介在物は

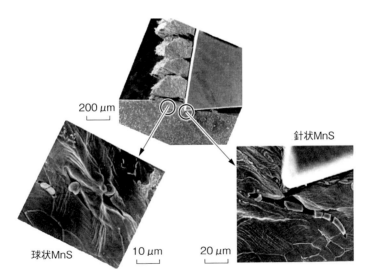

図 14.14 硫黄快削鋼の切りくず生成と介在物
（工作物：硫黄快削鋼、工具：高速度鋼、すくい角：10°、切削速度：0.15 mm/min、切込み：100 μm）

切削中に応力集中源として作用し、刃先がせん断域に近づくにつれて母地との界面で剥離が起こり、ボイドが生成する。ボイドの生成、成長、周辺ボイドとの合体により亀裂の進展を促し、見掛け上工作物を脆化させる作用をする。その結果、切りくずは不連続型になりやすくなり、切りくず処理性を上げる[19]。

（2）チップブレーカ

ρ_0 を小さくすることに関しては、チップブレーカが代表的なものである。切りくずをうまく折断するためには、切りくずの流出方向やカールの仕方が重要となるが、従来の単純な溝を付けただけのチップブレーカと切削条件で制御できる範囲は限られる。近年では、工具すくい面に非常に複雑な3次元形状のチップブレーカを成形することが可能となっているが、多種多様なチップブレーカから作業内容に応じて最適な選択を行うのは容易ではない。**表14.3** は、各種チップブレーカ付き工具の作業別種類と切りくず折断領域の例である[20]。工作物材種の違い、仕上げ、荒加工の種別によって適切な工具を選択すべきであるが、送りと切込みの小さい切削条件では、切りくず折断が困難であることが分かる。

（3）高圧クーラント供給切削

切りくずの折断については、一般的にはチップブレーカ付きの工具を使用することで対処される。しかしながら、延性の高い材料の切削や切込み、送りの小さい仕上げ加工では、切りくずが折れにくくなり、チップブレーカでも対処できなくなってくる。最近では、航空機部品加工のニーズが高まっており、超耐熱合金やチタン合金などの難削材加工の高能率加工が大きな課題となっている。これらの材料の切削加工においては、切削温度の上昇が著しく、高温強度に優れた工具を使用しなければならない。例えばセラミックス工具を用いた場合、超硬工具のような多彩なチップブレーカを成形することは困難であり、切りくず処理という観点でも難削材料と言える。切りくず処理の改善のために、高圧クーラントの適用が試みられている。

これは、12.4.5項で紹介したように、数MPa～数十MPaの高圧で切削油を切削点に供給することによって、切りくずを折断しようとするものである。**図14.15** は、旋削加工における高圧クーラント供給の様子を示す。クーラントは、高圧ポンプから工具シャンク内を通って供給され、キャプトと呼ばれ

表 14.3 作業別チップブレーカーの種類と適用切削条件領域

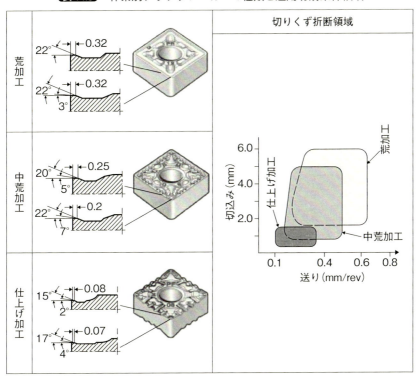

る工具取付けアダプタから切削点に向かって勢いよく吹き付けられる。これによって、切りくずが折断されるというものである。

図 14.16 は、切削油の供給圧力を変化させた場合に生成された切りくず形状の変化を示す実験結果例[21]である。ステンレス鋼 SUS304 丸棒を切削速度 200 m/min で旋削した結果である。切削油を供給しない乾式切削の場合、切りくずは折れないで長く続いた形状になる。通常の切削油供給圧力（0 MPa）、噴射圧力 1 MPa では乾式切削の場合とほぼ同様の長く続いた切りくずとなっている。しかしながら、3 MPa 以上の圧力では切りくずは細かく分断されていることが分かる。他の送りと切込みの組み合わせ条件においても、3 MPa 以上の圧力で切りくずは細かく分断した。特に 10 MPa 以上では他の圧力に比べて細かく分断された。

図 14.15 切削油の噴射状態

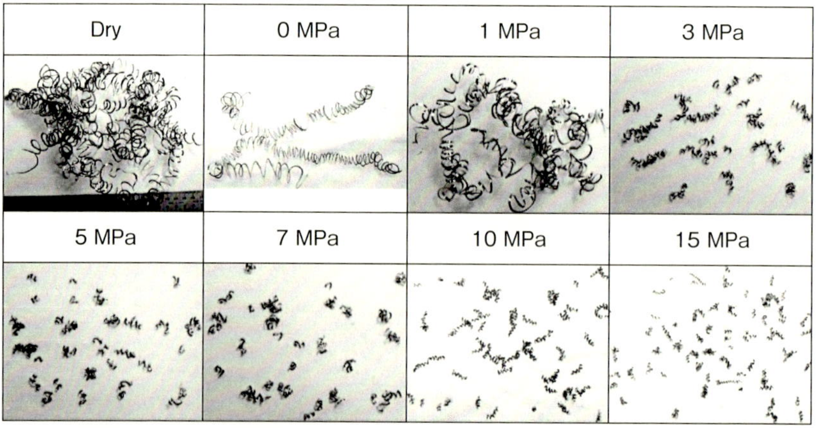

図 14.16 切削油供給圧力による切りくず形状の変化、外周旋削加工
工作物：ステンレス鋼 SUS304（切削速度：200 m/min、
送り：0.1 mm/rev、切込み：1 mm）

　高圧クーラント供給による切りくず折断のメカニズムは、基本的にはすくい面と切りくずの間に高圧で切削油を噴射することにより、切りくずを工具すくい面から離そうというものである。工具メーカーによると、**図 14.17** の模式図に示すように、水圧によるウェッジ効果で切りくずと工具すくい面接

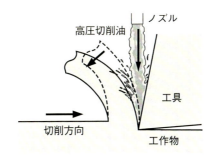

図14.17 高圧クーラントによるウェッジ効果

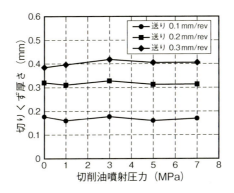

図14.18 切りくず厚さの測定結果（切削速度：200 m/min、切込み：1 mm）

触長さが小さくなり、刃先での温度上昇の抑制と工具摩耗抑制に効果が出るのに加えて、切りくずを分断する効果があるとしている[22]。

切りくず折断メカニズムについて検討するため、図14.16で得られた切りくずの切りくず厚さの測定を行った結果を**図14.18**に示す。これは切削速度200 m/min、切込み1 mmの場合の切りくず厚さの測定結果である。切削油噴射圧力に関わらず、ほぼ一定の切りくず厚さになっていることが分かる。このことは、切削比がほぼ一定、すなわちせん断角が切削油噴射圧力の影響を受けずほぼ一定であることを示している。乾式切削における切りくず厚さと比べてもほとんど変化が見られない。このことから、切削油は工具すくい面と切りくず接触界面における摩擦・潤滑状態に対して、せん断角が変化するような本質的な影響を及ぼしていないと言える。他の切込み条件においても同様の結果である。

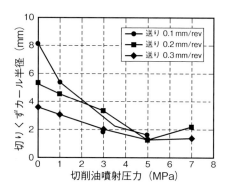

図 14.19 切りくずカール半径の測定結果（切削速度：200 m/min、切込み：1 mm）

　他方、カール半径を測定した結果、図 14.19 に見られるようにカール半径は切削油噴射圧力の増加に伴って小さくなっている。図 14.11 に示した切りくずの折断条件にあてはめれば、切りくず厚さ t_c はほぼ一定であるので、カール半径の減少が切りくずの折断に大きく関与していることが推察される。切削油の噴射による打力あるいはウェッジ効果で切りくずがすくい面から引き離され、接触長さが短くなる。結果として、切りくずのカール半径が小さくなって切りくずが折れやくなると言える。本実験条件範囲では、圧力 3 MPa 以上では全ての切削条件の範囲で切りくずが細かく分断している。切込み 0.5 mm および 1.5 mm の条件においても同様の結果となり、圧力 3 MPa までの増加の間にカール半径は大きく減少し、それ以上では大きな減少は見られない。したがって、切りくず折断に対しては、切りくず材質の破断ひずみを超えるようなカール半径まで減少させられる噴射圧力があれば十分と言える。

　図 14.20 は、外周旋削を 2 次元切削モデルに近似して解析を行った結果を示している（「AdvantEdge」使用）[23]。また、切削油の噴射は 1 つの吐出口から工具刃先に向かうものとし、ノズル径と圧力等から計算したノズル出口の流速を与えている。カール半径は乾式切削と比べて圧力 1 MPa で若干小さくなっているが、切りくずが破断するまでには至っていない圧力 3 MPa では、カール半径がかなり小さくなっており、工作物表面への衝突によって切りくずが分断している様子が見られる。切削油の高圧噴射による打力で切

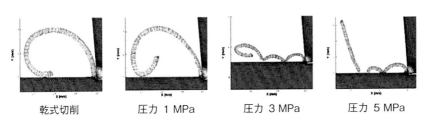

図14.20 2次元切削シミュレーションによる切りくず生成
（送り：0.1 mm/rev、切込み：0.5 mm）

りくずを直接折断するというよりは、打力により切りくずカール半径を小さくする、あるいは切りくずの流出方向を変化させることによって切りくずが折れやすい衝突環境を作る働きをしていると推察される。

14.4 バリ生成とその対策

▶ 14.4.1　切削におけるバリ

　切削加工された部品では、エッジが存在する限りバリの発生は避けられず、バリは次の作業工程や製品機能、生産コストに対して大きな問題となる。そのため古くからバリの抑制・除去技術に関して多くの取り組みがなされてきた。しかしながら、実際には発生するバリは形状、寸法、材質が多様でしかも発生部位が複雑であることなどにより、現場的ノウハウの積み重ねによって対処している場合が多く、時には人海戦術に頼って処理している。工作機械、工具などの固有技術が発展しても、バリに関しては抜本的、統一的解決方法は今もって見いだされていないと言ってよい。

　他方、これまでのバリ処理に関する図面での指示は、「バリ無きこと」というような単にエッジ部のバリが取れていれば良いというようなものであった。しかしながら、近年の精密加工部品ではバリ取り後のエッジ品質に一定の要求があり、その品質の良し悪しが製品機能に大きな影響を及ぼす場合が

多々見受けられる。例えば、直径が1mm以下の半導体の通電検査用コンタクトプローブの先端処理は電気特性に影響を与える。エッジ部にできたバリを単に除去するということではなく、近年ではエッジをどのように仕上げるべきかというエッジの品質が重要視されている。

表面仕上げにおいて、仕上げ粗さは日本工業規格（JIS）で細かな品質指定がなされるのに対して、エッジ部の品質に関してはこれまで規格がなかった。ようやく2004年に「機械加工部品のエッジ品質及びその等級」としてJISに制定されたばかりである。今後は、高精度部品や微細形状部品に対する要求とともに、エッジに対する品質がより重要になると考えられる。エッジに要求される品質のレベルに応じて、加工法、加工条件、加工後のバリ取り法など適切な工程設計がなされる必要性がより一層高まると言える。

バリに関する技術的課題は、主として生成したバリをいかに取り除くかという除去技術と、バリの生成そのものを極力小さく抑えようとする抑制技術に分けられる。高沢[24]は早くからバリテクノロジーを提唱し、バリに関する研究が多くなされてきた。それらは主として切削条件とバリ形状の関係を検討しており、有益な知見を与えているが、バリ発生の仕組み、生成機構という点では必ずしも十分とは言えない。本節では、バリ生成時における工具切れ刃および工作物エッジ近傍での切削変形域における亀裂挙動、切りくず生成過程の観察と解析に基づいてバリ生成機構について述べる。

▶ 14.4.2　切削加工におけるバリ生成過程

図14.21は、工具が工作物に食い込んでから離脱するまでの切りくず生成過程を模式的に示したものである。まず工具の食い込み時に、工作物端部が圧縮変形されてその膨らみとしてバリ（ポアソンバリと呼ばれる）が生じる。このときの塑性変形は切れ刃近傍に限られており、ポアソンバリは比較的小さいものとなる。切削の進行とともに塑性域が拡大していき、自由面を含むまでに拡大するとせん断域を形成する。この段階では、切削の進行とともに切りくずが盛り上がり、切りくず厚さとせん断角は変化する。ある程度切削が進行すると、切りくず厚さとせん断角は一定となり、定常切削状態となる。しかし、工具が工作物端部に近づいてくると、切りくずの回転が起き、定常状態を保っていた切削変形域に変化が起きる。最終的には、切削方向に自由

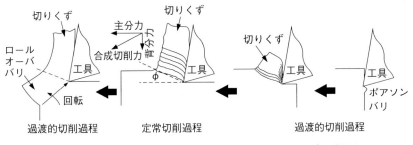

図 14.21　工具の工作物食い込みから離脱の切りくず生成過程

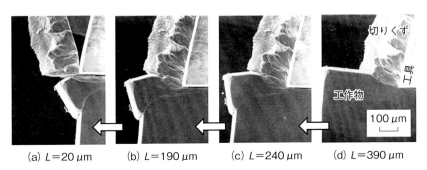

図 14.22　走査型電子顕微鏡内切削におけるバリ生成過程の観察例（アルミニウム）（L は、変形前の工作物端面から工具刃先までの水平距離。端面と仕上げ面のなす角度 90°）

面側に押し出されたバリ（ロールオーババリ）が生じる。図は2次元切削の1断面を示しているが、工具の食い込みから離脱までの間、端面にも張り出したポアソンバリ（サイドフローとも呼ばれる）ができる。

バリ生成過程を連続的かつ高倍率で直接観察するために、走査型電子顕微鏡内で切削可能な切削装置を用いて2次元切削した結果を示す[25]。**図 14.22** は、延性の高い純アルミニウム板端面近傍における切りくず生成過程を観察した例を示している。工具は高速度鋼（すくい角 20°）、切削条件は切削速度 0.15 mm/min、切込み 80 μm、切削幅 1 mm である。同図(d)の段階では、まだ定常切削状態と考えられるが、工具が工作物端面に近づくと端面に曲げ変形が発生し、定常切削状態からいわゆる過渡切削状態となる（同図(c)）。

工具がさらに前進すると、切りくずの回転が起こり、端面近傍での変形が自由面近傍に比べて著しくなり、工具切れ刃先端から端面に向かって塑性変

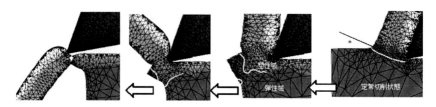

図 14.23 バリ生成のシミュレーション解析（AdvantEdge による）

形域が形成される。すなわち、せん断域に代わって、切れ刃近傍から端面に向かって下側に広がる塑性域が新たに形成される（この領域を、通常の塑性域に対して「負の塑性域」と呼ぶ）。写真中の筋状の白い線に示されるように、切れ刃先端から前方下方の端部にかけてすべり変形が起きる。

アルミニウムのように延性の高い材料では、亀裂の成長・伝播は伴わず流れ形の切りくずが生成され、工具の進行に伴って切りくずは大きく回転していく。そして、図(a)に示すように定常切削状態におけるせん断域（1次塑性域）を切れ刃は通過して、工作物から切りくずを分離して、大きく張り出したバリを生成する。**図 14.23** は、図 14.22 に示した切削条件とほぼ同じ条件での切削シミュレーション結果を示している。切りくず生成状態の変化と塑性ひずみの分布を示す。白い線は弾性域と塑性域の境界を表す。定常切削状態では、塑性変形はせん断域に集中しているが、端部の変形が始まって切りくずの回転が起こり始めると、塑性域が下方に広がっていくのが分かる[26]。

他方、**図 14.24** は、図 14.22 と同様の条件で硫黄快削鋼を切削した場合の端部における切削過程を観察した例を示している。工具が工作物端面に近づくと、端面に曲げ変形が起こり、定常切削状態からいわゆる過渡切削状態となる（図(d)）。工具が更に前進すると、切りくずの回転が起こり、アルミニウムの場合と同様に工具切れ刃先端から端面に向かって塑性変形域が形成される（図(c)）。さらに端面に接近すると、刃先近傍で発生した亀裂がこの負の塑性域で成長し、工具の進行による切りくずの回転に伴って大きく開口されるようになる（図(b)）。そしてついには、未切削の自由面とともに切りくずは被削材から分離され、工作物端面にはバリが生成される（図(a)）。このように、比較的脆性で、亀裂が進展しやすい材料では、仕上げ面下方に

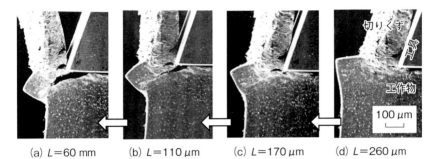

(a) $L=60$ mm　(b) $L=110\,\mu m$　(c) $L=170\,\mu m$　(d) $L=260\,\mu m$

図 14.24　走査型電子顕微鏡内切削におけるバリ生成過程の観察例（硫黄快削鋼）（L は、変形前の工作物端面から工具刃先までの水平距離。端面と仕上げ面のなす角度 90°）

向かう亀裂によって、切りくずと残りの未切削部が一体（フットと呼ばれる）となって被削材から引きちぎられるように分離される。これが、通常こば欠け（工作物端部から張り出すバリに対して「負のバリ」と呼ぶ）と言われるものである。

▶ 14.4.3　工作物端部における切削変形域とバリ生成

図 14.22 に示す SEM 連続写真中に三角形要素を作り、その節点の変位増分を測定することにより求めた相当ひずみ増分分布（Visioplasticity 法）の結果[25]と観察結果から工具離脱時の切削変形領域を模式的にまとめると**図 14.25** のようになる[27]。また、本実験条件に準拠した橋村らによるシミュレーション解析結果[28]の一部を**図 14.26** に示す。観察結果と解析結果と合わせて、バリ生成機構について述べる。

端面から遠く離れた位置では 1 次、2 次の塑性域からなるせん断変形域が形成された定常切削状態である。しかし、工具が工作物端面に近づくと工作物端面が変形に対して拘束のない自由面として工作物の変形に影響を与え、工作物端面に弾性変形域が現れる。

その状態から工具が端面に近づくと、工作物端面には弾性変形に続いて塑性変形が現れる。1 次せん断域の塑性変形と端部に発生した塑性変形域は工具の前進によって拡大する。この段階になると、切削予定面より深い位置の端面に大変形領域が見られるようになり、この位置（転回点と呼ぶ）を中心

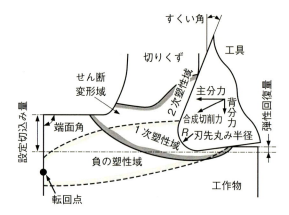

図 14.25 工作物端部切削における塑性変形域の模式図 [27]

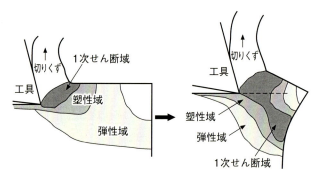

図 14.26 工具離脱時の切削変形域の解析結果 [28]

に切りくずの回転が起こり始める。

さらに工具の前進に伴って、転回点周りの大変形領域は拡大して1次せん断域周りの塑性変形領域と連結した、いわゆる負のせん断域（負の塑性域）が生成される。これによりバリが成長する。この後、バリがどのように張り出すかは、工作物の性質（延性、脆性の程度）や亀裂挙動によって決まる。バリの大きさや形状は、工具刃先前方から下方に向かって形成される塑性変形域の大きさに大きく依存すると言ってよい。

定常切削状態では、切削の良し悪しはせん断角の大小が1つの指標となる。すなわち、せん断角ができるだけ大きくなるような条件が良いとされる。せん断角の大きさに影響を及ぼす因子としては、切削速度、工具すくい角、す

第14章 切削加工におけるトラブルシューティング

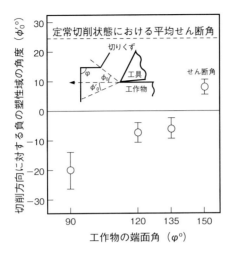

図 14.27 負の塑性域の形成に及ぼす端面角の影響

くい面と切りくず界面の摩擦状態、刃先の鋭利さ、工作物の材質などが挙げられる。工作物端部における切削状態では、負の塑性域あるいは負のせん断角が大きくなるほど、言い換えれば図 14.25 の転回点が工作物表面からより下側にできるほどバリが大きく張り出す傾向になる。定常切削状態における 1 次塑性域ができるだけ工具刃先前方に広がらない（せん断角が大きくなる）ようにすることも重要となる。また、工作物端部ができるだけ工具前方になるように、面取りをして角度を付けることで転回点を切削予定面に近づけることができる。

　図 14.27 は、工作物の端面角度 ψ が形成される負のせん断角 ϕ'_0 に及ぼす影響を示している。端面角を大きくするほど負のせん断角は小さくなる。端面角が 150°では負の塑性域はほとんど形成されないが、切りくずの回転は起きるので定常切削状態におけるせん断角は小さくなる。近年では、切削のシミュレーション技術が進んでおり、シミュレーションによってバリの出方の傾向を知ることができる。図 14.28 はその一例を示している。アルミニウムを超硬合金工具で切削した場合に工具が離脱する瞬間の状態を示している。端面角を 120°にすると端面角が 90°の場合に比べてバリの張り出しが小さくなることが見られる。

355

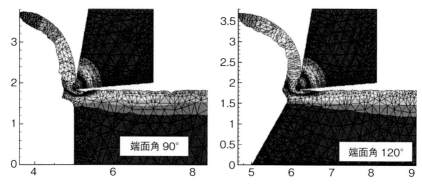

図 14.28 バリ生成のシミュレーション解析
工具：超硬合金、すくい角：10°、刃先丸み：0.02 mm
工作物：アルミニウム、切削速度：120 m/min、切込み：0.2 mm
解析ソフト：AdvantEdge（2 次元）

▶ 14.4.4　バリ抑制のための加工原則と抑制法

　前項で述べたように、バリの発生を抑制するためには、負の塑性変形域ができるだけ小さくなるような切削条件、工作物材質、工具などを選定しなければならない。基本的には、大きな塑性変形を生じさせないために切削力を小さくする必要がある。そのためには、切込みおよび送りを小さくして加工単位を減少させること、切削速度を高くして変形域の広がりが仕上げ面下方深くに及ばないようにすることである。

　工具に関しては、すくい角を大きくする、刃先を鋭利にする、切削油を用いてすくい面摩擦係数を小さくするなど、せん断角が大きくなるような条件を選定することが基本である。また工作物に関しては、可能であれば面取りを施すなどして端面角をより鈍角にする、延性や加工硬化性の高い材質は避けることが重要である。また、工具切れ刃部での亀裂挙動も考慮して材質を選定する必要もある。

　図 14.25 より負の塑性域を小さくすることがバリの抑制につながることが分かる。すなわち、刃先を鋭利にし、切込みを小さくするほどバリの大きさは小さくなる。しかし、実際には刃先強度や後述する 2 次バリ生成の臨界切込みの大きさなどとの兼ね合いから、単純に工具を鋭く、切込みを小さくというわけにはいかない。刃先強度を保ちながら、鋭利さを確保する必要があ

第14章　切削加工におけるトラブルシューティング

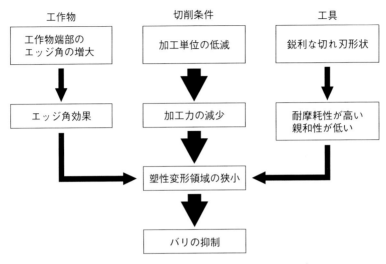

図 14.29　バリを抑制するための加工原則 [26]

る。例えば、超微粒子超硬合金のように刃先が鋭利な工具材料を採用する、できるだけ切れ刃の鋭さを保つような適切な再研磨の時期を設定するなどが考えられる。

　以上をまとめると、バリを抑制するための原則は、図 14.29 のようになる [26]。図 14.30 は、超硬合金工具とダイヤモンド工具の切れ刃部の顕微鏡写真を示す。写真に示す超硬工具は、主に小物加工用として使用される超微粒子超硬工具で、通常の超硬工具に比べて刃先が鋭利になっており、刃先の丸み半径は数 μm オーダーである。他方、単結晶ダイヤモンド工具の刃先丸み半径は数 10 nm のオーダーであり、極めて鋭利である。多結晶ダイヤモンド工具については、超硬工具と同程度の丸み半径である。

　図 14.31 は、空気静圧軸受支持の主軸を具備した超精密切削加工機を用いて、単結晶および多結晶のダイヤモンド工具を使用して黄銅板をフライカットした場合のバリ高さの大きさを比較した結果を示している [29]。切込みが 2 μm では単結晶ダイヤモンド工具を用いた場合、目視ではバリの発生は無いように見えるが、顕微鏡観察によると、5 μm 程度端部から張り出したバリが見られ、多結晶ダイヤモンド工具を用いた場合では 20 μm 程度の張り出しが見られた。切込みの増加に伴ってバリ高さは大きくなっているが、明

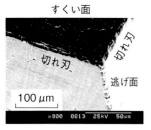

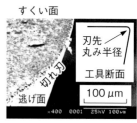

超微粒子超硬合金工具　　単結晶ダイヤモンド工具　　多結晶ダイヤモンド工具

図 14.30　超硬合金工具およびダイヤモンド工具の切れ刃部の観察例

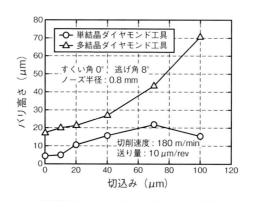

図 14.31　バリ高さと切込みの関係

らかに切れ刃の鋭利な単結晶ダイヤモンド工具を用いた場合の方がバリ高さが小さくなっている。切込み $100\,\mu m$ でバリ高さが小さくなっているが、これは2次バリが生成したためである。

▶ **14.4.5　1次バリと2次バリ**

　切込みが大きくなると、切削力が大きくなり、塑性変形域の広がりも大きくなってくる。したがって、バリの張り出しも切込みに比例して大きくなってくる。しかしながら、ある切込み以上では逆にバリは小さくなることが知られており、この遷移切込み以下で生じるバリを1次バリと言い、遷移切込み以上で小さくなるバリを2次バリと言って区別している。一般的には、延性の高い工作物ほどこの遷移切込みは大きく、すなわち1次バリ領域が広く

第14章　切削加工におけるトラブルシューティング

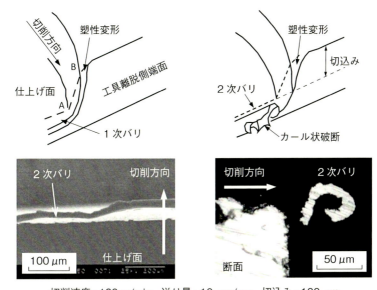

切削速度：180 m/min、送り量：10 μm/rev、切込み：100 μm

図 14.32　フライス加工における1次バリと2次バリ

なり、バリが出やすい材料だと言われる。

　正面フライス削りにおける1次バリと2次バリの違いを模式的に表すと、図 14.32 のようになる。遷移切込み以下では、切込みの増加に伴ってバリの張り出しは大きくなっていくが、図の写真（単結晶ダイヤモンド工具による無酸素銅の切削例）に示すように張り出したバリが破断して、結果的にエッジに残ったバリは小さなものになる。断面写真に示すように、いわゆるロールオーバーバリの根元から破断しているのが分かる。

　2次バリを生じさせるためには、バリの根元部で破断に十分なひずみが生じるようにしなければならない。基本的には切削力が大きくなれば、生じるひずみは大きくなって破断しやすくなるが、延性材料では破断ひずみが大きいために2次バリは発生しにくくなる。市販されているバリ抑制工具の中には、刃先の形状を工夫することにより図中の仕上げ面Aと壁面Bの境界部における切りくず厚さを確保して、張り出し部が破断するのに十分なひずみの発生を促しているものがある。これにより、2次バリを発生しやすくして、結果的にバリを小さくしている[30]。

参 考 文 献

1) H.E.Merrit : "Theory of Self-Excited Machine Tool Chatter", Trans. ASME, Ser-B, 87/4 (1965) 447.
2) J. Tlusty, M. Polacek : "The Stability of Machine Tool against Self-Excited Vibration in Machining", International Research in Production Engineering (Proceedings of the International Production Engineering Research Conference, Pittsburgh) ASME (1963) 465.
3) S. A. Tobias : "Machine Tool Vibration", Blackie (1965).
4) Y. Altintas and E. Budak : "Analytical Prediction of Stability Lobes in Milling", Annals of CIRP, 44/1 (1995) 357.
5) E. Budak and Y. Altintas : "Analytical Prediction of Chatter Stability in Milling", ASME Journal of Dynamic Systems, Measurement and Control, 120 (1998) 22.
6) 鳴瀧良之助、森脇俊道："低切削速度におけるびびりの安定性"、精密工学、37/8 (1971) 593.
7) 星鐵太郎："びびり無し加工条件設定の手順、第一部、第二部" 機械と工具、6 (2017) 57、同 7 (2017) 78.
8) M. Eyniyan and Y.Altintas : "Chatter Stability of General Turning Operations with Process Damping", Journal of Manufacturing Science and Engineering, Transactions of ASME, 131/4 (200) 1.
9) 星鐵太郎："安定ポケットの理解と実用、第 1 回〜第 12 回"、機械と工具、5、6 (2015) 65〜同、6、5 (2016) 68.
10) 伊東誼、森脇俊道：工作機械工学（改訂版）、コロナ社 (2007).
11) J. Mayr et. al. : Thermal Issues in Machine Tools, Annals of the CIRP, 61/2 (2012) 771.
12) 森脇俊道ほか："環境温度変化によるマシニングセンタの熱変形"、日本機械学会論文集（C 編）、57/539 (1991) 2447.
13) 千田治光他："量産を目的とした工作機械の主軸変位推定（第 1 報）"、日本機械学会論文集（C 編）、70/698 (2004) 2961.
14) 森脇俊道、趙成和："ニューラルネットワークによるマシニングセンタの熱変形予測"、日本機械学会論文集（C 編）、53/550 (1992) 1932.
15) T. Moriwaki and K.Okuda : "Effect of Cutting Heat on Machining Accuracy in Ultra-Precision Diamond Turning", Annals of the CIRP, 39/1 (1990) 81.
16) 福山泰章："低炭素鋼・一般鋼旋削加工用ブレーカによる切りくず処理性の改善"、機械技術、62/12 (2014) 35.

17) 中山一雄：切削加工論、コロナ社（1978）.
18) 三宅章仁ほか：旋削加工における送り方向への低周波振動の効果、2015 年度精密工学会秋季大会学術講演会講演論文集（2015）421.
19) 杉田忠彰ほか：基礎切削加工学、共立出版（1988）.
20) 株式会社ミスミ HP、https://jp.tech.misumi-ec.com/categories/machine_processing/mp01/a0269.html
21) 奥田孝一："切削加工における切りくず処理の最適技術"、機械技術、62/12（2014）18.
22) 大森茂俊ほか："高圧クーラントが旋削加工の切りくず処理性に及ぼす影響"、明石高専研究紀要、55（2013）7.
23) 角光貴典ほか："高圧クーラント供給切削による切りくず折断効果に関する研究"、精密工学会 2012 年度関西地方学術講演会講演論文集（2012）32.
24) 高沢孝哉："バリ・テクノロジー"、精密機械、45/9（1979）1029.
25) 岩田一明ほか："走査型電子顕微鏡によるバリ生成機構の解析"、精密機械、48/4（1982）510.
26) 奥田孝一："切削加工におけるバリの生成メカニズムと抑制・除去技術"、機械技術、60/8（2012）24.
27) 奥田孝一："切削加工におけるバリの生成メカニズムと抑制法"、機械技術、58/13（2010）22.
28) 橋村雅之ほか："二次元切削におけるばり生成機構の解析"、精密工学会誌、66/2（2000）218.
29) K. Okuda, et. al. : "Micro-Burr Formation in Ultra-Precision Cutting", Proc. of International Conference of the euspen（2008）68.
30) 北嶋弘一：バリ取り・エッジ仕上げ大全、日刊工業新聞社（2014）.

索　引 (五十音順)

●あ行●

圧電素子 ················· 219, 254
穴 ····························· 27
荒加工 ················ 174, 176, 338
粗さ曲線 ······················ 200
荒切削 ······················· 180
安定線図 ····················· 178
位置決め ······················ 24
位置決め精度 ·················· 151
位置座標 ····················· 314
位置情報 ····················· 313
インコネル ··················· 301
インサート ················· 70, 74
インバー ····················· 335
運動形態 ······················ 24
運動の精度 ···················· 24
エッジ品質 ··················· 350
エネルギー分散型X線装置 ······· 225
円周方向切削力 ················ 53
延性 ···················· 343, 344
延性モード加工 ··············· 294
エンドミル ············ 29, 54, 250
オイルシャワー ··············· 335
オイルホール ·················· 77
大型光学ダイヤモンド旋盤 ····· 257
オージェ電子分光分析装置 ····· 226
送り ························· 56
送り速度 ············· 53, 183, 313
送り速度制御 ················· 278

●か行●

カール半径 ················ 59, 348
介在物 ······················· 343
快削性元素 ··················· 114

外周旋削加工 ············· 56, 132
回転テーブル ······ 155, 167, 255, 273
かえり ······················ 185
化学的蒸着法 ·················· 70
加加速度 ····················· 160
加工硬化 ············· 108, 290, 291
加工支援ソフトウェア ········· 275
加工時間 ····················· 323
加工シミュレータ ············· 311
加工条件 ····················· 320
加工精度 ········· 24, 147, 156, 228, 272, 324
加工熱 ······················ 296
加工費用 ···················· 187
加工プロセス ·················· 8
加工変質層 ·········· 62, 175, 199, 201
加工法 ······················ 317
加工誘起変態 ················· 108
加速度 ······················ 160
カッタパス ··················· 184
カッタマーク ················· 199
過渡切削 ····················· 352
金型 ················· 17, 230, 302, 303
金型加工 ····················· 80
加熱 ························ 295
乾式切削 ···················· 348
干渉縞 ······················ 211
ガンドリル ··················· 78
キー溝 ······················· 83
機械学習 ···················· 325
機械原点 ···················· 313
機械座標系 ············ 277, 311, 313
機械チャージ ················· 188
機械的特性 ··················· 96
幾何学的最大粗さ ············· 100
幾何学的適応制御 ············· 322

幾何偏差 198
基準長さ 201
基本公差 197
基本単位 194
共振現象 330
凝着 287
鏡面切削 303
鏡面反射率法 215
極圧添加剤 124
曲率半径 206
鋸歯状切りくず 114
切りくず …… 34, 42, 59, 62, 147, 261, 290,
　　　　　　　　　　　 294, 300, 336
切りくず厚さ …… 39, 243, 340, 347, 350
切りくず形態 339
切りくず処理 …… 42, 96, 101, 106, 297
切りくず生成 350
切りくずの搬送性 337
切りくず破断 337
切りくず流出角 45, 61, 342
切りくず流出速度 38
切込み 47, 176, 339, 356
切込み量 232, 234, 235
亀裂 90, 337, 352
切れ刃稜 248
金属除去率 174, 177, 182, 184
クレータ摩耗 36, 43
傾斜切削 45
傾斜面割出し指令 280
形状精度 196, 207
結晶方位 243
結晶粒界段差 241
欠損 90, 250, 291
限界切込み 331
限界ゲージ 204
研削加工 9
検出限界 195
減衰効果 153
減速機構 154
研磨 248

高圧潤滑油 128
高温硬度 39, 61, 64
高温切削 295
工具 320
航空機 16
工具経路 277, 310, 315
工具欠損 295, 338
工具鋼 291
工具軸ベクトル 276
工具姿勢 280, 311
工具寿命 …… 92, 96, 99, 190, 287, 298, 338
工具靭性値 104
工具摩耗 99, 120, 250, 289, 300
高硬度金型 265
高硬度材料 72, 301
工作機械 9, 17, 140
工作物 9
剛性 147, 157, 242, 300, 330
合成切削 46
合成切削力 38, 39
構成刃先 36, 58, 62, 120, 175, 185
高速化 19
高速切削 175, 298
高速度鋼工具 64, 99
工程設計 311
硬度 68, 221
高能率切削 328
光波干渉法 215
コーティング工具 70
国際単位系 194
誤差限界 196
固体潤滑剤 115
コンピュータ NC 12
コンピュータ数値制御 163

●さ行●

サーフェイス・インテグリティ 201
最高回転数 150
最小加工費用 189
最大粗さ 56

363

最大速度	293	親和性	36, 39, 62, 68, 104, 108, 248, 290
最適化制御	325	水溶性切削油	124
サイドフロー	351	数値制御	12, 158, 310
作業設計	320	スラスト軸受	78, 252
さび	136	スラスト力	48, 50
座標変換	277, 311	スローアウェイ形	70
算術平均粗さ	201	寸法許容差	197
残留応力	202	寸法精度	196
仕上げ加工	175, 185	静圧案内	253
仕上げ切削	328	制御軸数	270
仕上げ面	263	制御点	317
仕上げ面粗さ	56, 100, 338	成形フライス工具	29
仕上げ面特性	24	生産性	321
軸受	148	脆性	100
軸方向切込み	181	ゼーベック効果	220
軸方向変位	256	積層造形	168
自動工具交換装置	166	切削エネルギー	262
自動車	14	切削温度	62, 244, 247, 289, 298, 300, 344
自動倉庫	170	切削加工	9
ジャケット冷却	252	切削条件	174
自由曲面	141, 230	切削性	61
重切削	175, 177, 183, 292	切削速度	38, 39, 92, 98, 176, 188, 287, 293, 356
主切れ刃	73, 89, 240	切削単価	187
主軸回転数	178, 331	切削断面積	48, 50, 177
主分力	38, 39, 46, 97, 262	切削抵抗	296
寿命試験	99	切削動力	48, 51, 55
潤滑効果	121	切削熱	244, 291, 298
焼結ダイヤモンド工具	248	切削比	347
象限突起	162	切削油	43, 120, 175, 186, 201
正面旋削	246	切削油ポンプ	126
正面フライス切削	53, 79, 166, 186	切削力	35, 62, 96, 97, 106, 242, 289
ショートテーパ	86	切削理論	34
人工知能	325	折断	338
真直度	151	センサ	322
振動	338	せん断域	350, 352
振動減衰	80	せん断応力	46
振動振幅	263	せん断角	233, 243, 347, 350
振動切削	340	せん断面積	38
振動速度	264	せん断力	38
振動特性	330		

索　引

旋盤加工 24, 150
全反射臨界角法 215
総形切削 27
総形フライス 144
相対直線運動 25
相当ひずみ 353
副切れ刃 73
測定範囲 195
塑性域 352
塑性変形 34, 90, 350
塑性流動 305
損傷 89, 300

●た行●

耐衝撃性 68
耐熱合金 69, 291
耐熱性 302
耐摩耗性 66, 67, 69, 306
ダイヤモンド 69
ダイヤモンド切削 230
楕円振動切削法 260
多軸加工機 272
多軸制御 275
多軸制御加工 311
立て旋盤 142
多品種少量生産 275
単位時間当たりの除去量 48
単一せん断面モデル 37
鍛造 9
断続切削 260
単刃工具 73
断面曲線 200, 239
断面形状 100
端面切削 142
端面旋削 132
チゼルエッジ 48
チップ 74
知能化機械 326
チャック 87
中心座標 206

鋳造 9
超音波振動 134
超音波振動切削 260
超音波楕円振動切削 260, 294
超硬合金 66
超精密加工 228, 260
超精密金型 230
超精密研削加工 229
超精密工作機械 229, 252
超精密主軸 252
超精密切削加工 19, 229, 232
超耐熱合金 300
超微小切削 238, 241
ツイストドリル 48
ツーリング 85
突切り加工 328
低温切削 134, 292, 294
低周波振動切削法 294, 341
定常切削 352
低速安定性 332
テーパ切削 86, 142
テーパ面 27
テーラーの工具寿命方程式 ... 93, 99, 189
適応制御 322
転位 235
転動体 148
透過電子顕微鏡 224
動剛性 175
同時制御 161, 278
ドライ加工 274
砥粒加工 9, 229
ドリル 166
トルク 48, 50, 322
トレランス 312
トロコイド曲線 52

●な行●

内面旋削 132
中ぐり加工 333
中ぐり盤 82, 143

365

長手旋削 ……………………… 46, 48, 73	パルスモータ ……………………… 158
流れ形切りくず ………………………… 236	パレット …………………………… 168
ねじれきり …………………………… 27	半径方向切削力 ……………………… 53
ナノ多結晶ダイヤモンド ……………… 303	万能フライス盤 ……………………… 144
難削材 ………………… 21, 286, 294, 344	汎用工作機械 ………………………… 140
ニアドライ切削 ……………………… 131	ビーム加工 …………………………… 229
逃げ角 ………………………………… 75	ピエゾ素子 …………………………… 294
逃げ面摩耗 ……………………… 36, 342	光切断法 ……………………………… 215
逃げ面摩耗幅 ………………………… 99	引張強さ ……………………………… 287
二次イオン質量分析装置 ……………… 226	微細加工 ……………………………… 229
日本工業規格 ………………………… 194	被削性 …………… 96, 103, 104, 106, 286
ニュートン法 ………………………… 210	被削性指数 ……………………… 99, 287
ねじ面 ………………………………… 27	微小切込み …………………………… 305
ねじれ角 ……………………………… 306	ひずみゲージ ………………………… 217
熱変形 ………………………………… 244	ひずみ速度 …………………………… 34
熱衝撃 ………………………………… 68	比切削抵抗 …… 39, 41, 48, 51, 98, 177, 233,
熱処理 ………………………………… 9	242, 295, 329
熱伝達 ………………………………… 42	ピニオンカッタ ………………………… 26
熱電対 …………………………… 220, 244	比熱 …………………………………… 61
熱伝導率 ……… 43, 61, 68, 69, 108, 116, 291	びびり振動 …… 80, 82, 157, 175, 178, 181,
熱特性値 ……………………………… 287	300, 323, 328
熱変形 ……………… 42, 62, 101, 156, 175, 185, 333	微分干渉 ……………………………… 223
熱膨張 ………………………………… 246	標準偏差 ……………………………… 196
熱膨張係数 ……………… 68, 69, 257, 333	表面粗さ ………………… 196, 199, 213
ノーズ半径 ……………… 47, 74, 177, 178	平フライス …………………………… 79
ノギス ………………………………… 202	平フライス切削 ……………………… 53
	フィゾー型干渉計 …………………… 211
●は行●	副切れ刃 ……………………………… 89
バーニヤ ……………………………… 202	複合加工機 ……………………… 21, 22, 168
バイト ………………………… 25, 89, 141	腐食 …………………………………… 136
背分力 ……………… 38, 39, 47, 97, 262, 264	不水溶性切削油 ……………………… 124
破壊 …………………………………… 34	普通旋盤 ……………………………… 142
破壊靭性値 …………………………… 305	物理的蒸着法 ………………………… 70
歯車形削り盤 ………………………… 145	不動態被膜 …………………………… 107
刃先丸み ………………… 233, 235, 242	不等ピッチエンドミル ………………… 82
把持力 ………………………………… 89	不等ピッチフライス …………………… 80
バニシ …………………………… 235, 249	フライカッティング …………………… 31
刃物台 ………………………………… 147	フライス加工 …………………………… 24
バリ生成機構 …………… 306, 349, 353	フライス切削 ………………………… 52
バリテクノロジー ……………………… 350	フライス盤 …………………………… 144

索引

プラノミラー 141
フレキシブル加工セル 170
不連続形切りくず 337
ブローチ 26, 82
プログラム座標系 313
ブロックゲージ 204
平面 27
平面干渉計 211
ヘリカル加工 30, 184
ボイスコイル・モータ 254
防振対策 255
ホーニング 302
ボーリングバー 82, 180
ボーリングヘッド 82
ボール盤 142
ホブ切り 26, 32, 84
ホブ盤 145
掘り起こし 36, 37, 48

●ま行●

マイクロフライス工具 265
マイクロメータ 202
前切れ刃 73
曲げ変形 352
摩擦エネルギー 42
摩擦係数 46, 122, 152
マシニングセンタ 80, 150, 166
丸み半径 248
ミルターニング加工 274
むくバイト 74
むしれ形 290
無人運転 169
無人搬送車 170
面取り 356

●や行●

焼入れ鋼 106, 263, 291, 301
油圧ポケット 152
有効切取り厚さ 239, 241
溶着 68, 290

横切れ刃角 73, 74
横逃げ角 74

●ら行●

粒内変形層 201
理論粗さ 239
輪郭形状精度 248
冷却効果 122, 134
ロータリエンコーダ 255
ロータリ切削 274
ロールオーバーバリ 359

●数・英●

2次元切削 34, 37, 237, 261, 348
2＋3軸制御 272
2面拘束 86
3軸制御 311
3次元形状 213
3次元形状モデル 318
3次元切削 46
5軸加工機 80, 270
5軸制御マシニングセンタ 272
CAD/CAMシステム 318
CAD座標系 278
CADシステム 312
CAMシステム 277, 310
CBN 68
CLデータ 277, 311
NATOCOの式 51
NC加工 310
NC旋盤 142
NCプログラム 275, 276, 310, 320
NURBS補間 313
Rバイト 27, 248, 250
X線光電子分光分析装置 226
X線マイクロアナライザ 226

367

◎著者紹介

〈編著者〉森脇　俊道（もりわき　としみち）（工学博士）
　　1968年　京都大学大学院工学研究科精密工学専攻修士課程修了
　　1968年　神戸大学　助手
　　1985年　神戸大学　教授
　　2007年　神戸大学　名誉教授、摂南大学　教授
　　2016年　摂南大学　名誉教授

〈執筆者〉
　奥田　孝一（おくだ　こういち）（博士（工学））
　　1987年　神戸大学大学院自然科学研究科生産科学専攻博士課程修了
　　1978年　神戸市立工業高等専門学校　講師
　　1993年　姫路工業大学　助教授
　　2006年　兵庫県立大学　教授
　　2019年　兵庫県立大学　名誉教授、兵庫県立但馬技術大学校　校長
　鈴木　浩文（すずき　ひろふみ）（博士（工学））
　　1985年　大阪市立大学大学院工学研究科機械工学専攻博士前期課程修了
　　1985年　三菱電機（株）　生産技術研究所　研究員
　　1996年　東北大学　助手
　　2008年　中部大学　教授
　中本　圭一（なかもと　けいいち）（博士（工学））
　　2004年　大阪大学大学院工学研究科生産科学専攻博士後期課程修了
　　2004年　神戸大学　助手
　　2008年　大阪大学　助教
　　2012年　東京農工大学　准教授
　　2022年　東京農工大学　教授

技術大全シリーズ
切削加工大全　　　　　　　　　　　　　　　　NDC 532

2018年10月25日　初版1刷発行
2024年6月28日　初版5刷発行

（定価はカバーに表示してあります）

　Ⓒ　編著者　森脇　俊道
　　　発行者　井水　治博
　　　発行所　日刊工業新聞社
　　　　　　　〒103-8548　東京都中央区日本橋小網町14-1
　　　電　話　書籍編集部　03（5644）7490
　　　　　　　販売・管理部　03（5644）7403
　　　Ｆ Ａ Ｘ　03（5644）7400
　　　振替口座　00190-2-186076
　　　Ｕ Ｒ Ｌ　https://pub.nikkan.co.jp/
　　　e-mail　info_shuppan@nikkan.tech
　　　製　作　（株）日刊工業出版プロダクション
　　　印刷・製本　新日本印刷（株）（POD4）

落丁・乱丁本はお取り替えいたします。　　2018 Printed in Japan
ISBN 978-4-526-07892-7　C3053

本書の無断複写は、著作権法上の例外を除き、禁じられています。